普通高等院校"十四五"应用型人才培养系列教材
全国高等院校计算机基础教育研究会计算机基础教育教学研究项目成果

平面设计
——Photoshop图像处理案例教程

章 昊　周瑞英　张 颖◎主 编

王保琴　韩彦龙　铁电奇◎副主编

中国铁道出版社有限公司
CHINA RAILWAY PUBLISHING HOUSE CO., LTD.

内 容 简 介

本书按照普通高等院校 Photoshop 课程的教学要求编写，较为全面地论述了利用 Photoshop 软件进行各种图像处理、创意图像特效的制作方法和技巧。全书包括图形图像处理的基础知识、创建与编辑选区、绘制图形图像、修复与修饰图像、图层的基本操作、创建与编辑文字、调整图像颜色、使用蒙版与通道、添加滤镜特效等内容，共 13 章。

本书编写层次清晰、语言顺畅、图文并茂，内容讲解力求深入浅出、理论与实践并重，将关键知识的介绍与案例相结合，在案例操作中巩固制作要点和核心处理技巧，并在案例中融入思政元素，体现中华优秀传统文化特色，引导读者提升审美素养，树立正确的人生观、价值观。

本书适合作为普通高等院校 Photoshop 及相关课程的教材，也可作为 Photoshop 爱好者的参考书。

图书在版编目（CIP）数据

平面设计：Photoshop 图像处理案例教程 / 章昊，周瑞英，张颖主编 .—北京：中国铁道出版社有限公司，2024.5（2024.10 重印）
普通高等院校"十四五"应用型人才培养系列教材
ISBN 978-7-113-31075-2

Ⅰ. ①平… Ⅱ. ①章… ②周… ③张… Ⅲ. ①平面设计 - 图像处理软件 - 高等学校 - 教材 Ⅳ. ① TP391.413

中国国家版本馆 CIP 数据核字（2024）第 049883 号

书　　名：平面设计——Photoshop 图像处理案例教程
作　　者：章　昊　周瑞英　张　颖

策　　划：魏　娜　　　　　　　　　　　　　　　编辑部电话：（010）63549508
责任编辑：陆慧萍　闫忆汛
封面设计：刘　颖
责任校对：安海燕
责任印制：赵星辰

出版发行：中国铁道出版社有限公司（100054，北京市西城区右安门西街 8 号）
网　　址：https://www.tdpress.com/51eds/
印　　刷：河北燕山印务有限公司
版　　次：2024 年 5 月第 1 版　2024 年 10 月第 2 次印刷
开　　本：880 mm×1 230 mm　1/16　印张：18.75　字数：628 千
书　　号：ISBN 978-7-113-31075-2
定　　价：52.00 元

版权所有　侵权必究

凡购买铁道版图书，如有印制质量问题，请与本社教材图书营销部联系调换。电话：（010）63550836

打击盗版举报电话：（010）63549461

前 言

Photoshop是Adobe公司开发的图像处理软件，因其强大的图像处理功能、友好的操作界面和灵活的可扩展性，是目前平面设计领域应用最多的软件，成为平面设计人员、摄影师、广告从业人员的必备工具，并为广大使用者所钟爱。

本书通过大量的案例，介绍了各种照片处理及创意图像特效制作的方法，从不同角度由浅入深地论述了Photoshop的基础知识及操作技巧。本书的编者长期从事高等院校平面设计、UI设计等课程教学工作，基于十余年的一线教学实践和平面设计类学科竞赛指导经验，结合教学内容和相关案例，编写了这本适合普通高等院校平面设计视觉传达、软件工程等专业学生学习使用的教材。

本书采用大量精美的图片作为图像处理实例，内容讲解上力求深入浅出、理论与实践并重，循序渐进地引导读者学习，使读者能够快速掌握Photoshop的强大处理功能和平面设计技巧。全书共分为13章，对Photoshop软件的基本操作和典型功能进行了全面而详细的介绍，包括图形图像处理的基础知识、创建和编辑选区、图层的基本操作、创建与编辑文字、调整图像颜色、绘制图形图像、修复与修饰图像、添加图层样式、使用蒙版与通道、添加滤镜特效等知识，最后用"主题海报制作"综合案例将各章的操作技巧融汇贯通。

本书的特色可归纳如下：

（1）精选案例，使读者轻松迈入Photoshop图像门槛。每节都配有案例，真正做到"做中学，学中做"，让读者快速入门，并掌握图像处理技巧。

（2）案例步骤叙述详尽，读者可根据步骤独立完成案例制作，进一步掌握相关知识点和技能点，达到学以致用的效果。并根据Photoshop软件自身的特点，在案例讲解过程中给出快捷键操作方法，使读者能够掌握快捷处理图像的技巧。

（3）全部案例均可以在Photoshop CS6及以上的版本中实现，帮助读者通过案例学习达到触类旁通的效果，为后续深入学习UI设计相关课程打下坚实的基础。

（4）书中还有机融入了部分思政案例，涉及中华优秀传统文化、创新思维、文化自信、低碳环保等方面，培养读者的设计能力和文化素养，以全面落实立德树人根本任务。

本书由华北理工大学轻工学院章昊、周瑞英、张颖担任主编，陆军工程大学王保琴、河北工程技术学院韩彦龙、国防大学铁电奇担任副主编。华北理工大学轻工学院张琳、孟明川、谷莹蕾、邱百爽参与编写。其中，章昊编写第1、2章，第12~13章，王保琴编写第3章，周瑞英编写第4章，张琳编写第5章，铁电奇编写第6章，张颖编写第7章，孟明川编写第8章，韩彦龙编写第9章，邱百爽编写第10章，谷莹蕾编写第11章。全书由章昊统稿。学院2018级学生刘宁、边昊、黄一凡、樊韩静，2019级学生吴均浩、卢兴、刘秀雨，2020级学生张帅、汤壮壮、张苏韩帮助整理了部分书稿和图片，在此表示感谢。中国铁道出版社有限公司的编辑为本书的出版提供了大量的教材建设专业意见和帮助，在此致以衷心的感谢。

  本书得到河北省高等教育教学改革研究与实践项目"课程思政视域下的应用型本科计算机类专业基础课教学改革研究与实践"（2022GJJG619）、河北省高校创新创业教育教学改革研究与实践项目"学科竞赛视域下新工科专业创新创业教育高质量发展的探索与实践"（2023CXCY335）、河北省省属高校基本科研业务费项目"后疫情时代双线混合教学中高校教师教学胜任力提升策略研究"（JSQ2021011）、全国高等院校计算机基础教育研究会课题"新工科背景下的应用型本科计算机专业课程体系建设"（2020-AFCEC-396）项目的支持。

  由于编者水平有限，书中难免会有错误和不妥之处，敬请读者批评和指正，您的意见和建议是我们持续前行的动力，可发送邮件至mox012@163.com，编者一定会给予回复，谢谢。

编 者

2023年10月

目 录

第1章 平面设计开发工具Photoshop简介

1.1 Photoshop CS6的系统要求 1
1.2 Photoshop软件工作界面介绍 2
1.3 如何新建打开图像 6
1.4 保存和关闭图像 8
1.5 图像大小和画布大小调整 9
1.6 图层 10
1.7 撤销 12

第2章 图形图像处理的基础知识

2.1 像素 13
2.2 位图与矢量图 13
2.3 图像分辨率 14
2.4 图像的色彩模式 16
2.4.1 各种颜色模式简介 16
2.4.2 颜色模式的选择及转换 19
2.5 常用图像文件格式 21
2.6 Photoshop的应用领域 23

第3章 创建和编辑选区

3.1 选区工具的使用 27
   3.1.1 创建规则选区 27
   3.1.2 创建不规则选区 35
   3.1.3 创建颜色选区 38
3.2 选区的操作 41
3.3 案例实训 42
   【案例实训1】精油宣传海报制作 42
   【案例实训2】有关"考研成功"的海报制作 44

第4章 绘制图像

4.1 画笔和铅笔工具的使用 47
   4.1.1 画笔工具 47
   4.1.2 画笔面板 49
   4.1.3 铅笔工具 51
   4.1.4 颜色替换工具 51
4.2 擦除图像工具的使用 52
   4.2.1 橡皮擦工具 53
   4.2.2 背景橡皮擦工具 55
   4.2.3 魔术橡皮擦工具 55
4.3 油漆桶和渐变工具的使用 56
   4.3.1 填充工具 56
   4.3.2 油漆桶工具 59
   4.3.3 渐变工具 60
4.4 填充描边命令的使用 64

4.5 案例实训 66
　【案例实训1】舞动的青春宣传海报制作 66
　【案例实训2】打印机广告制作 68

第5章　修饰图像

5.1 修复与修补工具 73
　5.1.1 修复工具 73
　5.1.2 修补工具 76
　5.1.3 内容感知移动工具 79
　5.1.4 红眼工具 79
5.2 修饰工具 80
　5.2.1 模糊工具 80
　5.2.2 锐化工具 81
　5.2.3 涂抹工具 82
5.2.4 减淡工具 83
5.2.5 加深工具 83
5.2.6 海绵工具 84
5.3 图章工具组 85
　5.3.1 仿制图章工具 85
　5.3.2 图案图章工具 86
5.4 案例实训 88
　【案例实训1】学会思考图片制作 88
　【案例实训2】北极熊与大海图片制作 90

第6章　编辑图像

6.1 图像编辑工具 92
　6.1.1 注释类工具 92
　6.1.2 标尺工具 94
6.2 编辑选区中的图像 95
　6.2.1 选区中图像的移动 95
　6.2.2 剪切/拷贝/粘贴图像 98
6.3 图像的裁切和变换 100
6.3.1 裁剪图像 100
6.3.2 图像的变换 103
6.4 案例实训 105
　【案例实训1】利用自由变换命令将照片
　　　　　　　放到相框里 105
　【案例实训2】利用透视命令更换景色 106

第7章　图层的应用

7.1 图层的混合模式 108
7.2 图层样式 113
　7.2.1 添加图层样式 113
　7.2.2 斜面和浮雕样式 114
　7.2.3 描边 116
　7.2.4 内阴影 117
　7.2.5 内发光与外发光 118
　7.2.6 光泽 119
　7.2.7 颜色叠加、渐变叠加、图案叠加 119
7.2.8 投影 121
7.3 填充和调整图层ห 124
7.4 设置图层不透明度、新建图层组 126
　7.4.1 设置图层的不透明度 126
　7.4.2 图层组 127
7.5 案例实训 129
　【案例实训1】照相机图标制作 129
　【案例实训2】公众号封面制作 134

第8章 添加文字

- 8.1 文字工具使用 138
  - 8.1.1 艺术化字体 138
  - 8.1.2 文字图层特性 138
  - 8.1.3 利用文件工具创建文字 139
- 8.2 转换文字图层 139
- 8.3 文字变形效果 142
- 8.4 沿路径排列文字 148
- 8.5 案例实训 149
  - 【案例实训1】食物烘焙书籍封面图制作 ... 149
  - 【案例实训2】"盛夏有约"宣传海报制作 154

第9章 调整图像色彩和色调

- 9.1 图像色彩与色调处理 159
  - 9.1.1 色阶 159
  - 9.1.2 亮度/对比度 160
  - 9.1.3 自动对比度、曲线 161
  - 9.1.4 色彩平衡 163
  - 9.1.5 反相 164
  - 9.1.6 变化 167
  - 9.1.7 自动色调、自动对比度、自动颜色 169
  - 9.1.8 色调均化 171
  - 9.1.9 渐变映射 175
  - 9.1.10 阴影/高光 178
  - 9.1.11 色相/饱和度 179
  - 9.1.12 可选颜色 183
  - 9.1.13 曝光度 184
  - 9.1.14 照片滤镜 186
- 9.2 特殊颜色处理 188
  - 9.2.1 去色 189
  - 9.2.2 阈值 191
  - 9.2.3 色调分离 192
  - 9.2.4 替换颜色 194
  - 9.2.5 通道混合器 197
  - 9.2.6 匹配颜色 200
- 9.3 案例实训 203
  - 【案例实训1】为人物添加背景 203
  - 【案例实训2】杂志封面制作 206

第10章 蒙版和通道的应用

- 10.1 初识蒙版 211
  - 10.1.1 蒙版的概念 211
  - 10.1.2 蒙版的类型 211
- 10.2 蒙版的使用 212
  - 10.2.1 图层蒙版 212
  - 10.2.2 快速蒙版 217
- 10.3 通道操作 218
  - 10.3.1 通道的功能 218
  - 10.3.2 通道的分类 219
  - 10.3.3 "通道"面板 220
  - 10.3.4 通道的复制、删除与重命名 221
- 10.4 案例实训 226
  - 【案例实训1】乡间小路案例制作 226
  - 【案例实训2】节约用水海报制作 228

第11章 使用路径和形状

11.1 绘制图形 231
11.2 绘制和选取路径 236
　11.2.1 认识路径 236
　11.2.2 钢笔工具 237
　11.2.3 路径面板 238
　11.2.4 路径选择 238
11.3 案例实训 243
　【案例实训1】放大镜App图标制作 243
　【案例实训2】抖音图标制作 245

第12章 滤镜的应用

12.1 滤镜菜单 248
12.2 滤镜的效果介绍 252
12.3 运用智能滤镜 261
　12.3.1 智能滤镜 261
　12.3.2 滤镜使用的方法和技巧 262
12.4 案例实训 263
　【案例实训1】烟花效果制作 263
　【案例实训2】漫画效果照片制作 266

第13章 主题海报制作

【综合案例1】低碳主题海报制作 269
【综合案例2】乡村振兴主题海报制作 274
【综合案例3】交通强国主题海报制作 278
【综合案例4】绿水青山主题海报制作 281
【综合案例5】青花瓷主题海报制作 287

参考文献

平面设计开发工具Photoshop简介

工欲善其事，必先利其器。本章首先对平面设计的工具——Adobe公司的Photoshop CS6进行概述，然后介绍Photoshop CS6的功能和特色。通过本章的学习，读者可以对Photoshop CS6的功能有一个全面的了解，有助于在制作图像过程中应用相应的工具快速完成图像制作任务。

学习目标：

◎熟悉Photoshop CS6的工作界面。

◎掌握文件和图像的基本操作方法。

◎掌握图层的基本操作。

1.1 Photoshop CS6的系统要求

Photoshop（简称"PS"）是由Adobe公司推出的一款图像处理和编辑软件，是目前较为流行和广泛使用的图像处理软件之一。该软件可以用于制作和编辑图片、绘图、润色图片、修复老照片、抠图等各种功能。Photoshop的使用非常广泛，涵盖了从普通用户到专业设计师的不同需求。通过使用Photoshop，用户可以让他们的创作变得更加专业、有吸引力。Photoshop提供了众多的工具，在用户对图片进行处理时，可以轻松地添加新颜色、删除不需要的元素、制作复杂的特效等。此外，Photoshop还支持图像的调整、裁剪、缩放、变形、扭曲等操作。双击桌面Photoshop CS6快捷方式图标打开软件，页面加载如图1-1所示。

图1-1 软件运行加载打开

在使用Photoshop CS6制作图像的过程中，不仅有大量的信息要存储，而且在每一步操作中都需要经过复杂的计算才能改变图像的效果，所以计算机配置的高低对Photoshop软件的运行有着直接的影响，对系统的基本要求如下：

1．最低配置

操作系统：Windows 7 SP1或更高版本 / mac OS 10.13或更高版本。

处理器：Intel® Core 2或AMD Athlon® 64处理器，主频2 GHz或更快。

内存：8 GB RAM。

显卡：支持OpenGL 2.0的显卡。
硬盘空间：2 GB可用硬盘空间。

2．推荐配置

操作系统：Windows 10或更高版本 / mac OS 11.0或更高版本。
处理器：Intel® Core i5或更快的多核处理器，主频2 GHz或更快。
内存：16 GB RAM。
显卡：NVIDIA GeForce GTX 1050或AMD Radeon RX560或更高版本的显卡。
硬盘空间：10 GB可用硬盘空间（SSD建议）。

需要注意的是，内存对于PS软件的要求相对较高，尤其是在处理大型图片时。如果预算充足，可以直接选择32 GB或更大容量的内存，这样在处理超大图片时会更加流畅。同时，为了获得更好的使用体验，建议使用高品质、高分辨率的显示器，并且保证计算机的硬件充足。

1.2　Photoshop软件工作界面介绍

双击桌面Photoshop CS6快捷方式图标，即可启动Photoshop CS6软件，进入工作界面。Photoshop CS6的界面由名称栏（软件名称和图片名称）、菜单栏、工具箱、属性栏、图像窗口、浮动调板、状态栏七部分组成，如图1-2所示。

图1-2　Photoshop CS6工作界面

Photoshop的界面其实很好理解，它是典型的Windows界面，和Word字处理软件的界面基本相似。

Photoshop软件界面的浮动面板、工具、状态栏等可自由改变其在屏幕上的位置，其工作区有预先设定的排列方式，如基本功能、3D、绘画、摄影等在下拉框中可以选择不同的工作区预设。

开关按钮：这是一个在很多软件上都有的按钮。有最小化按钮，最大化按钮、复原按钮及关闭按钮，用来控制当前Photoshop窗口在屏幕上显示的状态和关闭程序。

1．菜单栏

最上边一栏是菜单栏，包含"文件""编辑""图像""图层"等11组菜单，菜单栏中包含Photoshop中的大多数命令，如图1-3所示。

第1章 平面设计开发工具Photoshop简介

图1-3 菜单栏

单击任意一个菜单项即可打开相应的下拉菜单，里面包含与菜单项名称相关的各种操作命令，黑色显示表示命令处于可操作状态，灰色显示表示当前状态下不可操作，以下为菜单栏的几项功能说明。

① 为Photoshop大多数功能提供功能入口，鼠标单击后，会在下拉菜单中显示软件可以执行的命令。
② 各项菜单的重要程度一般是从左到右，越往右重要程度越低。
③ 有些菜单命令后边有个箭头符号▶，这表示该命令项后还有下一级子菜单。
④ 有些菜单命令前面有个对号✓，表明该菜单命令被激活，用户可以使用，取消该命令前面的对号，则表明该命令没有被激活，用户不可以使用。
⑤ 有些菜单命令的颜色为浅灰色，表示该菜单命令暂时不能使用。
⑥ 有些菜单命令的后面有组合按键，如【Ctrl+J】，这是该命令的快捷键。
⑦ 有些菜单命令的后面有省略号"…"，表示该菜单是一个命令窗口。

读者在学习时应尽快熟悉菜单栏中的菜单中各项命令的使用，从而达到熟练处理图片的目的。

2. 工具箱

工具箱中集合了Photoshop中大部分工具，根据功能大体上分为移动与选择工具（6个）、绘图与修饰工具（8个）、路径与矢量工具（4个）、3D与辅助工具等几大类别。如果某个工具图标右下角有三角形标志，表示这是一个工具组，右击小三角可在下拉列表中看到多个类似工具，按住【Alt】键单击工具图标，可在多个不同工具间切换。

图1-4所示为Photoshop的工具箱，它包括移动工具、矩形选框工具、套索工具、魔棒工具、裁剪工具、吸管工具、污点修复画笔工具、画笔工具、仿制图章工具、历史记录画笔工具、橡皮擦工具、渐变工具、模糊工具、减淡工具、钢笔工具、横排文字工具、路径选择工具、自定形状工具、抓手工具等。

如果工具右下角有三角标记，也就是说这个工具是好几个工具叠加起来的，右击右下角的三角标记，可以展开该工具组的所有工具，每个工具右侧对应的字母为该工具使用对应的快捷键，如图1-5所示，使用快捷键操作工具也是Photoshop软件的一大特点，读者在学习时应掌握必要的快捷键。

图1-4 工具箱

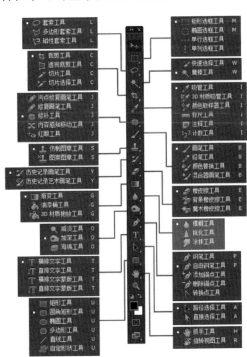

图1-5 完整的工具

工具箱的工具快捷键总结见表1-1。

表1-1　工具快捷键对照

工　具	快捷键	工　具	快捷键
矩形、椭圆选框工具	【M】	减淡、加深、海绵工具	【O】
裁剪工具	【C】	钢笔、自由钢笔	【P】
移动工具	【V】	横排文字、横排文字蒙版、直排文字、直排文字蒙版工具	【T】
套索、多边形套索、磁性套索	【L】	渐变、油漆桶、3D材质拖放工具	【G】
魔棒工具	【W】	吸管工具	【I】
画笔工具	【B】	抓手工具	【H】
仿制图章、图案图章工具	【S】	缩放工具	【Z】
历史记录画笔工具	【Y】	临时使用移动工具	【Ctrl】
橡皮擦工具	【E】	临时使用抓手工具	【空格】
模糊、锐化、涂抹工具	【R】		

有时候使用不了快捷键，一般是因为启用了中文输入法，将中文输入法切换为英文输入法即可使用。

工具箱中的颜色如图1-6所示。

前景色填充按快捷键【Alt+Delete】；背景色填充按快捷键【Ctrl+Delete】。

图1-6　颜色

按【D】键恢复到默认的黑白色；按【X】键为前背景色的切换。

工具箱可以折叠，也可以移动到任何喜欢的地方。工具的使用，本书将在后续章节的案例讲解中为读者进行细致的介绍，这里不再赘述。

3．属性栏（工具选项栏）

配合工具箱中各种工具的使用，工具不同时属性栏的内容也随之变化，其作用主要是设置工具的参数，如图1-7所示。

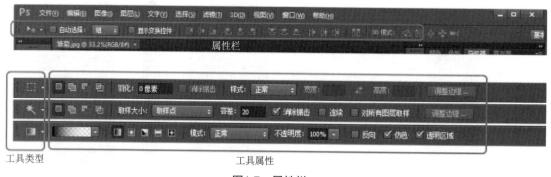

图1-7　属性栏

例如，在图1-7中，当用户选择"移动工具"时，属性栏是"移动工具"的一些参数，比如"自动选择""显示变换控件"等；当用户选择"矩形选框工具"时，属性栏是"矩形选框工具"的一些参数，比如"羽化""样式""调整边缘"等；当选择"魔棒工具"时，属性栏是"魔棒工具"的一些参数，比如"容差""连续""调整边缘"等。选择的工具不同，属性栏里具体的参数选项也会不同。

4．标题栏

新建或打开一个图像文档，Photoshop会自动建立一个标题栏，标题栏中就会显示这个文件的名称、格式、窗口缩放比例及色彩模式等信息。

5．图像窗口

用来显示图像、编辑图像和绘制图像的地方，为了方便观看，窗口可任意缩放。对于图像的修饰和创作都是在图像窗口完成的。

6．控制面板

用来配合图像的编辑、对操作进行控制和设置属性和参数等。这些面板都在"窗口"菜单里。如果要打开某一个面板，可以在"窗口"菜单下拉列表中勾选该项面板。Photoshop的控制面板如图1-8所示。

控制面板在工作区中的位置非常灵活，可以对其进行组合、排列、缩放、删除、关闭等多种操作。用户可以很方便的选择"颜色""色板""样式""图层""通道""路径"等面板。

如果用户误将控制面板弄得乱七八糟，想要让它复原，就执行"窗口"→"工作区"→"复位基本功能"命令即可。

7．状态栏

位于工作界面的最底部，用于显示当前文档大小、尺寸、缩放比例、当前工具等多种内容。单击状态栏中的小三角，可自定义设置要显示的内容，如图1-9所示。

图1-8　控制面板

图1-9　状态栏

8．Photoshop CS6中文版更改主界面

默认Photoshop CS6中文版工作界面为黑灰色，如果想改变工作界面颜色，可执行"编辑"→"首选项"→"界面"命令或者按快捷键【Ctrl+K】，打开"首选项"对话框，在这里可以选择切换主界面颜色，如图1-10所示。在首选项里可以更改界面的颜色、字体大小、工具、面板等。

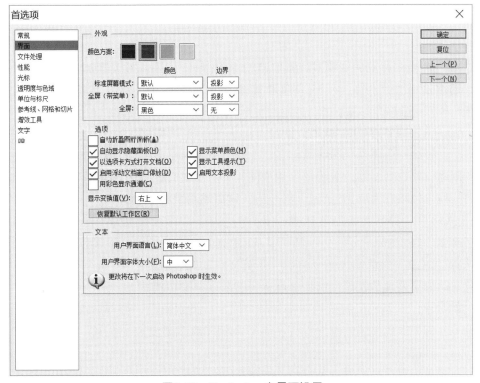

图1-10　Photoshop主界面设置

1.3 如何新建打开图像

1. 新建图像

新建图像文件就是新建一个文档中没有的文件。然后进行各种设置，以满足图像处理的需要。方法为执行"文件"→"新建"命令，打开"新建"对话框，如图1-11所示。

（1）名称

在"名称"文本框中，可以填入新建图像文件名称，如"案例1"；也可以不填，直接用它的默认名称，如"未标题-1"。

（2）预设

在"预设"下拉列表框中，单击最右边的下拉列表，选择"自定"选项，便可以自定义下面的各项数值。例如，如果想制作"电子相册"，就将宽度设为720像素，高度设为576像素。如果是打印照片可以自定义尺寸。在学习制作练习时，读者可以随意设置，如宽为400像素，高为300像素等都可以。

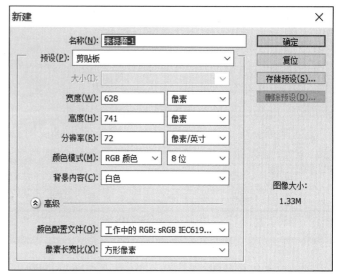

图1-11 新建图像文件

（3）像素

像素就是构成图像的最小单位，每一个最小单位就是一个小色块。如在Photoshop中，打开一张图像，然后用放大镜工具将其放大到一定程度，就会看到像马赛克形状的小方块，这就是像素。

一幅图像通常有成千上万个像素。当图像尺寸一定时，像素越多图像就越清晰。当用户修改图像的某个区域时，实际上就是修改该区域的像素。

用于计算机或电视机观看图像一般用像素作单位，而打印照片一般用厘米作单位。

有关像素的概念，将在本书第2章做详细介绍，这里不再赘述。

（4）分辨率

图像的分辨率是每英寸有多少个像素。图像中的像素排列得越紧密，图像的分辨率越高，反之越低。图像的分辨率，通常是用"像素/英寸"或"像素/厘米"或"点/英寸"表示。如分辨率是72像素/英寸，就是每平方英寸有72×72=5 184个像素。

分辨率采用默认值72像素/英寸，就足以满足计算机显示器分辨率要求。广告印刷彩色图像的分辨率一般为300像素/英寸，报纸广告图像的分辨率一般为120像素/英寸，网络图像的分辨率一般为72或92像素/英寸，所以不同的用途就要选择不同的分辨率。用户使用计算机处理图像时应采用72像素/英寸。

有关分辨率的概念也将在本书第2章做详细介绍，这里不再赘述。

（5）颜色模式

单击"颜色模式"下拉按钮，下拉列表框中显示Photoshop支持的各种颜色模式，假如用户要处理彩色照片，则应选择"RGB"颜色模式。"RGB"是英文红、绿、蓝的字头，它表示红、绿、蓝三种基本颜色，叫"三基色"。如果处理的是黑白照片，就选择"灰度"颜色模式。

所有的颜色都是由"三基色"构成的。比如红与绿混合产生黄色，红与蓝混合产生品红或紫色，蓝与绿混合产生青色等。有关颜色模式的概念也将在本书第2章介绍，这里不再赘述。

（6）背景内容与设置

系统默认的前景色是黑色，背景色是白色，如图1-12所示。

单击图1-12中右上角的双箭头图标，前景色与背景色交换位置，如图1-13所示。

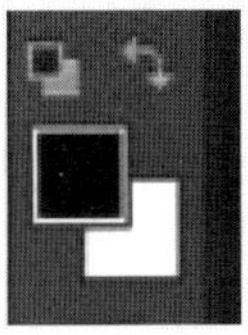

图1-12　默认前景色和背景色

图1-13　前景色和背景色互换

如果单击图1-13左上角的黑白小图标，则前景色和背景色又回到默认状态。

在图1-11中的"背景内容"下拉列表框中，有三项单选内容：白色、背景色和透明。

① 白色：指的是新建的图像文件，背景是默认的白色。

② 背景色：可以用图像文件做背景，也可以用单一彩色做背景。单色背景颜色要进行设置，设置方法如下：单击背景色白色图标，会弹出一个"拾色器"对话框，如图1-14所示。

图1-14　"拾色器"对话框

用鼠标指向竖直彩条选择一种颜色，如红色。在大色框中指定一种颜色单击一下，旁边小白色框的上部就变为选择的颜色（红色），如图1-15所示。

然后单击"确定"按钮，背景色就变为红色了。如想改变背景色的颜色，就用鼠标单击色轴上的颜色，选择其他颜色就可以了。

③ 透明：透明是指背景是透明的，即由灰白相间的小方格子组成的背景，如图1-16所示。

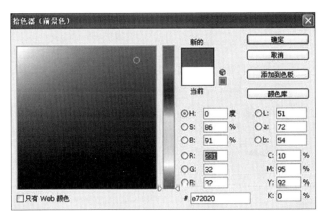

图1-15　拾取红色

图1-16　透明色

设置透明背景是为了在制作的图像叠加到另一张图片上时不用抠图。

2．打开图像

打开图像文件，是指打开文档中已有的图像文件。方法是执行"文件"→"打开"命令，打开"打开"对话框，如图1-17所示。

然后在"打开"对话框内选择需要处理的图片，双击图片文件，就可以把这张图片导入到编辑区窗口中了。也可以单击选择图像文件，再单击"打开"按钮。

图1-17 "打开"对话框

1.4 保存和关闭图像

1. 保存图像文件

保存图像文件，就是将用户处理好的图片保存起来。方法是：执行"文件"→"存储"或"存储为"命令，打开"存储为"对话框，如图1-18所示。

图1-18 "存储为"对话框

在"文件名"下拉列表框中输入作品的文件名，如图1-18所示。单击"格式"下拉列表框最后面的下拉按钮，选择合适的文件格式，这里选择*.psd格式，也是Photoshop软件支持的后续可编辑的格式。然后单击"保存"按钮，随后会出现一个"Photoshop格式选项"对话框，如图1-19所示。

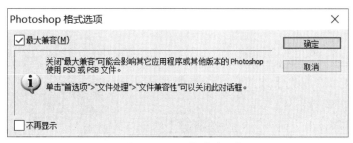

图1-19　"Photoshop格式选项"对话框

PSD格式是最常用的文件格式，它可以保留文件图层、蒙版和通道等所有内容，在编辑图像之后，应该尽量保存该格式，以便以后可以随时修改。有关Photoshop支持处理的图像文件格式将在本书第2章详细介绍，这里不再赘述。

2．关闭图像

当编辑完图像以后，首先就需要将该文件保存，然后关闭文件。Photoshop提供四种关闭方法，如图1-20所示。

关闭图像文件的方法见表1-2。

表1-2　关闭图像文件方法

命令名称	作　　用	快　捷　键
关闭	关闭当前处于激活状态的文件	【Ctrl+W】
关闭全部	关闭所有文件	【Alt+Ctrl+W】
关闭并转到Bridge	关闭当前处于激活状态的文件，然后转到Bridge中	【Shift+Ctrl+W】
退出	关闭所有文件并退出Photoshop	【Ctrl+Q】

图1-20　关闭图像

1.5　图像大小和画布大小调整

1．图像大小调整

图像大小的调整是用户在处理图像过程中经常用到的，比如参加影展或摄影展等都对图像的尺寸有严格要求。上传到网站的图片文件也不能太大，这些都需要在图片处理过程中对图像大小进行调整。调整方法如下：

① 打开一幅图像。

② 执行"图像"→"图像大小"命令，打开"图像大小"对话框，如图1-21所示。

③ "图像大小"对话框有"像素大小"和"文档大小"两个选项以及三个复选框。如果图像是在计算机显示屏幕上看，就调整"像素大小"的宽度与高度数值，单位为像素。如果想要打印照片，就调整"文档大小"的数值，单位为厘米。当调整"像素大小"时，"文档大小"也将随之改变，当调整"文档大小"时，"像素大小"也同样随之改变。在宽

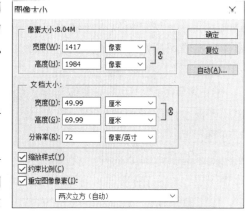

图1-21　"图像大小"对话框

度和高度后面有一个"联锁"符号，它的作用是当用户调整宽度时高度也会按比例随之改变，如果用户不想使用"联锁"，就不勾选"约束比例"复选框。"缩放样式"和"重定图像像素"复选框保持默认值即可。

用"移动工具"也能调整图像的大小，这是为了操作方便，但实际图像大小没有改变。

2. 画布大小调整

"画布"是指图像的衬底。如果将画布调大，图像四周扩大的部分将被填充上前景色、背景色、白色、黑色、灰色或其他色，这取决于如何设置。如果将画布调小，那么缩小的部分就被剪切掉了。

执行"图像"→"画布大小"命令（或按快捷键【Ctrl+Alt+C】）可以修改画布大小。弹出图1-22所示的对话框。当扩大画布时，图像周围会自动增加空白区域；当缩小画布时，将会裁剪掉图像四周的部分。

该窗口主要分为当前大小、新建大小、画布扩展颜色三个部分。

①当前大小：图像当前的大小、宽度、高度在此部分显示。

②新建大小：可以输入所需的宽度和高度，当输入的数值大于原图时，画布尺寸会增大；当输入的数值小于原图时，会裁剪图像。

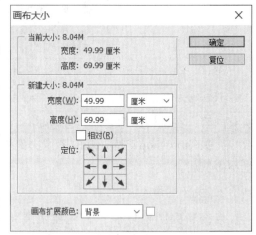

图1-22 "画布大小"对话框

"相对"复选框：勾选此复选框后，选项中的数值是要增加或减少的区域的大小，而不是整个图像的大小，如果输入的数值为正值则会放大图像画布，反之则裁剪。

定位：单击定位框四周的箭头，可以设置新画布尺寸相对于原画布尺寸的位置，黑点的部位为缩放的中心点，增大或缩小后画布的中心点取决于此黑点。

③画布扩展颜色：在该下拉列表中可以选择填充新画布的颜色；也可以单击右侧的色块，在打开的"选择画布扩展颜色"对话框中选择颜色，用来作为扩展后的画布的颜色。

1.6 图　层

本节主要介绍图层的相关概念，对应的图层样式本书后续章节将会专门讲解，这里不涉及这部分知识。

图层就是含有文字或图形等元素的胶片，一张张按顺序叠放在一起，组合起来形成页面的最终效果。分成图层后，用户可以单独移动或者修改需要调整的特定区域，而剩下的其他区域则完全不受影响，这样做会提高修图的效率，降低修图的成本。

图层可分为背景图层、普通图层、文本图层、形状图层、调整图层和填充图层。

①背景图层：用户选来作为背景的图层，一般情况下不会移动背景，所以Photoshop默认背景图层被锁定。因此在图层面板可以看到最下面的一个图层后面有一个小锁，它就是背景图层（默认状态下，背景图层不可修改）。

如果想修改背景图片，就需要把背景图片转化为普通图层，操作方法也非常简单：双击图层面板中的背景图层，然后在打开的"新建图层"对话框中单击"确定"按钮，就可以修改了。

②普通图层：除了不能编辑的背景层，后来打开的图片图层都可称作普通图层。

③文本图层：只需要使用文字工具，在图形区点一下Photoshop就会自动添加文字图层。

④形状图层：是使用形状工具或钢笔工具创建的图层。形状中会自动填充当前的前景色，可以很方便

地改用其他颜色、渐变或图案来进行填充。

⑤ 调整图层：它不依附于任何现有图层，总是自成一个图层，如果没有特殊设置，调整图层会影响到它下面的所有图层，它和普通图层一样，可以调整模式、添加或者删除蒙版，也可以参与图层混合。简单地说它是调图的一种方法，能做到无损调图。

⑥ 填充图层：可以用纯色、渐变或图案填充。

图层在Photoshop里是非常重要的一个板块，它通常在系统的默认界面右下方独自一个面板，如图1-23所示。

在图层面板里，可以对图层进行复制、删除、移动、重命名、隐藏和显示、链接、合并、锁定、改变样式、改变透明度、分组等操作。

图1-23　图层面板

1．图层的复制

方法一：复制图层最简单的方法，就是先选定要复制的图层，然后按下快捷键【Ctrl+J】即可。

方法二：通过执行"图层"→"新建"→"通过拷贝的图层"命令。

方法三：通过执行"图层"→"复制图层"命令。

方法四：在"图层"面板中将图层拖动到下方的新建图层按钮上进行复制。

2．图层的删除

方法一：选择图层后按下【Delete】或【BackSpace】键删除所选图层。

方法二：直接将图层拖动到图层面板底部的"垃圾桶"按钮也可删除。

方法三：通过执行"图层"→"删除"→"图层"命令。

3．图层的移动

直接选择工具箱中的移动工具就可以对图层进行移动，而借助键盘上的上下左右方向键可以更细致地微调。

4．图层的重命名

在Photoshop中，图层默认的名称是"图层1""图层2"等，但用户修图时往往会有很多图层，为了区分各个图层，就需要给这些图层重命名。

图层重命名的方法：在图层调板中双击图层名，将会出现输入框，然后可以切换输入法来给图层重新命名，或者按住【Alt】键在图层调板中双击，操作界面会打开一个对话框，也可以给图层重命名。

5．图层的隐藏和显示

单击图层前面的小眼睛图标，就可以隐藏或显示这个图层。按住【Alt】键单击某图层的小眼睛，将会隐藏除本层之外所有的图层。

6．图层的链接

链接就是将多个图层捆绑在一起，一个图层动，其他所有被链接的图层也动，这样做的好处是，有些图层的相对位置不想再改变，选择链接后就可以实现。

图层链接的方法：选择多个图层后，单击图层面板下方的链接按钮，就实现了对所选图层的互相链接。

7．图层的合并

首先，图层占据大量存储空间，合并后存储会变小；其次，图层过多不利于寻找和组织图层。所以要对图层进行合并，以下是图层合并的方法。

① 如果要合并两个图层，最简单的操作就是按下快捷键【Ctrl+E】，要注意合并后图层的名字和颜色是原来下方图层的名字和颜色。

② 如果要合并全部的图层就按下快捷键【Ctrl+Shift+E】，它会将所有没有隐藏的图层合并。

8．图层的锁定

在图层面板上有四个锁定按钮，依次为锁定透明度、锁定图像、锁定位置和全部锁定。

① 锁定透明度：将编辑范围限制为只针对图层的不透明部分。

② 锁定图像：防止使用绘画工具修改图层的像素。

③ 锁定位置：防止图层的像素被移动。

④ 全部锁定：将上述内容全部锁定。

9．图层的填充和不透明度

不透明度调节的是整个图层的不透明度，调整它会影响整个图层中所有的对象，比如降低不透明度到0，那么会得到一片空白。而填充是只改变填充部分的不透明度，调整它只会影响原图像，不会影响添加效果，比如已经给一个图像添加了阴影效果，降低填充到0，填充的图消失，但是图层样式阴影效果还在，这就是二者之间的区别。

10．图层的分组

由于有的图像包含了很多个图层，用户不便于准确寻找每个图层，因此要对这些图层进行分组，比如将文字分为一个组，将图片分为一个组，将路径图层分为一个组等等。使用图层组可以很好地解决图层数过多、图层调板过长的问题。

1.7 撤　　销

编辑图像时，出现失误是难免的，因此灵活运用PS软件中的相关功能进行还原、撤销操作是很有必要的。Photoshop中常用的撤销操作方法有以下三种：

1．历史记录面板

执行"窗口"→"历史记录"命令，打开"历史记录"面板。用户在Photoshop中做的各个操作步骤都在历史记录面板里面。默认状态下历史记录面板可以记录20步操作，最多可以记录1 000步操作。

如果想撤销到某一步，单击那一步就可以。通过历史记录面板，既可以恢复也可以撤销。默认状态下只能保持20步，如果想将某一步的操作保留下来，可以创建一个快照保存。

2．执行"文件"→"恢复"命令

执行"文件"→"恢复"命令，或按快捷键【F12】，是将文件恢复到最后一次保存的状态，如果没有保存的话，是恢复到打开时的状态。

3．使用编辑菜单

在编辑菜单下面也可以找到相关的步骤。Photoshop中撤销快捷键和大多数常用软件一样按【Ctrl+Z】。"编辑"菜单下面有三个命令：还原状态更改、前进一步和后退一步，如图1-24所示。

图1-24　后退一步操作

第 2 章

图形图像处理的基础知识

本章将详细讲解使用Photoshop CS6处理图像时，需要掌握的一些基本知识，如像素、位图、矢量图、图像分辨率、图像文件的色彩模式等。读者要重点掌握图像文件的模式、格式等知识。通过学习本章，读者可以快速掌握这些基础知识，从而达到更快、更准确地处理图像的目的，为今后处理图形图像打下坚实的基础。

学习目标：

◎ 了解像素的概念。

◎ 了解位图和矢量图。

◎ 理解图像分辨率的概念。

◎ 熟悉图像的不同的色彩模式。

◎ 了解常用的图像文件的格式。

2.1 像　　素

在Photoshop图像处理中，像素是指由图像的小方格组成的，这些小方块都有一个明确的位置和被分配的色彩数值，小方格颜色和位置就决定该图像所呈现出来的样子，如图2-1所示。

可以将像素视为整个图像中不可分割的单位或者是元素。不可分割的意思是它不能够再切割成更小单位或元素，它是以一个单一颜色的小格存在的。每一个点阵图像包含了一定量的像素，这些像素决定图像在屏幕上所呈现的大小。

图2-1　像素

数字化图像的彩色采样点（例如网页中常用的JPG文件）也称为像素。由于计算机显示器的类型不同，这些可能和屏幕像素有些区域不是一一对应。在这种区别很明显的区域，图像文件中的点更接近纹理元素。

在计算机编程中，像素组成的图像称为位图或者光栅图像。光栅一词源于模拟电视技术，位图化图像可用于编码数字影像和某些类型的计算机生成艺术。简言之，像素就是图像的点的数值，点画成线，线画成面。当然，图片的清晰度不仅仅是由像素决定的。

2.2 位图与矢量图

在平面设计里有一个非常基础的知识点就是计算机图像的表达方法主要分为位图与矢量图。但是对于很多初学者来说却并不清楚位图与矢量图。下面介绍位图与矢量图的区别。

位图，又称点阵图，是由很多带颜色的小方块组合在一起的图片。这些小方块，就是2.1节中介绍的像素。生活中使用手机或者计算机截图出来的图片都可称为位图。设计者们制作图像通常使用的软件则是Photoshop。

矢量图，又称向量图，是图形软件通过数学的向量方法进行计算得到的图形，是由数学定义的直线和曲线构成。简单来说就是由一个个点链接在一起而组成的图，它是根据几何的特性来进行绘制的图像，它与位图的分辨率是没有任何关系的。常常会用到的软件就是Adobe Illustrator。

位图与矢量图区别有哪些？通过观察图2-2，不难发现会有以下不同点：

1．分辨率不同

当用户在处理位图时，输出图像的质量取决于处理的过程在开始时设置的分辨率的高低；而矢量图的质量与分辨率是没有任何关系的，可以任意地放大或者缩小图形，而且不会影响出图的清晰度。

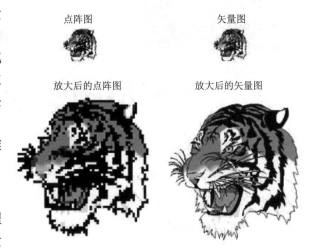

图2-2　位图（点阵图）和矢量图的区别

2．直观效果的不同

位图显示的效果非常真实，但放大之后就不精细了。这就是位图可以达到的效果。矢量图效果由线块组成，像手绘出来的效果，它的图案可以很精细，笔画、每个拐角都可以很精细，但它是一个不真实的效果，更像一种美术效果。

3．性质不同

位图可以很好地表现出颜色的变化和细微的过渡，效果十分逼真，而且可以在不同的软件中交换使用。位图在存储时需要存储相应的像素位置和颜色值，因此位图的像素越高，所占用的存储空间越大。矢量图占用的存储空间非常小，适用于一些图标或者Logo等不能受缩放清晰度影响的情况。但是像素所携带的庞大信息量，是矢量图所不能比拟的。

2.3　图像分辨率

图像分辨率简单讲即是图像的清晰程度。分辨率越高包含的数据越多，图形文件就越大，也能表现更丰富的细节；相反地，假如图像包含的数据不够充分（图像分辨率较低），就会显得相当粗糙，特别是把图像放大观看的时候。

图像分辨率一般以"像素/英寸"（1英寸=2.54厘米）为单位，简称ppi。可见在Photoshop软件中，像素和分辨率是两个密不可分的概念，它们的组合方式决定了图像的数据量。例如，同样是1英寸×1英寸的两个图像，分辨率为72 ppi的图像包含5 184个像素，即宽度72像素×高度72像素＝5 184像素；而分辨率为300 ppi的图像则包含多达90 000个像素，即300像素×300像素＝90 000像素，如图2-3所示。

72 ppi与300 ppi的打印结果是不同的，分辨率越低，色块之间的锯齿就越明显，效果如图2-4所示。

相同尺寸的两张图像，高分辨率的图像要比低分辨率的图像包含更多的像素，像素点更小，像素的密度更高，所以可以重现更多细节和更细微的颜色过渡效果。

对于用于打印的文档，设定高分辨就代表着像素量高，细节多，最终生成的作品图像质量会越好；但相应地，也会更多占用计算机资源，如果计算机配置不给力，处理速度也会变慢，可见图2-5和图2-6的对比。

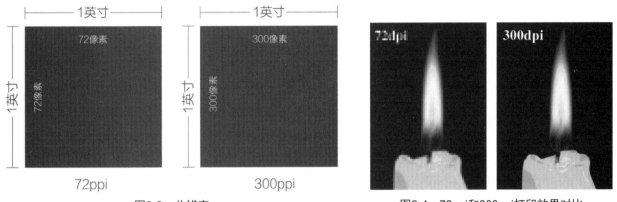

图2-3 分辨率　　　　　　　　　图2-4 72ppi和300ppi打印效果对比

图2-5 分辨率为72像素/英寸的图像大小

图2-6 分辨率为300像素/英寸的图像大小

低分辨率72像素/英寸，图像大小为2.41 M，占用计算机资源较少；高分辨率300像素/英寸，图像大小高达41.9 M，占用计算机资源较多。

图像总像素值=高×宽（高、宽以像素为单位）

图像总像素值=高×宽×分辨率²（高、宽以英寸为单位，分辨率以像素/英寸为单位）

也就是说，一般情况下，图像总像素值越高，图像的质量越好。

常用的分辨率设置如下：

洗印照片：300像素/英寸或以上。

杂志名片等印刷物：300像素/英寸。

大型海报：96～200像素/英寸。

电子图像：72像素/英寸或96像素/英寸。

大型喷绘：户外广告25～50像素/英寸。

以上分辨率的设置，与图片尺寸没有关系，但与图片的制作方式有很大关系，比如，A4与A3这样的不同尺寸，制作方式同为印刷，在设计时，分辨率都可以设置为300像素/英寸。

2.4 图像的色彩模式

2.4.1 各种颜色模式简介

颜色模式，是将某种颜色表现为数字形式的模型，或者说是一种记录图像颜色的方式。分为RGB颜色模式、CMYK颜色模式、Lab颜色模式、HSB颜色模式、位图模式、灰度模式、索引颜色模式、双色调模式和多通道模式。其中最常用的是RGB模式和CMYK模式。

CorelDRAW、3ds Max、Photoshop等都具有强大的图像处理功能，而对颜色的处理则是其强大功能不可缺少的一部分。因此，了解一些有关颜色的基本知识和常用的颜色模式，对于生成符合用户视觉感官需要的图像无疑是大有益处的。

颜色的实质是一种光波。它的存在是因为有三个实体：光线、被观察的对象以及观察者。

人眼是把颜色当作由被观察对象吸收或者反射不同频率的光波形成的。例如，在一个晴朗的日子里，人们看到阳光下的某物体呈现红色时，那是因为该物体吸收了其他频率的光，而把红色频率的光反射到人眼里的缘故。当然，人眼所能感受到的只是频率在可见光范围内的光波信号。当各种不同频率的光信号一同进入人的眼睛的某一点时，人的视觉器官会将它们混合起来，作为一种颜色接受下来。同样用户在对图像进行颜色处理时，也要进行颜色的混合，但要遵循一定的规则，即用户是在不同颜色模式下对颜色进行处理的。

1. RGB颜色模式

虽然可见光的频率有一定的范围，但我们在处理颜色时并不需要将每一种频率的颜色都单独表示。因为自然界中所有的颜色都可以用红（R）、绿（G）、蓝（B）这三种颜色频率的不同强度组合而得，这就是人们常说的三基色原理。因此，这三种光常被人们称为三基色或三原色。有时候亦称这三种基色为添加色（additive colors），这是因为把不同光的频率加到一起的时候，得到的将会是更加明亮的颜色。把三种基色交互重叠，就产生了次混合色：黄（yellow）、青（cyan）、紫（purple）。这同时也引出了互补色（complement colors）的概念。基色和次混合色是彼此的互补色，即彼此之间最不一样的颜色。例如青色由蓝色和绿色构成，而红色是缺少的一种颜色，因此青色和红色构成了彼此的互补色。

在定义颜色时，红（R）、绿（G）、蓝（B）三种成分的取值范围是0～255，即每种颜色可表现出256种不同浓度的色调，所以三种颜色混合就可以生成1678万种颜色，也就是常说的真彩色。色光三原色如图2-7所示。

每种颜色的数值越大，表示该颜色的强度值越大。红（R）、绿（G）、蓝（B）三种颜色值均为255时呈现白色；红（R）、绿（G）、蓝（B）三种颜色值均为0时呈现黑色；三种颜色值相等时，呈现灰色（0和255除外），同时值越小，灰度的强度越大。RGB滑块如图2-8所示。

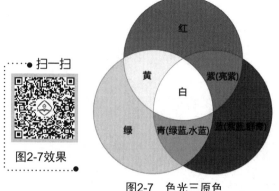

图2-7 色光三原色

图2-8 RGB滑块

RGB模式采用加色法。在RGB模式下，单独增加R成分，图像偏红；单独增加G成分，图像偏绿；单独增加B成分，图像偏蓝。

2. CMYK颜色模式

CMYK颜色模式是一种印刷模式。其中四个字母分别指青（cyan）、品红（magenta）、黄（yellow）、黑（black），在印刷中代表四种颜色的油墨。CMYK颜色模式在本质上与RGB颜色模式没有什么区别，只是产生色彩的原理不同，在RGB颜色模式中由光源发出的色光混合生成颜色，而在CMYK颜色模式中由光线照到有不同比例C、M、Y、K油墨的纸上，部分光谱被吸收后，反射到人眼的光产生颜色。由于C、M、Y、K在混合成色时，随着C、M、Y、K四种成分的增多，反射到人眼的光会越来越少，光线的亮度会越来越低，所以CMYK颜色模式产生颜色的方法又被称为色光减色法。

定义颜色时，青（C）、品红（M）、黄（Y）、黑（K）四种油墨取值范围是0～100%。亮颜色图像的印刷油墨颜色百分比低，四种颜色都为0时呈现白色；暗颜色图像的印刷油墨颜色百分比高，四种颜色都为100%时呈现黑色。CMYK滑块如图2-9所示。

CMYK颜色模式采用减色法。在CMYK模式下，单独增加C成分，图像偏青；单独增加M成分，图像偏品红；单独增加Y成分，图像偏黄；单独增加K成分，图像偏暗。

图2-9　CMYK滑块

那么RGB与CMYK这两种颜色模式有什么区别呢？

RGB是一种发光的色彩模式（色光），屏幕上显示的图像采用RGB颜色模式，所以即使在黑暗的房间里也能看到屏幕上的内容。CMYK是一种依靠反光的色彩模式（颜料），印刷品上的图像采用CMYK颜色模式，所以必须要在有光的地方依靠反光才能看清书上的字。

RGB生成色彩采用加色法，以黑色为底做加，所以三色值都为0时呈黑色（没有色彩），值越高对应颜色越亮，三色都为255时呈白色。CMYK生成色彩采用减色法，以白色为底做减，所以四色值都为0时（没有油墨）呈白色，都为100%时呈黑色。

在RGB颜色模式下，Photoshop能使用所有的命令和滤镜，处理文件较为方便，因此图像文件几乎都以RGB颜色模式存储。在CMYK颜色模式下，Photoshop的很多滤镜都不能使用，编辑文件时不方便，所以通常只有在印刷时才转换成CMYK颜色模式的图像。

CMYK图像文件比RGB图像文件大得多，因为即使在CMYK模式下工作，Photoshop也必须将CMYK模式转变为显示器所使用的RGB模式，而且对于同样的图像，RGB模式只需处理三个通道，而CMYK模式则需要处理四个通道。

RGB颜色模式的色域更广，色彩更鲜艳，因此在使用Photoshop将RGB颜色模式转换为CMYK颜色模式时，如果存在CMYK不支持的色域（称为"溢色"），将出现弹窗提示，此时若强行转换，则会有部分颜色损失。

在任何彩色图像模式下，使用"拾色器"或"颜色"面板滑块选取颜色时，如果选取的颜色不在CMYK的色域范围内（溢色），则在颜色预览图标处会出现感叹号提示，如图2-10和图2-11所示。

图2-10　拾色器中的溢色情况

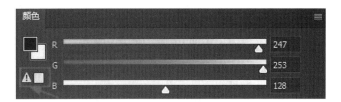

图2-11　颜色面板中的溢色情况

"信息"面板可以实时显示鼠标所在位置的颜色值，在任何彩色图像模式下，如果鼠标所在位置的颜色值不在CMYK色域范围内（溢色），则在面板中的CMYK信息下也会出现感叹号提示，如图2-12所示。

3. Lab模式

Lab颜色是由RGB三基色转换而来的，它是由RGB颜色模式转换为HSB颜色模式和CMYK颜色模式的桥梁。该颜色模式由一个发光率（luminance）和两个颜色（a,b）轴组成。它由颜色轴所构成的平面上的环形线来表示颜色的变化，其中径向表示颜色饱和度的变化，自内向外，饱和度逐渐增高；圆周方向表示色调的变化，每个圆周形成一个色环；而不同的发光率表示不同的亮度并对应不同环形颜色变化线。它是一种具有"独立于设备"的颜色模式，即不论使用任何一种监视器或者打印机，Lab的颜色都不变。其中a表示红色至绿色的范围，b表示黄色至蓝色的范围，如图2-13所示。

图2-12 "信息"面板中的溢色警告

颜色分量a和b的取值范围是-128～127。其滑块如图2-14所示。

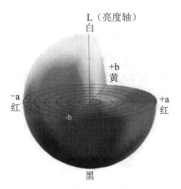

图2-13 Lab模式

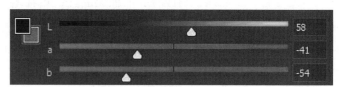

图2-14 Lab滑块

4．HSB颜色模式

从心理学的角度来看，颜色有三个要素：色泽（hue）、饱和度（saturation）和亮度（brightness）。HSB颜色模式便是基于人对颜色的心理感受的一种颜色模式。它是由RGB三基色转换为Lab模式，再在Lab模式的基础上考虑了人对颜色的心理感受这一因素而转换成的。因此这种颜色模式比较符合人的视觉感受，让人觉得更加直观一些。它可由底与底对接的两个圆锥体的立体模型来表示，其中轴向表示亮度，自上而下由白变黑；径向表示色饱和度，自内向外逐渐变高；而圆周方向，则表示色调的变化，形成色环，如图2-15所示。

饱和度和亮度以百分比值（0～100%）表示，色度以角度（0°～360°）表示。HSB滑块如图2-16所示。

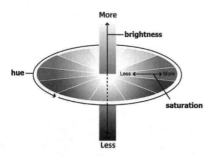

图2-15 HSB颜色模式

图2-16 HSB滑块

5．位图模式

位图模式用两种颜色（黑和白）来表示图像中的像素。位图模式的图像也叫作黑白图像。因为其深度为1，也称为一位图像，如图2-17所示。色深用2的幂指数来表示，bit数愈高，色深值便愈高，图像所能表现的色彩也愈多。1bit的图像即$2^1=2$，只能表现黑与白两种颜色。2bit的图像，则是$2^2=4$，可以表现4种颜色，所以除了黑白之外，还可以表现它们之间的两种灰调。而3bit的图像，就是$2^3=8$，表示在一幅黑白或灰阶的照片中，可以表现出包括黑白在内的8种色彩。由于位图模式只用黑白色来表示图像的像素，在将图像转换为位图模式时会丢失大量细节，因此Photoshop提供了几种算法来模拟图像中丢失的细节。在宽度、高度和分辨率相同的情况下，位图模式的图像尺寸最小，约为灰度模式的1/7和RGB模式的1/22以下。

6. 灰度模式

灰度模式可以使用多达256级灰度来表现图像,使图像的过渡更平滑细腻。灰度图像的每个像素有一个0(黑色)到255(白色)之间的亮度值。灰度值也可以用黑色油墨覆盖的百分比来表示(0%等于白色,100%等于黑色)。使用黑折或灰度扫描仪产生的图像常以灰度显示。

灰度模式就是将白色到黑色之间连续划分为256种色调,由白到灰再到黑,因此灰度色中不包含任何色相。在RGB模式下,三色值相等时显示的图像就是灰度色彩模式,因此灰度隶属于RGB色域。灰度滑块如图2-18所示。

图2-17 位图模式

图2-18 灰度滑块

7. 索引颜色模式

索引颜色模式是网上和动画中常用的图像模式,当彩色图像转换为索引颜色的图像后包含近256种颜色。索引颜色图像包含一个颜色表。如果原图像中颜色不能用256色表现,则Photoshop会从可使用的颜色中选出最相近的颜色来模拟这些颜色,这样可以减小图像文件的尺寸。颜色表可在转换的过程中定义或在生成索引图像后修改,用来存放图像中的颜色并为这些颜色建立颜色索引,如图2-19所示。

这种模式的图像在网页图像中应用比较广泛。例如,GIF格式的图像其实就是一个索引颜色模式的图像。当图像从某一种模式转换为索引颜色模式时,会删除图像中的部分颜色,而仅保留256色。

图2-19 索引颜色

8. 双色调模式

双色调模式采用2~4种彩色油墨来创建由双色调(2种颜色)、三色调(3种颜色)和四色调(4种颜色)混合其色阶来组成的图像。在将灰度图像转换为双色调模式的过程中,可以对色调进行编辑,产生特殊的效果。而使用双色调模式最主要的用途是使用尽量少的颜色表现尽量多的颜色层次,这对于减少印刷成本是很重要的,因为在印刷时,每增加一种色调都需要更大的成本。

9. 多通道模式

多通道模式对有特殊打印要求的图像非常有用。例如,如果图像中只使用了一两种或两三种颜色时,使用多通道模式可以减少印刷成本并保证图像颜色的正确输出。6、8位/16位通道模式在灰度RGB或CMYK模式下,可以使用16位通道来代替默认的8位通道。根据默认情况,8位通道中包含256个色阶,如果增到16位,每个通道的色阶数量为65 536个,这样能得到更多的色彩细节。Photoshop可以识别和输入16位通道的图像,但对于这种图像限制很多,所有的滤镜都不能使用,另外16位通道模式的图像不能被印刷。

2.4.2 颜色模式的选择及转换

1. 图像输出和输入方式

若以印刷输出,则必须使用CMYK颜色模式存储图像,若用于屏幕显示,则以RGB颜色模式输出较多;输入时通常采用RGB颜色模式,因为该模式有广阔的色域范围和操作空间。

灰度模式一般应用非常广泛，生活中的灰度模式的应用无处不在。互联网设计：黑白灰基调及规范、暗黑模式、深夜模式、灰度环境贴切对比等；图形后期：图片风格塑造、设计风格应用、图片场景应用基调处理等；黑白印刷：出版印刷、包装装潢印刷、新闻印刷、证券印刷、文化用品印刷及零件印刷等，如报纸、杂志、图书、宣传册；医疗：成像、X光、CT、B超等，如人体解剖、骨骼架构；影像：电影、摄像、投影、自媒体等，如黑白写真；工业：汽车喷漆、器械配色等。

索引模式的图像文件数据量非常小，常被用于网页图像等方面。通过对调色板的限制，可以减小文件，同时保持视觉品质不变。主要用于游戏开发、多媒体动画、影视后期、网页上，如GIF转动画、游戏角色设计、编码程序索引颜色等。

2．编辑功能

CMYK颜色模式图像不能使用某些滤镜，位图模式下不能使用自由旋转和图层等功能，所以可以使用RGB模式编辑，编辑完成后再转换为需要的模式存储。

3．文件占用内存大小

索引颜色模式的文件大小约是RGB颜色模式文件的1/3，CMYK颜色模式文件比RGB颜色模式文件大得多。相比较而言，RGB模式是最佳选择。

4．色彩范围

编辑图像时一般选用色彩范围较广的RGB颜色模式或Lab颜色模式，以获得最佳的图像效果。

5．颜色模式的转换

执行"图像"→"调整"命令选择对应的子菜单，可以转换图像模式，如图2-20所示。但是应尽量减少转换次数或制作备份后再进行转换，因为图像经过多次转换会产生较大的数据损失。

在RGB颜色模式或Lab颜色模式下，执行"视图"→"校样设置"→"工作中的CMYK"命令，可以查看在CMYK颜色模式下图像的真实效果。

彩色图像转换为灰度图像后，图像中的色彩信息将丢失，此时再转换为RGB等彩色模式，显示出来的图像依然为灰度模式的图像。同理，灰度图像转换为黑白图像也将会丢失原图像的色调，且不能恢复，如图2-21所示。

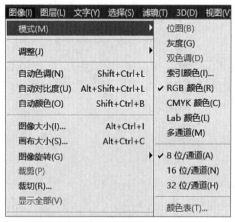

图2-20　颜色模式转换

图2-21　提示信息

只有灰度模式的图像才能转换为位图模式，因此将彩色图像转换为位图模式时，必须先将其转换成灰度模式的图像，然后再将其转换为黑白两色图像，即位图模式的图像，此时图像中呈现的灰色实际是因为黑色浓度低而产生的效果。

2.5 常用图像文件格式

当用户使用Photoshop完成图片的处理后，可根据自身的需求选择保存为不同类型的图片格式。以下是几种常见的图像文件格式介绍：

1. PSD 格式（*.psd）

PSD格式是Adobe Photoshop特有的文件类型，能完整保留图层、通道、参考线、注释及色彩模式等信息。若图像含有多层元素，建议采用此种格式进行储存，便于后期修改。否则，保存后的图像将缺失图层相关信息。

在储存时，PSD文件会进行压缩以减小占用空间，但因其包含了更多图像数据（如图层、通道、路径、参考线等），相比其他格式的文件仍更大。绝大部分排版软件并不支持PSD格式的文件，必须在处理后转为其他格式来保证存储质量和占用空间的平衡。

2. BMP 格式（*.bmp）

BMP文件格式是Windows及OS2系统所默认的位图图像文件格式。该格式能够支持RGB颜色模式、索引颜色模式、灰度模式及位图模式，但并不支持Alpha通道。在针对4～8位的图像时，采用Run Length Encoding（RLE，运行长度编码）压缩方案可以确保稳定性与数据不丢失。但其缺点是不支持CMYK模式的图像。

3. GIF 格式（*.gif）

GIF格式是CompuServe公司提供的一种图形格式，因其只保存最多256色的RGB色阶，并采用无损压缩的方式保存图片，故常用作HTML网页文档或网络图片传输。但需注意，GIF格式仅支持8位的图像文件。若保存为GIF格式须将图片格式转换为位图、灰度或索引色等颜色模式。

4. Photoshop EPS（*.eps）格式

EPS是一种压缩的PostScript格式，专为PostScript打印机输出设计。其优点是在排版软件中可以低分辨率预览，打印时再以高分辨率输出。EPS不支持Alpha通道，却支持路径。EPS兼容Photoshop的所有颜色模式，能够存储点阵图像和矢量图形。同时，在储存点阵图像时，还可以将图像的白色像素设置为透明效果，在位图模式下支持透明。

5. JPEG（*.jpg）格式

JPEG（joint photographic experts group，联合图像专家组）是一种有损压缩格式，其图像广泛应用于图像预览及超文本文档（如HTML文档）。JPEG格式的优点在于文件体积小且能够实现高压缩比，也是当前压缩率最高的图像格式之一。但是这种格式在处理过程中可能会丢失部分不可见信息，从而使保存图像效果稍逊于源图片。因此，不建议将此格式用于印刷品。

JPEG能够兼容CMYK颜色模式、RGB颜色模式及灰度模式，但不支持Alpha通道。若将图片保存为JPEG格式时，会出现JPEG Options对话框提示，该格式提供了图像品质与压缩率的选项。在大多数情况下建议选择"最大"选项，这种方式不仅能保证图像质量的变化极小，同时大幅度缩小文件容量。

6. PCX（*.pcx）格式

PCX图像格式由美国的佐治亚州的ZSoft公司的Paintbrush图形软件支持，兼容1～24位图像，且对RLE压缩方式具有良好的适应性。此外，PCX格式还支持RGB颜色模式、索引颜色模式、灰度模式及位图模式，但同样不支持Alpha通道。

7. PDF（*.pdf）格式

PDF格式是由Adobe公司研发的电子出版软件的文档格式，适用于Windows、mac OS、UNIX和DOS系统。它基于PostScript Level 2语言，支持矢量图和点阵图，同时支持超链接功能。

由Adobe Acrobat生成的PDF格式文件可存储多页信息，提供图形文件查找及导航功能，制作过程无须排版或使用图像软件，即可获得图文混排的效果。同时由于支持超文本链接，成为网络下载常用的文件格式。

PDF格式支持RGB颜色模式、索引颜色模式、CMYK颜色模式、灰度模式、位图模式和Lab颜色模式，含通道、图层等数据信息。保存时可选择JPEG及ZIP压缩格式（位图模式除外），也可在保存前手动调整压缩比例，保留图像品质。选择"保存透明"选项可保存图像透明属性。

8．RAW（*.raw）格式

RAW是数码相机原始数据的一种展现方式，如同相机底片一样。其色彩层次宽度极广，并且可以保留最原始的CCD数据，进而确保了后期处理空间的最大化。该格式不进行任何修饰或更改，仅记录真实数据，因此，后期制作过程中可操作性强。

9．PICT（*.pci）格式

PICT文件格式的显著优点是，对于大面积且色块相对一致的图像，能获得良好的压缩效果。当把RGB色彩模式的图像保存为PICT格式时，系统会弹出一个窗口供用户选择16位或是32位像素分辨率。若选择32位，所形成的图像文件便可容纳通道信息。PICT格式支持RGB、索引颜色、灰度以及位图等多种颜色模式，其中在RGB模式下还支持Alpha通道。

10．PIXAR（*.pxr）格式

关于*pxr格式可支持灰度图像与RGB彩色图像。在Photoshop中，用户可以轻松打开由PIXAR工作站生成的.pxr图像，或者以*.pxr格式保存图像文件，以便顺利传输至工作站。

11．PNG（*.png）格式

PNG格式由Netscape公司研发，主要用于网络图像，和GIF格式不同的是它仅支持256色，PNG格式支持24位真彩图像，并且支持透明背景、平滑边缘等功能，可在保证图像质量的前提下有效压缩存储。然而，鉴于PNG格式在浏览器兼容性上仍有待改进，导致其实际运用相对较少。但随着网络技术和传输环境的优化升级，PNG格式必将在未来网页图像中得到广泛应用。

PNG格式支持RGB颜色模式和灰度模式下的Alpha通道，但索引颜色和位图模式下则不支持。在保存PNG格式图像时，会有弹窗提示，勾选Interlaced（交错的）按钮后，在使用浏览器欣赏该图片时就会使图片以模糊到清晰的效果显示出来。

12．Scitex CT（*.sct）格式

该格式主要服务于Scitex计算机高端图像处理领域。使用SCT格式存档的图像文件规模较庞大，普遍存在于专业色彩作品中，如杂志广告等。

13．TGA（*.tga）格式

TGA格式是针对采用Truevision视频卡的系统设计，并且得到了MS-DOS配色软件的支持。tga格式能够支持24位RGB图像（即8位×3色彩通道）与32位RGB图像（即8位×3色彩通道外加一个的8位Alpha通道），同时也适用于无Alpha通道的索引颜色及灰度图像。在使用该格式存储RGB图像时，能够自选像素深度。

14．TIFF（*.tif）格式

TIFF（tag image file format，标记图像文件格式）以无损压缩著称，便于应用程序间及计算机平台间的图像数据交换。因此，TIFF是一种应用广泛的图像格式，可在各种图像软件和平台上自由切换。TIFF支持包括RGB、CMYK和灰度在内的多种颜色模式，并支持通道（channels）、图层（layers）和路径（paths）等功能。当将图像置入排版软件（如PageMaker）中时，该格式仅会保留裁切路径以外的部分，其他部分则会生成透明效果。

在Photoshop中另存为Basic TIFF格式的文件时，会有弹窗出现，允许选择PC或Macintosh苹果机的格式，并可选择使用LZW压缩保存。而Enhanced TIFF格式并不支持裁切路径，在另存的对话框中可以选择多种压缩方式，如在Compression（压缩）下拉列表中选择LZW、ZIP或JPEG的压缩方式，从而减小文件体积。选择此方式虽能减小文件的大小，却可能会影响文件的打开速度和保存速度。同样可选择PC或Macintosh苹果机的格式。

2.6 Photoshop的应用领域

Photoshop是全球领先的数码图像编辑软件，在众多图像处理或图像绘制的软件中，Adobe公司推出的Photoshop是一款专门用于图形、图像处理的软件，Photoshop以强大的功能、集成度高、适用面广和操作简便而著称于世。Photoshop软件在手绘、平面设计、网页设计、海报宣传、后期处理、照片处理等方面都有非常出色的应用。

1. 手绘

利用Photoshop中提供的画笔工具、钢笔工具，再结合手绘板（数位板）可以十分轻松地在计算机中实现绘画功能，加上软件中的特效会制作出类似实物的绘制效果。

手绘能让作品带上更多的温度，利用手绘风格的随性和自然，采用非常简单的单色平涂技法就能创作出具有温馨感的手绘风格的街头小景作品，如图2-22所示。

2. 平面设计

在平面设计领域中，Photoshop的应用非常广泛，无论是平面设计制作，还是该领域中的招贴、包装、广告、海报等，Photoshop都是设计师不可缺少的软件之一，通过Photoshop的各种工具和滤镜，设计师可以实现各种独特的效果，打造出令人印象深刻的作品，如图2-23所示。

图2-22　Photoshop手绘作品

图2-23　Photoshop平面设计作品

3. 网页设计

随着网络的普及，人们也开始不断地普及使用Photoshop。人们在使用网络的同时，要求也在不断提高，不仅注重网络的基本功能，对网络界面的视觉效果也有了更高的追求，这也让平面设计更加的普及。Photoshop成为制作网页界面必不可少的软件。一个好的网页创意离不开图片，只要涉及图像，就会用到图像处理软件，Photoshop理所当然就会成为网页设计中的一员。使用Photoshop不仅可以对图像进行精细的加工，还可以将图像制作成动画上传到网页中，图2-24是某款网络游戏的登录界面，这个界面就是用Photoshop软件设计开发。

4．海报宣传

海报宣传在当今社会中随处可见，其中包括主题海报、影视广告、产品广告、POP等，这些都离不开Photoshop软件的参与。设计师可以使用Photoshop软件随心所欲地创作，通过Photoshop的各种工具和滤镜实现各种独特的效果，打造出令人印象深刻的作品。例如，利用Photoshop软件设计"一带一路"主题海报，如图2-25所示。

图2-24　游戏界面设计

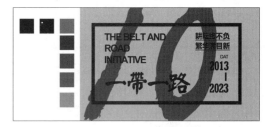

图2-25　"一带一路"主题海报设计

5．创意合成

人们总说："创意无限，但是缺少一个施展的舞台。"在Photoshop中，用户可以把能够想象到的任何事物进行合成，这一点是其他图片处理软件无法比拟的。图2-26是使用Photoshop进行创意合成的效果图，这张图片由乌克兰Photoshop大师Victoria Solidary以几张普通的照片为基础，设计的艺术作品。

6．UI设计

UI设计是一种通过图形界面传达信息和提供用户交互的设计领域。例如手机红包UI设计，如图2-27所示。

图2-26　创意合成图

图2-27　手机红包UI设计

在UI设计过程中，Photoshop是一个常用的工具，它为设计师提供了丰富的功能和灵活性。下面将介绍UI设计中PS的重要性以及它的一些常用功能。

首先，PS在UI设计中扮演着重要的角色。作为一款功能强大的图像处理软件，PS可以帮助设计师创建和编辑各种元素，包括图标、按钮、背景等；可以实现对颜色、形状、纹理等细节的精确控制，从而使得UI界面更加精美和吸引人；可以支持图层管理和非破坏性编辑，使得设计师可以轻松地修改和调整设计元素，提高工作效率。

其次，PS提供了一系列的工具和功能，方便设计师进行UI设计。其中，选区工具是一个常用的功能，可以用来选择特定区域进行编辑。通过选区工具，设计师可以对UI元素进行剪裁、复制、粘贴等操作，实现布局和组合的灵活性。此外，PS还提供了各种绘图和填充工具，使得设计师可以快速绘制形状、添加渐变、调整阴影等，为UI界面增添细节和层次感。

另外，PS还支持文本编辑和字体管理，这对于UI设计来说尤为重要。设计师可以在PS中选择合适的字体样式和大小，对文本进行编辑和格式化。PS中还提供了各种文本效果和排版选项，例如阴影、描边、行间距等，使得设计师能够创造出具有个性和美感的文本效果。此外，PS还支持导入和管理字体库，设计师可以根据项目需求选择合适的字体资源，提升UI设计的整体风格和品质。

7．室内设计后期处理

室内设计的后期处理在整个设计的过程中都起重要的作用。效果图总体的明暗对比、色彩的调试只有达到了整体和谐的程度，整个室内设计的后期效果图才能惟妙惟肖，生动传神。与此同时，人物和动植物景物的添加也可以使得整个画面更加具有生机和活力。对于后期处理使用的软件，大多数情况下都会选择使用Photoshop。在效果图的后期处理中应该注意添加配景和三维模型之间的比例尺关系，要做到大小相宜；同时搭配的景物和透视图中的角度和横切度的关系也要保持一致，光线、色彩和场景明暗都要保持一致。配景起到作为主景的陪衬和烘托作用，但是不能喧宾夺主，要在配景生动的基础上突出主要景物的作用。室内设计原图和后期处理对比图如图2-28所示。

8．照片处理

Photoshop作为专业的图像处理软件，能够完成从输入到输出的一系列工作，包括校色、合成、照片处理、图像修复等，其中使用软件自带的修复工具加上一些简单的操作就可以将照片中的污点清除，通过色彩调整或相应的工具可以改变图像中某个颜色的色调，如图2-29所示。

图2-28　室内设计原图和后期处理对比图

图2-29　人物照片处理

9．商品包装设计

商品的包装是最先呈现在消费者眼前的事物，业内将包装称之为无声的销售员，当消费者被商品的包装吸引之后，会自然产生购买意愿，这有助于提升对于商品的销量，可见，平面包装设计对于一款产品在市场的销路有着至关重要的影响。Photoshop的出现为平面包装设计提供了设计工具，借助Photoshop软件，设计师可以在较短时间内绘制出包装效果图，如果发现图中还存在不足的地方，则可在计算机上直接进行修改，由此不但节省了设计时间，而且成本也随之降低。典型的商品包装设计如图2-30所示。

图2-30　商品包装设计

产品包装设计是美的展示，也是艺术的体现，包装设计体现了美好的生活态度，同时对产品也有更好的保护作用，更是对产品的一种宣传和推广。成功的包装设计可以有效地提升产品的卖点，可以提高产品的销量，最终为企业带来更多的经济收益。目前越来越多的企业已经深刻认识到产品包装的重要性，都会为自己的产品进行合理的包装设计。

10．电商美工

平时大家逛某宝等电商平台时，看到的商家上架的服装、化妆品、电子产品等的照片，基本上都是通过二次精修的图片，即把产品原有的光感、杂质去除掉，从而达到非常漂亮的工业产品效果，以刺激用户购买欲。简单来讲，电商美工的过程跟女孩子平时在发社交平台照片前，修照片的过程是一模一样的。典型的电商美工图片如图2-31所示。

图2-31　典型的电商美工图片

第3章 创建和编辑选区

调整图像包括调整整体和局部，而局部调整图像就离不开创建选区，所以选区是Photoshop中很基础也很重要的功能。它可以帮助用户实现对图像的局部操作，而不影响其他部分的像素，甚至可以说如果没有正确的选区操作，无论多么复杂和强大的图像处理及混合功能，都会由于缺少恰当的操作对象而变得没有意义。本章主要对选区的用途、选区的操作和编辑方法进行介绍，并对创建选区、存储选区和载入选区的方法做详细讲解。

学习目标：

◎ 熟悉并掌握选区的常用工具。

◎ 掌握特殊选区的创建方法。

◎ 掌握选区的编辑方法。

◎ 熟悉填充与描边选区的方法。

◎ 熟悉选区的变换操作。

3.1 选区工具的使用

要想对图像进行编辑，首先要进行选择图像的操作。快捷、精确地选择图像是提高图像处理效率的关键。

3.1.1 创建规则选区

创建规则选区，实际上就是创建规则的几何选区。可以利用选框工具进行创建，比如：矩形选框工具、椭圆选框工具、单行选框工具、单列选框工具。上述工具均可用于创建规则的选区。它们在工具箱的同一个按钮工具组中，工具组中的工具只有一个被选择的工具为显示状态，其他的为隐藏状态，可以通过右击来显示该工具组，如图3-1所示，可根据实际需要去选择合适的选框工具。

图3-1 选框工具组

1. 矩形选框工具

若想使用矩形选框工具，将鼠标指针移动到工具箱的"矩形选框工具"按钮上，选择该工具以后，它的属性栏如图3-2所示。另外一种使用"矩形选框工具"的方法是利用快捷键，按【M】键或反复按快捷键【Shift+M】。

图3-2 "矩形选框工具"属性栏

下面简单介绍矩形选框工具属性栏中各选项的含义。

■■■■按钮组：此为选择选区方式选项按钮组，用于控制选区的创建方式，选择不同的按钮将以不同的方式创建选区。"新选区"选项■用于去除旧选区，绘制新选区。"添加到选区"选项■用于在原有选区的基础上再增加新的选区。"从选区减去"选项■用于在原有选区的基础上减去新选区的部分。"与选区交叉"选项■用于选择新旧选区重叠的部分。

羽化数值框：该选项用于设定选区边界的羽化程度。通过设置不同的像素实现不同的羽化效果。取值范围为0～255像素，数值越大，像素化的过渡边界越宽，柔化效果越明显。

"消除锯齿"复选框：该选项用于清除选区边缘的锯齿，矩形选框工具模式下，该选项不可用，只有椭圆选框工具才可以使用该选项。

"样式"下拉列表框：该选项用于选择类型，通过选择下拉列表中的选项可以设置选框的比例或尺寸。其中，"正常"选项为标准类型，"固定比例"或"固定大小"选项可以激活"宽度"和"高度"文本框，"固定比例"选项用于设定长度比例，"固定大小"选项用于设置固定尺寸，设置固定的宽度和高度可以在后面的文本框中填写参数值。

■调整边缘■按钮：创建选区后单击该按钮可以在打开的"调整边缘"对话框中定义边缘的半径、对比度、羽化等，可以对选区进行收缩和扩充操作，另外还可以设置多种视图模式，如洋葱皮、叠加和图层等。

随堂案例 用矩形选框工具制作画中画效果。

案例效果如图3-3所示。

图3-3 案例效果

图3-3 效果展示图

案例实现

步骤1 打开Photoshop CS6软件，然后执行菜单栏中的"文件"→"打开"命令，找到素材文件夹中的"森林.jpg"图片，如图3-4所示。

图3-4 打开图片

步骤2 选择工具箱中的"矩形选框工具",然后在画布的中间区域绘制任意大小的矩形选区,如果按住【Shift】键再使用"矩形选框工具",将会绘制一个正方形选区。本例绘制的是一个矩形选区,如图3-5所示。

图3-5 绘制矩形选区

步骤3 拷贝图层。执行菜单栏中的"图层"→"新建"→"通过拷贝的图层"命令,或者按快捷键【Ctrl+J】即可实现该功能,"图层"面板如图3-6所示。

步骤4 继续执行菜单栏中的"编辑"→"描边"命令,在打开的"描边"对话框中设置参数宽度为20像素,颜色为白色,位置为居外,参数设置如图3-7所示。单击"确定"按钮,效果如图3-8所示。

图3-6 "图层"面板

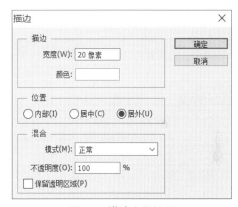

图3-7 描边参数设置

图3-8 相框效果图

步骤5 执行菜单栏中的"编辑"→"自由变换"命令,或者按快捷键【Ctrl+T】即可实现该功能,然后将鼠标移动至对象的右上角,使图像变为可旋转状态,接着旋转图像到合适的位置,如图3-9所示,然后按【Enter】键确认变换,即可完成图像旋转,效果如图3-3所示。

图3-9 旋转效果图

2. 椭圆选框工具

使用椭圆选框工具可以在图像或图层中绘制出圆形或椭圆形选区。启用"椭圆选框工具"，有以下两种方法：

① 单击工具箱中的"椭圆选框工具"。

② 反复按【Shift+M】快捷键。

启用"椭圆选框工具"，"椭圆选框工具"属性栏状态如图3-10所示。注意，"椭圆选框工具"属性栏中的参数与"矩形选框工具"属性栏相同，其设置这里不再赘述，请读者参阅前面"矩形选框工具"的相关设置。

图3-10 "椭圆选框工具"属性栏

如何绘制椭圆选区：选择工具箱中的"椭圆选框工具"，然后在图像的任意位置按住鼠标左键不放，并拖动鼠标，然后松开鼠标左键，即可创建椭圆选区。与利用矩形选框工具绘制正方形选区一样，绘制正圆选区，应按住【Shift】键的同时，拖动鼠标，即可绘制出需要的正圆选区。

随堂案例 利用椭圆选框工具等制作天气预报图标。

案例效果如图3-11所示。

案例实现

步骤1 打开Photoshop CS6软件，按快捷键【Ctrl+N】创建一个宽度和高度分别为1 024像素×1 024像素、分辨率为72像素/英寸、背景色为白色的画布。将前景色设置为蓝色，RGB色值为（11、203、251），然后按快捷键【Alt+Delete】填充前景色。

图3-11 案例效果图

步骤2 绘制太阳图标。使用工具箱中的椭圆选框工具，按【Shift】键在画布适当位置绘制一个任意大小的正圆选区，设置前景色为黄色，RGB的色值为（255、228、0），然后按快捷键【Alt+Delete】为选区填充前景色，效果如图3-12所示。

步骤3 绘制云朵。按快捷键【Ctrl+shift+Alt+N】新建一个图层，使用工具箱中的椭圆选框工具，按【Shift】键在太阳图标偏下方绘制一个任意大小的正圆选区，如图3-13所示。因为云朵是连续的，所以，设置工具选项为添加到选区，然后按【Shift】键继续绘制两个任意大小的正圆选区，效果如图3-14所示。

图3-12 绘制太阳图标

图3-13 绘制正圆选区

图3-14 绘制连续多个正圆选区

步骤4 为云朵填充颜色并修饰细节。按快捷键【Ctrl+Delete】利用背景色（白色）为云朵填充颜色。然后按快捷键【Ctrl+D】取消选区，效果如图3-15所示。使用工具箱中的矩形选框工具，绘制任意大小的矩形选区，按【Delete】键删除云朵多余部分，效果如图3-16所示。然后按快捷键【Ctrl+D】取消选区，云朵效果制作完成。

图3-15 为云朵填充颜色

图3-16 删除多余的云朵

步骤5 制作太阳光芒。按快捷键【Ctrl+Shift+Alt+N】新建一个图层，使用矩形选框工具绘制一个任意大小的矩形选区，然后执行菜单栏中的"选择"→"修改"→"平滑"命令，设置取样半径为15像素，如图3-17所示。单击"确定"按钮，得到一个圆角矩形选区，然后按快捷键【Alt+Delete】，利用前景色（黄色）填充太阳光芒颜色。使用移动工具将其移动至合适的位置，然后按快捷键【Ctrl+T】，调整太阳光芒至合适的角度，如图3-18所示。

步骤6 制作多道太阳光芒。按快捷键【Ctrl+J】复制图层，得到另外一道太阳光芒，然后按快捷键【Ctrl+T】自由变换，并调整第二道光线到合适的角度，如图3-19所示。然后按快捷键【Ctrl+Shift+Alt+T】三次，实现三次重复的自由变换，即可得到太阳光芒效果，如图3-11所示。至此，本案例制作完毕。

图3-17 设置平滑选区参数

图3-18 绘制太阳光芒

图3-19 制作第二道光线

3. 单行、单列选框工具

如果用户需要在Photoshop CS6中绘制表格式的多条平行线或制作网格线时，可使用单行选框工具和单列选框工具。当使用了上述工具时，即可以在图像或图层上绘制1像素高或宽的横线或竖线区域。下面介绍一下相关案例。

随堂案例 利用单行选框工具制作文字特效。

案例效果如图3-20所示。

图3-20案例效果

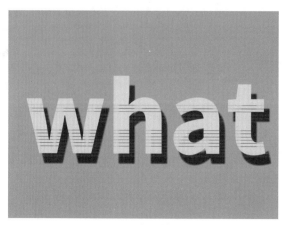

图3-20 案例效果图

案例实现

步骤1 打开Photoshop CS6软件，然后执行菜单栏中的"文件"→"新建"命令，或按快捷键【Ctrl+N】创建一个36厘米×27厘米、分辨率为72像素/英寸，背景色为白色的画布。将前景色设置为蓝色，RGB的色值为（46、222、242），按快捷键【Alt+Delete】填充前景色。

步骤2 选择工具箱中"横排文字工具"，在工具选项栏中设置字体为Source Sans Pro，字形设置为Bold，字号大小为400点，颜色设置为黄色，参数设置如图3-21所示。

图3-21 字体参数设置

步骤3 在画布的适当位置输入文字what，按快捷键【Ctrl+R】显示标尺。将光标放在窗口顶部的标尺上，按住【Shift】键，参考线会与标尺左侧的刻度对齐。一共拖动出9条参考线，参考线的具体分布情况为：文字上半部3条，下半部6条，参考线的间距控制如图3-22所示。

图3-22 输入相关文字并拖动参考线

步骤4 选择工具箱中的"单行选框工具"，按住【Shift】键并在参考线上单击，创建9个选区，如图3-23所示。

步骤5 如果看不到选区，可以按快捷键【Ctrl+加号】，放大图像的显示比例，即可看到所有选区。按【Alt】键并单击图层面板中的蒙版命令 按钮，创建一个反相的蒙版（有关蒙版的概念及详细应用将在本书第10章为读者介绍，这里读者只需按步骤操作即可），目的是将选中的文字遮盖。按快捷键【Ctrl+；】将参考线隐藏，效果如图3-24所示。

图3-23　创建单行选框选区

图3-24　添加反相蒙版后的效果图

步骤6 为图层添加图层样式（有关图层样式的添加方法将在本书第7章详细介绍，这里读者只需按步骤操作即可）。双击文字所在的图层，打开"图层样式"对话框，勾选"投影"复选框，如图3-25所示。至此，本案例制作完毕。案例最终效果如图3-20所示。

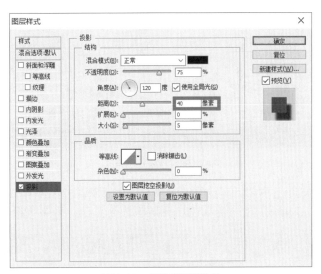
图3-25　设置投影模式

随堂案例　利用单列选框工具制作木地板效果。

案例效果如图3-26所示。

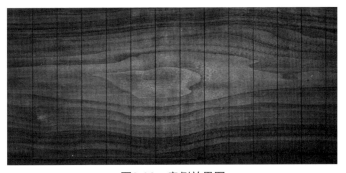
图3-26　案例效果图

扫一扫

图3-26案例效果

案例实现

步骤1 打开Photoshop CS6软件,然后执行菜单栏中的"文件"→"打开"命令,或按快捷键【Ctrl+O】找到相应的素材文件"木板.jpg"图片,如图3-27所示。

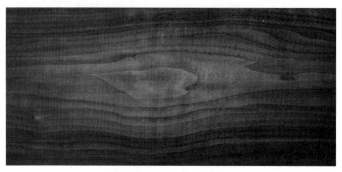

图3-27 导入素材图片

步骤2 绘制地板线。为了不对背景图层进行破坏,按快捷键【Ctrl+J】实现对背景图层进行复制的功能,得到图层1。然后按快捷键【Ctrl+Shift+Alt+N】新建图层,得到图层2,为绘制地板线做准备。使用工具箱中的单列选框工具在画布任意位置单击鼠标添加单列选区,如图3-28所示。

图3-28 添加单列选区

步骤3 为地板线填充颜色。将前景色设置为黑色。若前景色不是黑色,可按快捷键【D】将前景色恢复为黑色。按快捷键【Alt+Delete】利用前景色填充地板线为黑色,效果如图3-29所示。

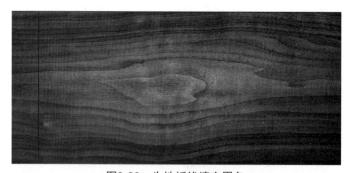

图3-29 为地板线填充黑色

步骤4 多条地板线绘制。按快捷键【Ctrl+Alt+T】实现变换并复制的功能,此时弹出定界框,然后按【Shift】键并利用鼠标将其拖动到与第一条地板线合适的间距,然后松开鼠标。这样,就得到第二条地板线(注意:按住【Shift】键拖动鼠标是为了实现水平方向拖动的功能,可防止拖动鼠标时地板线向下移动)。多次按快捷键【Ctrl+Alt+Shift+T】实现重复自由变换的功能,这样就绘制了等间距的多条地板线。直到距画布右侧不能再绘制地板线为止,效果如图3-30所示。

步骤5 因为此时图层较多,可将图层2及多个图层2的副本进行编组。方法是:选中图层2,然后按【Shift】键选中图层面板最上方的图层,本案例为图层2副本12,如图3-31所示。

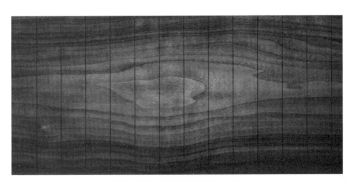

图3-30 绘制多条地板线

图3-31 选中连续的多个图层

步骤6 按快捷键【Ctrl+G】对刚选中的多个图层进行编组,并将组名称命名为"地板线"。至此,本案例制作完毕,效果如图3-26所示。

3.1.2 创建不规则选区

使用下面的工具可以在图像或图层中绘制不规则形状的选区,选取不规则形状的图像。下面依次介绍这些工具的使用技巧和操作方法。

1. 套索工具

使用套索工具 可以随意单击并在页面中拖动光标以创建选区,松开鼠标时,选区自动连接为一个闭合的选区。套索工具可以创建形状随意的曲线选区。具体使用时,先在图像中单击确定一个起点,然后按住鼠标左键随意拖动或沿所需形状边缘拖动,若拖动到起点后释放鼠标,则会形成一个封闭的选区;若未回到起点就释放鼠标,则起点和终点间会自动以直线相连。

由于比较难以控制鼠标走向,一般套索工具适合于创建一些精确性要求不高的选区或者随意区域。

启用"套索工具" ,有以下两种方法:

① 单击工具箱中的"套索工具" 。
② 反复按快捷键【Shift+L】。

启用"套索工具" ,属性栏状态如图3-32所示。在该属性栏中, 为选区选择方式选项,依次是新选区、添加到选区、从选区减去、与选区交叉。"羽化"选项用于设定选区边缘的羽化程度。"消除锯齿"选项用于清除选区边缘的锯齿。

图3-32 "套索工具"属性栏

如图3-33所示的树叶图片,使用套索工具 选取树叶的过程,最终得到的选区如图3-34所示。

图3-33 使用套索工具

图3-34 选择树叶

2. 多边形套索工具

"多边形套索工具"的原理是使用折线作为选区局部的边界,由鼠标连续单击生成的折线段连接起来形成一个多边形的选区。具体使用时,先在图像上单击确定多边形选区的起点,移动鼠标时会有一条直线跟随着鼠标,沿着要选择形状的边缘到达合适的位置单击鼠标左键创建一个转折点,按照同样的方法沿着选区边缘移动并依次创建各个转折点,最终回到起点后单击鼠标完成选区的创建。若不回到起点,在任意位置双击鼠标也会自动在起点和终点间生成一条连线作为多边形选区的最后一条边。

多边形套索工具相比套索工具来说能更好地控制鼠标走向,所以创建的选区更为精确,一般适合于绘制形状边缘为直线的选区。

启用"多边形套索工具",有以下两种方法:

① 单击工具箱中的"多边形套索工具"。

② 反复按【Shift+L】快捷键。

"多边形套索工具"属性栏中的选项内容与"套索工具"属性栏中的选项内容相同。

绘制多边形选区:光标从起点开始绘制,最后仍需将光标定位到起点位置,此时光标右下方会出现一个白色圆圈,单击以完成闭合选区的绘制,如图3-35所示。

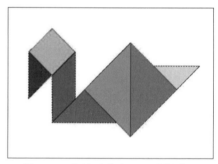

图3-35 多边形套索工具绘制选区

3. 磁性套索工具

"磁性套索工具"是根据颜色像素自动查找边缘来生成与选择对象最为接近的选区,一般适合于选择与背景反差较大且边缘复杂的对象。具体使用方法与套索工具类似,先单击鼠标确定一个起点,然后鼠标在沿着对象边缘移动时会根据颜色范围自动绘制边界。若在选取过程中,局部对比度较低难以精确绘制时,也可以人为地单击鼠标添加紧固点,按【Delete】键将会删除当前取样点,最后移动到起点位置单击鼠标,完成图像的选取。

启用"磁性套索工具",有以下两种方法:

① 单击工具箱中的"磁性套索工具"。

② 反复按【Shift+L】快捷键。

启用"磁性套索"工具后,属性栏状态如图3-36所示。

图3-36 "磁性套索工具"属性栏

在"磁性套索工具"属性栏中,为选择方式选项,该选项和前面介绍的"套索工具"的选项一样,这里不再赘述。

"羽化"选项用于设定选区边缘的羽化程度。

"消除锯齿"复选框用于清除选区边缘的锯齿。

"宽度"选项用于设定套索检测范围,"磁性套索"工具将在这个范围内选取反差最大的边缘。

"对比度"选项用于设定选取边缘的灵敏度,数值越大,则要求边缘与背景的反差越大。

"频率"选项用于设定选区点的速率,数值越大,标记的速率越快,标记点越多。

"使用绘图板压力以更改钢笔宽度"按钮 用于设定专用绘图板的笔刷压力。

选择"磁性套索工具" ,在预处理的图像中选取适当位置,单击并按住鼠标左键,根据选取图像的形状拖动鼠标,由于具有自动吸附功能,选取的图像的磁性轨迹会紧贴图像的内容。

使用磁性套索工具绘制选区如图3-37所示,将鼠标指针移回到起始点形成闭合选区,效果如图3-38所示。可根据实际需要,将选区的图像和其他素材进行拼合。

图3-37 使用"磁性套索"工具绘制选区

图3-38 闭合选区效果图

随堂案例 利用磁性套索工具完成楼阁图片抠取。

案例效果如图3-39所示。

图3-39 案例效果图

扫一扫

图3-39案例效果

案例实现

步骤1 打开Photoshop CS6软件,执行"文件"→"打开"命令,找到相关的素材图片,打开素材,然后利用工具箱中套索工具组中的磁性套索工具,如图3-40所示。

步骤2 为了达到更好的抠图效果,将工具选项栏中的参数进行调整,宽度为10像素,对比度为10%,频率为57,如图3-41所示。

图3-40 磁性套索工具

图3-41 "磁性套索工具"属性栏参数设置

步骤3 利用磁性套索工具围绕着所要抠取的部分进行勾勒，注意贴着建筑的外围移动鼠标，如图3-42所示。

步骤4 形成一个闭环后，选区建立完毕，随即按快捷键【Ctrl +J】复制图层，如图3-43所示。

步骤5 最后将图片的细节部分处理，利用工具箱中的磁性套索工具选中其中的残余部分，并按【Delete】键删除即可，如图3-44所示。至此，图片抠取完毕，效果如图3-39所示。

图3-42 勾勒形状

图3-43 创建选区

图3-44 细节部分处理

3.1.3 创建颜色选区

在Photoshop CS6中，使用魔棒工具和快速选择工具可以快速、高效地创建颜色选区，因此设计师往往喜欢在广告设计前期将人物、产品等素材放在比较单一的背景色中，以方便后期对素材进行抠取和编辑。

1. 魔棒工具

"魔棒工具"可以用来选取图像的某一点，并将与这一点颜色相同或相近的点自动融入选区中。启用"魔棒工具"有以下两种方法：

① 单击工具箱中的"魔棒工具"。

② 按【W】键。

启用"魔棒工具"，属性栏状态如图3-45所示。

图3-45 "魔棒工具"属性栏

"魔棒工具"属性栏中主要选项的含义如下：

为选择方式选项，与前面介绍的工具属性相同，这里不再赘述。

取样大小：用于设置取样范围的大小。

"容差"数值框：用于控制选定颜色的范围，值越大，颜色区域越广。图3-46所示分别为容差值为5和容差值为30的效果。

图3-46 不同容差值选择效果

"消除锯齿"复选框:当选中该复选框时,系统会自动清除选区边缘的锯齿。

"连续"复选框:单击选中该复选框,系统将创建一个选区,只选择与单击点相连的同色或颜色相近的区域的像素;撤销选中该复选框,系统将创建多个选区,将画布窗口内所有与单击点颜色相同或相近的图像像素分别包含。

"对所有图层取样"复选框:当单击选中该复选框并在任意一个图层上应用魔棒工具时,所有可见图层上与单击处颜色相似的地方都会被选中;当不选中该复选框时,系统在创建选区时,只将当前图层考虑在内。

2. 快速选择工具

单击"快速选择工具"按钮,在要选取的图像处单击或拖动,会自动根据鼠标指针处颜色相同或相近的图像像素包围起来,创建一个选区,而且随着鼠标指针的移动,选区不断扩大。按左、右方括号键或调整半径值,可以调整笔触大小。按住【Alt】键的同时在选区内拖动,可以减小选区。"快速选择工具"属性栏如图3-47所示。

图3-47 "快速选择工具"属性栏

部分选项作用简介如下:

按钮组:从左到右三个按钮依次是"新选区(重新创建选区)""添加到选区(新选区与原选区相加)""从选区减去(原选区减去新选区)"功能。

按钮:单击该按钮可以调出面板,利用该面板可以调整笔触大小、间距等属性。

利用快速选择工具可将图3-48风景图中的湖面选取出来,如图3-49所示。

图3-48 风景图

图3-49 选取湖面选区

随堂案例 利用魔棒工具制作科技星球。

案例效果如图3-50所示。

图3-50案例效果

图3-50　案例效果图

案例实现

步骤1 制作案例背景图片。打开Photoshop CS6软件，执行菜单栏中"文件"→"打开"命令（或按快捷键【Ctrl+O】），找到"地球.jpg"文件，打开素材图片作为背景图片，如图3-51所示。

图3-51　插入背景图片

步骤2 使背景图片变亮。按快捷键【Ctrl+J】对背景图片进行复制，得到一个新的图层。将图层的混合模式改为"颜色减淡"，有关图层混合模式相关知识将在本书第7章详细介绍，这里请读者按步骤操作即可。

步骤3 抠取案例中的键盘图片。执行菜单栏中"文件"→"打开"命令（或按快捷键【Ctrl+O】），找到"键盘.jpg"文件，打开素材图片，使用工具箱中的快速选择工具选择键盘的主体选区，然后使用魔棒工具按住【Shift】键选择电源线选区，使用魔棒工具时，将容差值设置为10，并勾选连续复选框，得到的选区如图3-52所示。

步骤4 抠取旋转的梯子图片。打开"阶梯.jpg"图片，使用工具箱中的魔棒工具，容差值仍设置为10，在背景图像中单击鼠标，获取相关选区，如图3-53所示。

步骤5 因为要抠取的是旋转的梯子图片，而上一步恰恰抠取的是除了楼梯以外的部分。按快捷键【Shift+Ctrl+I】执行反向命令，获得楼梯选区。

步骤6 按快捷键【Ctrl+J】，复制得到图层1，使楼梯位于图层1中，使用工具箱中的移动工具分别将抠取的楼梯和键盘移动到地球图像中，并调整图片大小和位置。效果如图3-54所示。

图3-52　利用魔棒工具和快速选择工具绘制选区

图3-53　获取楼梯以外的选区

图3-54　拼合图像

步骤7　打开"西装人物.psd"文件,利用工具箱中的移动工具将两个人物分别移动到合适的楼梯台阶上即完成本案例操作,其效果如图3-50所示。

3.2　选区的操作

如果想利用Photoshop软件灵活自如地编辑和处理图像,必须熟练掌握选区的操作。下面介绍选区的常用操作。

1.移动选区

在选择选框工具组工具的情况下,将鼠标指针移动到选区内部(此时鼠标指针变成三角箭头形状,而且箭头右下角有一个虚线小矩形),再拖动选区。如果按住【Shift】键的同时拖动,可以使选区在水平、垂直或45°角整数倍斜线方向移动。

移动选区有以下两种方法:

① 使用鼠标移动选区,方法如上所述。

② 使用键盘移动选区。使用"矩形选框工具"或"椭圆选框工具"绘制选区后,不要松开鼠标左键,同时按住空格键并拖动鼠标,即可移动选区。

绘制出选区后,使用方向键,可以将选区沿着各方向移动1像素,如果使用快捷键【Shift+方向键】,则可以实现选区沿着各方向移动10像素。

2.取消选区

按快捷键【Ctrl+D】可以取消选区。在"与选区交叉"█或"新选区"█状态下,单击选区外任意区域，或者执行"选择"→"取消选择"命令，采用上述方法均可以完成取消选区操作。

3. 反选选区

按快捷键【Shift+Ctrl+I】，可以对当前选区进行反向选取。

4. 隐藏选区

执行"视图"→"显示"→"选区边缘"命令，即可隐藏已创建的选区。虽然选区隐藏了，但对选区的操作仍可进行。如果要使隐藏的选区再显示出来，重复刚才的操作即可实现。

5. 修改选区

将选区扩边（使选区边界线外增加一条扩展的边界线，两条边界线所围的区域为新选区）、平滑（使选区边界线平滑）、扩展（使选区边界线向外扩展）和收缩（使选区边界线向内缩小）。只要在创建选区后，执行"选择"→"修改"→××相关的菜单命令（见图3-55）即可实现，其中××是"修改"菜单下的若干个子命令。

下面介绍羽化选区：创建羽化的选区可以在创建选区时利用选项栏进行。如果已经创建了选区，再想将它羽化，可执行"选择"→"修改"→"羽化"命令，调出"羽化选区"对话框，如图3-56所示。输入羽化半径值，单击"确定"按钮，即可进行选区的羽化。

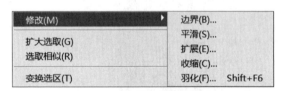
图3-55 修改菜单

图3-56 "羽化选区"对话框

6. 变换选区

当选区被创建好以后，可能大小、方向不太合适，此时可根据实际需要来调整选区的大小、位置或旋转。执行"选择"→"变换选区"命令，此时的选区如图3-57所示，再按照下述方法可以变换选区。

图3-57 变换选区

调整选区的大小：将鼠标指针移动到选区四周的控制柄处，鼠标指针会变成直线的双箭头形状，用鼠标拖动即可调整选区的大小。

调整选区的位置：在使用选框工具或其他选区工具的情况下，将鼠标指针移动到选区内，鼠标指针会变为实心箭头形状，再拖动选区，即可完成调整选区位置。

旋转选区：将鼠标指针移动到选区四周的控制柄外，鼠标指针会变成弧线形的双箭头形状，再拖动旋转选区，可完成旋转选区操作。

其他方式变换选区：执行"编辑"→"变换"→××命令，可以进行选区缩放、旋转、斜切、扭曲或透视等操作。其中，××是"变换"菜单的子命令。

选区变换完后，单击工具箱中的其他工具，可弹出一个提示框。单击"应用"按钮，可完成选区的变换。单击"不应用"按钮，可取消选区变换。另外，选区变换完后，按【Enter】键，可以直接应用选区的变换。

3.3 案 例 实 训

 案例实训 1 精油宣传海报制作

某公司新推出一款精油产品。为达到良好的宣传效果，利用前面所学的知识，制作精油宣传海报，海报文字应突出产品特点，本案例主要是通过创建各种选区并填充颜色完成设计制作，效果如图3-58所示。

图3-58 案例效果图

案例实现

步骤1 打开Photoshop CS6软件，执行"文件"→"打开"命令，找到"精油.jpg"素材图片和"精油素材.psd"文件，打开素材。

步骤2 抠取精油化妆品图像。选择"精油"图片，然后利用工具箱中的魔棒工具，在该图像中的白色背景中单击，得到相应的选区，如图3-59所示。

步骤3 上一步只是抠取了大概的选区，继续利用工具箱中的快速选择工具，完成精油化妆品图片的抠取。选择状态栏中的"添加到选区"命令，将精油瓶底和橙子底部区域修改，如图3-60所示。

图3-59 创建背景选区

图3-60 重新修改后的选区

步骤4 按快捷键【Ctrl+Shift+I】实现反向选择，从而得到精油选区，如图3-61所示。

步骤5 按快捷键【Ctrl+J】得到图层1，将选区载入到图层1中，选择移动工具，将鼠标光标移到选区中，当光标变为右下角成剪刀状时，按住鼠标左键拖动选区到"精油素材"背景中，按快捷键【Ctrl+T】实现自由变换，目的是将刚刚移动过来的精油图片调整至合适的大小，并旋转至合适的角度，效果如图3-62所示。

图3-61 精油选区

图3-62 调整精油素材图片大小并旋转角度

步骤6 在"精油素材"图像中，选择图层7，按快捷键【Ctrl+Shift+Alt+N】，新建图层，得到图层9，选择矩形选框工具，在图像的文字部分绘制矩形选区，效果如图3-63所示。

步骤7 利用选区更改图片中部分区域颜色,设置前景色为某一种橙色,比如"#ff8a00",按快捷键【Alt+Delete】实现前景色填充选区颜色,此时将"图层"面板中的"不透明度"参数值更改为25%,如图3-64所示。

图3-63 绘制矩形选区

图3-64 设置图层不透明度

步骤8 按快捷键【Ctrl+D】取消选区,完成后保存图层文件,即可得到最终效果,如图3-58所示。

案例实训2 有关"考研成功"的海报制作

习近平总书记在庆祝中国共产主义青年团成立100周年大会上的讲话中强调:"实现中国梦是一场历史接力赛,当代青年要在实现民族复兴的赛道上奋勇争先。"

不奋斗,不青春。青年大学生首先要在成长成才的赛道上奋力奔跑。考研是很多大学生所要经历的一段历程,这段路上要付出的艰辛努力不言而喻,不经历风雨怎么见彩虹。但考研成功不是终点,而是新生活奋斗的起点。本案例利用套索工具、文字工具制作海报,文字工具的使用将在本书后续章节详细讲解。案例效果如图3-65所示。

图3-65案例效果

图3-65 案例效果图

案例实现

步骤1 打开Photoshop CS6软件,执行"文件"→"新建"命令(或按快捷键【Ctrl+N】),新建一个大小为宽度和高度1 280像素和720像素、分辨率为72像素/英寸、颜色模式为"RGB颜色"、名称为"考研成功上岸"的画布。

步骤2 执行"文件"→"打开"命令,打开"背景.jpg"图片,使用工具箱中的移动工具将其移动到刚刚建立好的画布中,适当调整图片大小,使之与画布大小相当,作为背景图片使用。然后打开"刻苦学习.png"图片,将其移动至画布左下角位置,并调整图片至合适的大小,效果如图3-66所示。

图3-66 导入背景素体图片

步骤3 选择工具箱中的"横排文字工具",设置字体为"汉仪菱心体简",字号为140点,颜色为红色(色值为#d04426),然后单击工具选项栏中的"切换字符和段落面板"按钮,设置字符间距为-25,并输入文字"我们成功啦",效果如图3-67所示。

图3-67 输入文字

步骤4 分别在文字"我们成功啦"的上方和下方输入文字"奋斗的青春最美丽""一分耕耘一分收获",字体仍为"汉仪菱心体简",字号为60点,颜色为白色,单击工具选项栏中的"切换字符和段落面板"按钮,将字体样式设置为加粗。三行文字居右对齐,效果如图3-68所示。

图3-68 输入其他文字

步骤5 选中三个文字图层,按快捷键【Ctrl+Alt+E】盖印图层,将图层重命名为"文字背景",然后按住【Ctrl】键并单击该图层缩略图图标,创建文字选区,如图3-69所示。

图3-69　创建文字选区

步骤 6　执行"选择"→"修改"→"扩展"命令,打开"扩展选区"对话框,设置扩展量为8像素。然后单击"确定"按钮,如图3-70所示。

步骤 7　使用工具箱中的"套索工具",并按住【Shift】键,使选区合并为一个选区,效果如图3-71所示。

图3-70　扩展选区

图3-71　合并文字选区

步骤 8　设置前景色为黑色,然后按【Alt+Delete】将选区填充为黑色,然后按快捷键【Ctrl+D】取消选区。效果如图3-72所示。

步骤 9　将"文字背景"图层移动至所有文字图层的下方。为了使制作的文字更具层次感,可以修改部分文字颜色。使用工具箱中的横排文字编辑工具并选中文字"成功啦",将颜色更改为黄色(色值为:#fbdb05)。文字效果如图3-73所示。至此本案例制作完毕,按快捷键【Ctrl+S】保存文件。案例最新效果如图3-65所示。

图3-72　将文字选区填充为黑色

图3-73　文字效果图

●更多案例

网店背景
图片制作

●更多案例

贵宾卡制作

第4章 绘制图像

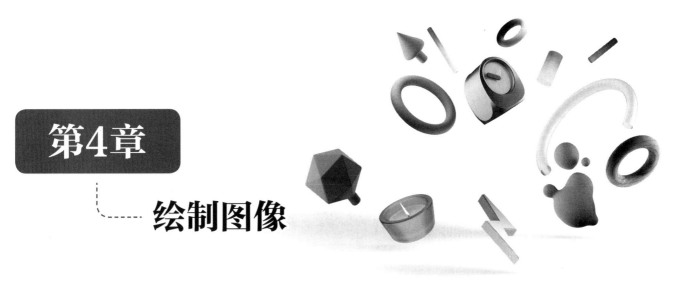

Photoshop具有强大的绘图功能，Photoshop CS6提供了各种绘图工具，其中包括"画笔工具""铅笔工具"等，通过画笔、铅笔工具可以绘制出自然生动的图像，同时对于效果不佳的图像，可使用修复工具和图章工具修复润饰图像，使其更加美观，另外除了前面学习的魔棒工具抠图以外，还可以使用橡皮擦工具抠取图像，当然也可使用橡皮擦工具来擦除图像。渐变工具组中的工具主要用于为画面填充单色、渐变色和图案。灵活使用这些工具，可以大大提高图像编辑的效率。通过本章学习，读者应了解和掌握绘制和修饰图像的基本方法和操作技巧，并将绘制和修饰图像的各种功能和效果应用到实际的设计案例和制作任务中，真正做到学有所用。

学习目标：

◎了解"画笔"面板，如画笔预设、画笔笔尖形状、形状动态等。

◎掌握各种橡皮擦工具使用。

◎掌握油漆桶工具的使用。

◎掌握渐变工具的使用。

4.1 画笔和铅笔工具的使用

Photoshop CS6中的绘图工具主要有画笔工具和铅笔工具两种，利用它们可以绘制出各种效果。

Photoshop CS6 提供的绘画工具虽然各不相同，但是基本每种绘画工具的操作都由以下几个步骤组成：

① 选取绘画工具的颜色。

② 在选项栏的"画笔预设"选取器中选择合适的画笔。

③ 在选项栏中设置工具的相关参数，如模式和不透明度等。

④ 在窗口中拖动鼠标绘制图形。当然，此操作会因工具的不同而存在一定的差异。

4.1.1 画笔工具

在Photoshop CS6中，"画笔工具"■的应用比较广泛。使用该工具可以绘制出比较柔和的线条，其线条效果如同用毛笔画出的一样。使用画笔工具绘图时，必须在工具栏中选定一个适当大小的画笔，才可以绘制图像。当然"画笔工具"在后期的应用中，不仅可以绘制图形，还可以用来修改蒙版和通道。单击工具箱上的"画笔工具"按钮■，在属性栏中会出现相应的选项，如图4-1所示。

图4-1 "画笔工具"属性栏

下面依次介绍属性栏中的每个选项：

"画笔工具"预设选项：单击其右侧的三角按钮，可以弹出"工具预设"面板，如图4-2所示。

工具预设是选定该工具的现成版本，单击"工具预设"面板右上角的"工具预设菜单"按钮（齿轮状按钮），可以打开"工具预设"菜单，如图4-3所示。通过该菜单上的命令，可以执行"新建工具预设"和"载入工具预设"等操作。

"画笔预设"选取器：单击"笔触大小"后面的小三角按钮，在打开的"画笔预设"选取器中，可以选择画笔笔尖，设置画笔的大小和硬度，如图4-4所示。

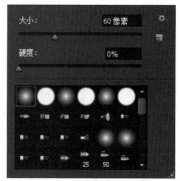

图4-2　"工具预设"面板　　　图4-3　"工具预设"菜单　　　图4-4　"画笔预设"选取器

"切换画笔面板"按钮：单击该按钮，可以打开"画笔"面板，在"画笔"面板中可以对画笔进行多种样式的设置。"画笔"面板将在4.1.2节介绍。

"模式"下拉列表：用于设置画笔工具作用于当前图像中像素的形式，即当前使用的绘画颜色与原有底色之间的混合模式。

"不透明度"数值框：用于设置画笔颜色的不透明度，数值越大，不透明度越高。单击其右侧的下三角按钮，在弹出的滑动条上拖动滑块也可以调整不透明度。

"流量"数值框：用于设置绘制图像时颜色的压力程度，值越大，画笔笔触越浓。

"喷枪工具"按钮：单击该按钮可以启用喷枪工具进行绘图。

"绘图板压力控制大小"按钮：单击该按钮，如果使用数位板绘图，光感压力可覆盖"画笔"面板中的不透明度和大小设置。

4.1.2 画笔面板

按【F5】快捷键或单击属性栏中"切换画笔面板"按钮,打开图4-5所示的"画笔"面板。该面板主要由三部分组成,左侧部分主要用于选择画笔的属性;右侧部分用于设置画笔的具体参数;最下面部分是画笔的预览区域。

在设置画笔时,先选择不同的画笔属性,然后在其右侧的参数设置区中设置相应的参数,就可以将画笔设置为不同的形状。

画笔预设:用于查看、选择和载入预设画笔。拖动画笔笔尖形状窗口右侧的滑块可以浏览其他形状。

"画笔笔尖形状"选项:用于选择和设置画笔笔尖的形状,包括角度、圆度等。

"形状动态"选项:用于设置随着画笔的移动笔尖形状的变换情况。

"散布"选项:决定是否使绘制的图形或线条产生一种笔触散射的效果。

"纹理"选项:可以使画笔工具产生图案纹理效果。

图4-5 "画笔"面板

"双重画笔"选项:可以设置两种不同形状的画笔来绘制,首先通过"画笔笔尖形状"选项设置主笔刷的形状,再通过"双重画笔"选项设置次笔刷的形状。

"颜色动态"选项:可以将前景色和背景色进行不同程度的混合,通过调整颜色在前景色和背景色之间的变换情况以及色相、饱和度和亮度的变换,绘制出具有各种颜色混合效果的图形。

"传递"选项:用于设置画笔的不透明度和流量的动态效果。

"画笔笔势"选项:用于设置画笔笔头的不同倾斜状态及压力效果。

"杂色"选项:可以使画笔产生细碎的噪声效果,即产生一些小碎点效果。

"湿边"选项:可以使画笔绘制出的颜色产生中间淡四周深的湿润效果,用来模拟加水较多的颜料产生的效果。

"建立"选项:相当于激活属性栏中的"喷枪"按钮,使画笔具有喷枪的性质。即在图像中的指定位置按下鼠标后,画笔颜色将加深。

"平滑"选项:可以使画笔绘制出的颜色边缘较平滑。

"保护纹理"选项:当使用复位画笔等命令对画笔进行调整时,保护当前画笔的纹理图案不改变。

随堂案例 制作美丽夕阳插画。

绘制夕阳插画时,可以考虑以下原则,以突显夕阳的美丽和温暖感,带给人安心、宁静、舒适的感受。在设计制作的过程中,在草地和树木的处理上采用暗色的渐变剪影形式;色彩选择方面,夕阳的特点是色彩丰富的,包括橙红、深红、紫色等,可以选择暖色调的颜色,特别是橙色和红色,以捕捉夕阳的温暖和炽热感;添加自然元素,如树木、山脉、湖泊等,这些自然元素可以丰富画面,确保画面中的元素有机地融合在一起。整个插画的设计色彩搭配合理舒适,以体现出夕阳的魅力与独特风情,让人印象深刻,案例效果如图4-6所示。

图4-6 案例效果图

案例实现

步骤1 打开Photoshop CS6软件,执行"文件"→"打开"命令(或者快捷键【Ctrl+O】),找到制作美丽夕阳插画中的"地面.jpg"素材图片，打开素材。将前景色设置为黑色，选择画笔工具，在属性栏中单击"画笔"选项右侧的按钮，可以设置画笔的大小和硬度，如图4-7所示。

步骤2 按快捷键【F5】，弹出"画笔"控制面板，选择"画笔笔尖形状"选项，在弹出的面板中设置合适的参数，选择大小合适的笔刷，在图像窗口的下方拖动鼠标绘制图形，作为土地，效果如图4-8所示。

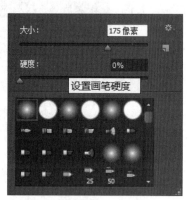

图4-7 设置画笔大小和硬度

图4-8 绘制土地

步骤3 按快捷键【Ctrl+Shift+Alt+N】，新建图层，并命名该图层为"草"。选择画笔工具，在属性栏中单击"画笔"选项右侧的下三角按钮，在弹出的画笔中选择小草形状，如图4-9所示。

步骤4 选择"画笔笔尖形状"选项，勾选形状动态、散布、传递、平滑四个选项，在图层"草"的图像窗口下方绘制小草图形，效果如图4-10所示。

图4-9 选择小草形状画笔

图4-10 绘制小草图形

步骤5 绘制枫叶图像，按快捷键【Ctrl+Shift+Alt+N】新建图层，并命名该图层为"枫叶"，将前景色设为红色，其RGB三个参数的值分别为255、17、0。背景色设置为橙色，其RGB三个参数值分别为255、195、0。选择画笔工具，在属性栏中单击"画笔"选项右侧的下三角按钮，在弹出的画笔选择面板中选择需要的枫叶画笔形状，然后按照步骤4中，勾选相同的四个参数，调整合适的笔刷大小绘制枫叶图像，如图4-11所示。

图4-11 绘制枫叶

步骤6 选择"横排文字工具",设置合适的字体和大小,输入文本"美丽夕阳",最终效果如图4-6所示。

4.1.3 铅笔工具

"铅笔工具"可以创建硬边的画线。单击工具箱中的"铅笔工具"按钮,在属性栏中会出现相应的选项,如图4-12所示。

图4-12 "铅笔工具"属性栏

与"画笔工具"选项栏的不同之处在于增加了"自动抹除"复选框,当勾选了"自动抹除"复选框时,在窗口中拖动鼠标,可以将该区域涂抹成前景色,如果再次将光标放在刚刚抹除的区域上进行涂抹,该区域将被涂抹成背景色,如图4-13所示。

图4-13 勾选"自动抹除"的图像效果

4.1.4 颜色替换工具

"颜色替换工具"可以用前景色替换图像中的颜色。该工具不能用于位图、索引或多通道颜色模式的图像,图4-14所示的是"颜色替换工具"的工具属性栏。

图4-14 "颜色替换工具"属性栏

该工具的功能和参数介绍如下:

模式:用来设置可以替换的颜色属性,包括色相、饱和度、颜色和明度。默认为颜色,它表示可以同时替换色相、饱和度和明度。

取样:用来设置颜色的取样方式。单击"连续"按钮后,在拖动鼠标时可连续对颜色取样;单击"一次"按钮,只替换包含第一次单击的颜色区域中的目标颜色;单击"背景色板"按钮,只替换包含当前背景色的区域。

限制:选择"不连续"选项,只替换出现在光标下的样本颜色;选择"连续"选项,可替换与光标指针(即圆形画笔中心的十字线)相邻的、且与光标指针下方颜色相近的其他颜色;选择"查找边缘"选项,可替换包含样本颜色的连续区域,同时保留形状边缘的锐化程度。

容差:用来设置工具的容差。"颜色替换工具"只替换鼠标单击的颜色容差范围内的颜色,该值越高,对颜色的相似性要求程度就越低,可替换范围就越广。

消除锯齿:勾选该项,可以为校正的区域定义平滑的边缘,从而消除锯齿。

随堂案例 用颜色替换工具为向日葵换色。

将向日葵花的颜色从果实自有的黄色更改为出众的粉红色。"替换颜色"对话框结合了用于选择颜色范围的工具和用于替换该颜色的色相、饱和度和明亮度滑块。用户也可以在拾色器中选取替换颜色。案例效果对比如图4-15所示。

图4-15案例对比效果

图4-15 案例对比效果图

案例实现

步骤1 打开Photoshop CS6软件,执行"文件"→"打开"命令(或者按快捷键【Ctrl+O】),找到素材文件夹中的"向日葵.jpg"素材图片,打开素材,如图4-16所示。

步骤2 设置前景色,单击工具箱中的"设置前景色"命令,在弹出的"拾色器"对话框设置RGB的三个参数值,分别为255、149、146(一种粉红色),单击"确定"按钮,如图4-17所示。

图4-16 打开素材图片

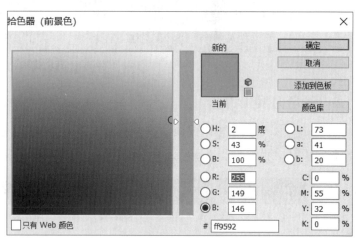

图4-17 设置前景色

步骤3 选择"颜色替换工具",然后在选项栏中选择一个柔角笔尖,单击"连续"按钮,再设置参数"限制"为连续,容差设置为30%,在向日葵上涂抹替换颜色(光标中心的十字不要碰到除向日葵外的其他内容,否则会替换到其他颜色)。按左方括号键【[】,调小笔尖,然后在花瓣未被替换的地方涂抹,效果如图4-15中的右图所示。

4.2 擦除图像工具的使用

擦除图像是在图像处理的过程中必不可少的步骤,Photoshop CS6中提供了三种类型的擦除工具,分别是"橡皮擦工具""背景橡皮擦工具""魔术橡皮擦工具"。

4.2.1 橡皮擦工具

"橡皮擦工具"用于擦除图像颜色,如果在"背景"图层或锁定了透明区域的图像中使用该工具,被擦除的部分会显示为背景色;处理其他图层时,可擦除涂抹区域的任何像素。

启用"橡皮擦工具"有以下两种方法:

① 单击工具箱中的"橡皮擦工具"按钮。

② 反复按快捷键【Shift+E】。

单击工具箱中的"橡皮擦工具"按钮,其属性栏如图4-18所示。

图4-18 "橡皮擦工具"属性栏

"橡皮擦工具"属性栏主要参数介绍如下:

模式:用来设置橡皮擦的种类,在该下拉列表中包括"画笔"、"铅笔"和"块"三个选项。选择"画笔"选项,可以创建柔边擦除效果;选择"铅笔"选项,可以创建硬边擦除效果;选择"块"选项,擦除的效果为块状。

不透明度:用来设置工具的擦除强度。不透明度为100%时可以完全擦除像素,较低的不透明度将擦除部分像素。将"模式"设置为"块"选项时,不能使用"不透明度"选项。

流量:用来控制工具的涂抹速度。

抹到历史记录:该复选框如果被勾选,在"历史记录"面板中选择一个状态或快照,在擦除时可以将图像恢复至指定状态。

随堂案例 利用橡皮擦工具制作艺术照效果。

Photoshop的强大之处在于图像的处理和拼合,本案例从素材图片中引入一位女士,然后将其自然融入背景图片中,使作品达到一种人物泛舟荡漾的感觉。通过本案例的制作,主要让读者掌握橡皮擦工具的使用。案例效果如图4-19所示。

图4-19 案例效果图

案例实现

步骤1 打开Photoshop CS6软件,执行"文件"→"打开"命令(或者按快捷键【Ctrl+O】),找到制作艺术照中的"写真照片.jpg"和"背景.psd"素材图片,打开素材图片。

步骤2 选择工具箱中的"移动工具",将"写真照片"图片移动复制到"背景"文件中,然后利用快捷键【Ctrl+T】自由变换命令将图片调整至合适的大小和位置,并按【Enter】键确认,如图4-20所示。

图4-20　调整至合适的大小和位置的图片

步骤3　选择工具箱中的"橡皮擦工具",在属性栏中单击 图标,在弹出的"笔头设置"面板中,设置合适的笔头大小,如图4-21所示。

步骤4　在属性栏中,设置不透明度参数为60% ,将光标移动到人物背景上面,按住鼠标左键拖动将背景擦除。不断修改橡皮擦笔头的大小,在人物的轮廓边缘位置仔细进行擦除,效果如图4-22所示。

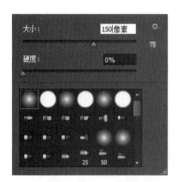

图4-21　笔头设置面板

图4-22　擦除背景

步骤5　重复步骤4,依次擦除背景的其他部分,在其他部分擦除时应注意灵活设置笔头大小。然后执行"图像"→"调整"→"色彩平衡"(快捷键【Ctrl+B】)命令,在弹出的"色彩平衡"对话框中分别设置"色调平衡"选项为"阴影"和"中间调",依次设置它们的颜色参数,目的是将图像颜色调整成与背景色相同的颜色,参数设置如图4-23和图4-24所示。颜色调整后,案例制作完毕,最终效果如图4-19所示。

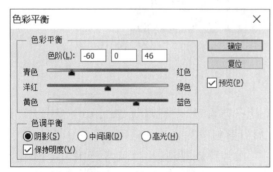

图4-23　设置阴影参数

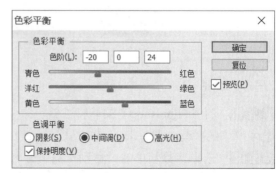

图4-24　设置中间调参数

4.2.2 背景橡皮擦工具

利用工具箱中的"背景橡皮擦工具" ，可以大面积擦除图像中的相似颜色，无论是在背景层还是在普通图层上，使用此工具都会将图像擦除为透明背景效果，并且将背景层自动转化为普通层。

启用"背景橡皮擦工具"有以下两种方法：

① 单击工具箱中的"背景橡皮擦"工具按钮。

② 反复按快捷键【Shift+E】。

"背景橡皮擦工具" 的属性栏如图4-25所示。

图4-25 "背景橡皮擦工具"属性栏

下面简要介绍"背景橡皮擦工具"属性栏中的参数：

取样：用于控制背景橡皮擦的取样方式。激活"连续"按钮 ，拖动鼠标指针擦除图像时，将随着鼠标指针的移动随时取样；激活"一次"按钮 ，只替换第一次单击取样的颜色，再拖动鼠标指针过程中不再取样；激活"背景色板"按钮 ，不在图像中取样，而是由工具箱中的背景色决定擦除的颜色范围。

限制：用于控制背景橡皮擦擦除颜色的范围。选择"不连续"选项，可以擦除图像中所有包含取样的颜色；选择"连续"选项，可以擦除所有包含取样颜色且与取样点相连的颜色；选择"查找边缘"选项，可以在擦除图像时将自动查找与取样点相连的颜色边缘，以便更好地保持颜色边界。

保护前景色：勾选此复选框，将无法擦除图像中与前景色相同的颜色。

使用该工具擦除的前后效果图分别如图4-26和图4-27所示。

图4-26 原图

图4-27 使用背景橡皮擦工具擦除后的效果图

4.2.3 魔术橡皮擦工具

"魔术橡皮擦工具" 具有"魔棒"工具的特征。当图像中含有大片相同或相近的颜色时，利用"魔术橡皮擦工具"在要擦除的颜色区域内单击，可以一次性擦除图像中所有与其相同或相近的颜色，并可以通过"容差"值来控制擦除颜色的范围。

随堂案例 利用魔术橡皮擦工具抠图并更换背景。

魔术橡皮擦工具有点类似魔棒工具，不同的是魔棒工具是用来选取图片中颜色近似的色块。魔术橡皮擦工具则是擦除色块。魔棒工具单击后会根据单击处的像素颜色及容差产生一块选区。魔术橡皮擦工具的操作方式也是如此，只不过它将这些像素予以抹除，从而留下透明区域。换言之，魔术橡皮擦的作用过程可以理解为三合一：用魔棒创建选区、删除选区内像素、取消选区。魔术橡皮擦等几种橡皮擦工具的作用都是用来抹除像素的，在实际使用中建议通过选区和后面章节将要讲解的蒙版来达到抹除像素的目的，而尽量不要直接使用有破坏作用的橡皮擦工具。采用魔术橡皮擦工具抠图前后的对比效果如图4-28所示。

图4-28案例对比效果

图4-28 案例对比效果图

案例实现

步骤1 打开Photoshop CS6软件，执行"文件"→"打开"命令（或者快捷键【Ctrl+O】），找到素材文件夹中的"小猫.jpg"素材图片，打开素材。

步骤2 进行"魔术橡皮擦工具"各属性值的设置，如图4-29所示。

图4-29 "魔术橡皮擦工具"属性栏

步骤3 在背景中单击，图像中单击点的颜色会立即清除，背景层自动解锁变为图层0。按快捷键【Ctrl+Shift+Alt+N】新建图层1，填充渐变色，渐变编辑条如图4-30所示。

图4-30 渐变编辑

步骤4 在图层面板中将"图层0"拖动到"图层1"上方，再选择"背景橡皮擦工具"，单击前景色打开拾色器后，用吸管工具在猫的胡须上单击取色。

步骤5 在"背景橡皮擦工具"属性栏中勾选"保护前景色"复选框，如图4-31所示。

图4-31 设置"背景橡皮擦工具"属性

步骤6 放大图像显示比例，在靠近猫毛发的位置单击后按住鼠标左键进行涂抹，将单击处取样的相近颜色用透明色填充。然后缩小图像显示比例，用橡皮擦工具将远离猫毛发位置的其他杂色擦除。至此，完成抠取猫的主体工作，效果如图4-28右图所示。

4.3 油漆桶和渐变工具的使用

4.3.1 填充工具

填充工具可以对特定的区域进行色彩或图案填充。使用Photoshop的绘图工具进行绘图时，选择好颜色至关重要。

1. 前景色与背景色

前景色通常用于绘制图像、填充和描边选区等，而对于背景图层，删除或擦除的区域将用背景色填充。

工具箱下部有两个交叠在一起的正方形，显示的是当前所使用的前景色和背景色。系统默认的前景色为黑色，背景色为白色。单击工具箱下部的默认色按钮或按【D】键可以恢复系统默认的前景色和背景色。切换前景色与背景色的操作方法是单击按钮或者按【X】键，如图4-32所示。

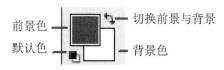

图4-32　前景色与背景色图标

在Photoshop中可以使用"拾色器"对话框、"颜色"和"色板"面板来设置新的前景色和背景色。

（1）使用"拾色器"选取颜色

单击工具箱中"前景色"或"背景色"按钮，可以打开"拾色器"对话框，如图4-33所示。

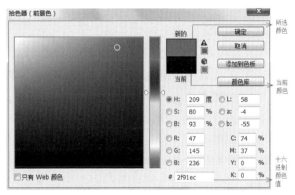

图4-33　"拾色器"对话框

对话框左侧的颜色区域用来选择颜色，在需要的色彩处单击就能在右侧的小颜色区域中显示出当前所选的颜色。在这个小色块区域中的下半部显示的是前一次所选的颜色。拖动竖长条彩色滑杆上的小三角滑块能调整颜色的不同色调。

如果需要精确地设置颜色参数，可直接在颜色模式数值中输入颜色值，或在颜色代码数值框中输入十六进制颜色代码。

（2）使用"颜色"面板和"色板"面板

"颜色"面板和"色板"面板是Photoshop提供的专门用于设置颜色的控制面板。

①"颜色"面板用于设置前景色和背景色，也用于吸管工具的颜色取样。单击面板右上角按钮，打开"颜色"面板的菜单，如图4-34所示。通过这些菜单命令可以切换不同模式的滑块和色谱。拖动颜色滑块，可以改变当前所设置的颜色；将鼠标指针放在四色曲线图上，鼠标指针会变成吸管状，单击即可拾取颜色作为前景色，如果按【Alt】键进行拾取，则可作为背景色。

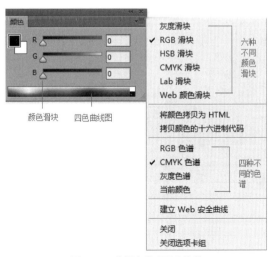

图4-34　"颜色"面板菜单

② "色板"面板用于快速选取颜色。当鼠标指针移到"色板"面板内的某一颜色块时，鼠标指针变成吸管形状，这时可用它来选取颜色替换当前的前景色或背景色。

该面板中的颜色都是预设好的，可以直接选取使用，这就是使用"色板"面板选色的最大优点。用户还可以在"色板"面板中加入一些常用的颜色，或将一些不常用的颜色删除，并保存色板，方便以后快速取色。

添加色样：将鼠标指针移至"色板"面板下部的色样空白处，当鼠标指针变成油漆桶形状时，单击即可添加色样，添加的颜色为当前选取的前景色。

删除色样：按【Alt】键的同时在"色板"面板中单击就可以删除色样方格，这时鼠标指针会变成剪刀形状，单击鼠标即可完成删除色样操作。

（3）填充颜色

① 使用"填充"命令。在绘制图像和处理图像的过程中，设置好颜色后就可以将颜色应用到图像中。可以执行"填充"命令在对话框中进行填充设置，还可以按快捷键填充前景色或背景色。

填充命令可以对整个图像或选区应用色彩或图案填充。执行"编辑"→"填充"命令或按快捷键【Shift+F5】，在弹出的"填充"对话框中，可对填充的内容、模式和不透明度等参数进行设置，如图4-35所示。

在图4-35所示的"使用"下拉列表框中选择"前景色"、"背景色"、"黑色"、"50%灰色"或"白色"选项，是对指定颜色进行填充。选择"颜色"选项，在弹出的"拾色器"对话框中可以自定义用于填充的颜色。

若在"使用"下拉菜单中选择"内容识别"选项，在填充选定区域时，可以根据所选区域的图像进行修补，为图像处理工作提供一个更智能、更有效的解决方案。

图4-35 "填充"对话框

② 运用快捷键命令。使用快捷键可以方便迅速地填充选定区域或整个图层的颜色。使用选框工具比如矩形选框工具绘制一个矩形选区，按快捷键【Alt+Delete】可在选区内填充前景色，按快捷键【Ctrl+Delete】可以在选区内填充背景色。

随堂案例　利用"填充"命令去除沙漠中的石头图片。

执行菜单栏中的"编辑"→"填充"命令，内容识别填充来快速删除背景图片中不想要的图案。使用内容识别是要在选择选区的时候才能使用，而且它具有智能计算的功能。本案例使用"填充"命令将沙漠中的石头去除后的效果图如图4-36右图所示。

图4-36案例对比效果

图4-36　案例对比效果图

案例实现

步骤1 打开Photoshop CS6软件，执行"文件"→"打开"命令（或者快捷键【Ctrl+O】），打开素材图片"沙漠.jpg"，如图4-37所示。

步骤2 选择"套索工具"，在沙漠图片上按照鼠标左键拖动，当鼠标指针到达起点时释放鼠标即可看到选区，如图4-38所示。

图4-37 沙漠图片

图4-38 选取后的选区

步骤3 右击，在弹出的快捷菜单中选择"填充"命令，打开"填充"对话框，如图4-39所示。

步骤4 在"使用"下拉列表框中选择"内容识别"选项，单击"确定"按钮，如果石头没有完全去除，重新利用套索工具选定石头选区然后再进行内容识别，直到去除为止，效果如图4-36右图所示。

2. 吸管工具

除了使用"拾色器"对话框来选择颜色，还可以使用工具箱里的吸管工具，在当前图像区域单击，拾取单击处的颜色作为前景色，而在按【Alt】键的同时单击，可以拾取单击处的颜色作为背景色。

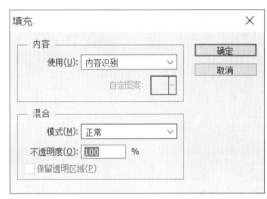

图4-39 "填充"对话框

执行"文件"→"打开"命令（或快捷键【Ctrl+O】），打开"色卡.jpg"素材图片，利用工具箱中的吸管工具，对图像进行取色，颜色会自动进入到"色板"面板上，如图4-40所示。

图4-40 色卡与色板

4.3.2 油漆桶工具

启用"油漆桶工具"有以下两种方法：

① 单击工具箱中的"油漆桶工具"按钮。

② 反复按快捷键【Shift+G】。

启用"油漆桶工具"属性栏状态如图4-41所示。

图4-41 "油漆桶工具"属性栏

在"油漆桶工具"属性栏中,"填充"选项用于选择填充的是前景色还是图案;"图案"选项用于选择定义好的图案;"模式"选项用于选择着色的模式;"不透明度"选项用于设定不透明度;"容差"选项用于设定色差的范围,数值越小,容差越小,填充的区域也越小;"消除锯齿"复选框用于消除锯齿边缘锯齿;"连续的"复选框用于设定填充方式;"所有图层"复选框用于选择是否对所有可见层进行填充。

使用油漆桶工具可以在图像中填充前景色,但只能填充与单击位置处的颜色相近的图像区域,即位于容差范围内颜色相近的图像区域,如图4-42所示。

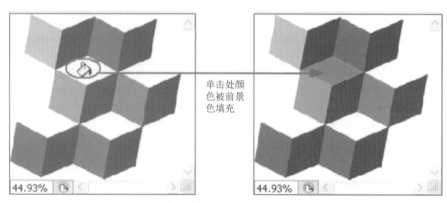

图4-42 对单击处的颜色范围用前景色进行填充

如果在"油漆桶工具"属性栏的"填充"下拉列表框中选择"图案"选项,那么用户可以在"图案"下拉列表框中选择一种图案进行填充，如图4-43所示。

图4-43 使用图案填充

4.3.3 渐变工具

渐变工具可以创建出各种渐变填充效果。单击工具箱中的"渐变工具"，其工具属性栏如图4-44所示，其中各选项含义如下:

图4-44 "渐变工具"属性栏

下拉列表框：单击其右侧的下三角按钮将打开图4-45所示的"渐变工具"面板，其中提供了16种颜色渐变模式供用户选择。单击面板右侧的齿轮按钮，在打开的下拉列表中可选择其他渐变效果。单击渐变色条,可以打开"渐变编辑器"对话框,除了可以选择渐变模式外,还可以设置自定义渐变色。

线性渐变按钮：从起点（单击位置）到终点以直线方向进行颜色渐变。

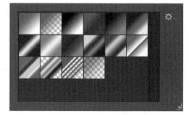

图4-45 "渐变工具"面板

径向渐变按钮■：从起点到终点以圆形图案沿着半径方向进行颜色渐变。

角度渐变按钮■：围绕起点按顺时针方向进行颜色渐变。

对称渐变按钮■：在起点两侧进行对称性颜色渐变。

"模式"下拉列表：用于设置填充的渐变颜色与它下面的图像如何混合，各选项与图层的混合模式作用相同。

"不透明度"数值框：用于设置渐变颜色的透明程度。

"反向"复选框：单击选中该复选框后产生的渐变颜色将与设置的渐变顺序相反。

"仿色"复选框：单击选中该复选框可使用递色法来表现中间色调，使渐变更加平滑。

"透明区域"复选框：单击选中该复选框可在下拉列表框中设置透明的颜色段。

设置好渐变颜色和渐变模式等参数后，将鼠标指针移动到图像窗口中的适当位置，单击并拖动鼠标到另一位置后释放鼠标即可填充渐变，拖动的方向和长短不同，得到的渐变效果也不相同。

随堂案例　利用渐变工具完善商品活动图。

渐变色在设计中是非常常见的一种效果，可以让设计更加立体、生动。在淘宝店铺装修和商品展示中也会运用到渐变色，让店铺和商品更加美观、更加吸引人。本案例利用渐变色制作商品活动展示图，效果如图4-46所示。

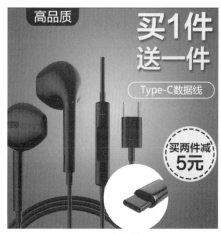

扫一扫

图4-46案例效果

案例实现

步骤1　打开素材文件"耳机活动图.psd"图片。

步骤2　设置渐变色，为背景填充渐变色做准备。在工具箱中选择"渐变工具"，单击渐变色条，打开"渐变编辑器"对话框，如图4-47所示，在"预设"栏中选择"前景色到背景色渐变"选项，双击渐变色条左下方的色标，打开"拾色器（色标颜色）"对话框，设置颜色为"#d6d6d6"，单击"确定"按钮，使用相同的设置方法，设置右下方色标颜色为"#686868"。

步骤3　为背景填充渐变色。在工具属性栏中单击"径向渐变"按钮，选择背景图层"图层5"，使用鼠标光标在图像中心处单击并向外拖动，为图像填充渐变，效果如图4-48所示。

图4-46　案例效果图

图4-47　设置渐变颜色

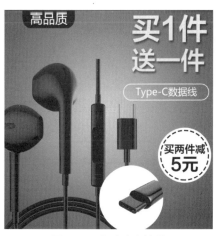

图4-48　查看填充效果

步骤 4 在工具箱中选择"吸管工具",在文字"买"上单击,为前景色拾取该颜色,选择图层"椭圆1",按【Ctrl】键,单击图层缩略图标,将椭圆载入选区,然后按快捷键【Alt+Delete】,为椭圆填充颜色,效果如图4-46所示。

随堂案例 利用渐变工具制作彩虹效果。

本案例使用渐变工具制作彩虹,使用橡皮擦工具和不透明度命令制作渐隐效果,使用混合模式改变彩虹的颜色,效果如图4-49所示。

图4-49案例效果

图4-49 案例效果图

案例实现

步骤 1 打开Photoshop CS6软件,执行"文件"→"打开"命令(或者快捷键【Ctrl+O】),打开素材图片"湖泊.jpg",如图4-50所示。

步骤 2 按快捷键【Ctrl+Shift+Alt+N】新建图层,并将其命名为"彩虹"。选择"渐变工具",在属性栏中单击"渐变"图标右侧的下三角按钮,在弹出的面板中选中"圆形彩虹"渐变,如图4-51所示。

图4-50 打开素材图片

图4-51 圆形彩虹渐变

步骤 3 在图像窗口中由中心向下拖动渐变色,效果如图4-52所示。

步骤 4 按【Ctrl+T】快捷键,执行自由变换命令,彩虹图形周围出现控制句柄,将其变换成合适的大小并调整至合适的角度。按【Enter】键确认变换,如图4-53所示。

步骤 5 选择工具箱中的"橡皮擦"工具,在属性栏中单击"画笔"选项右侧的下三角按钮,弹出画笔选择面板,选择需要的画笔形状和适当的画笔大小,在图像中拖动鼠标擦除不需要的图像,效果如图4-54所示。

步骤 6 在"图层"控制面板上方,将"彩虹"图层的混合模式选项设为"滤色",有关图层混合模式的知识将在本书第7章讲解，这里不做详细介绍。"不透明度"选项设为60%，按【Enter】键确认操作，效果如图4-55所示。

图4-52 绘制彩虹

图4-53 自由变换

图4-54 擦除多余部分

图4-55 滤色效果

步骤7 按快捷键【Ctrl+Shift+Alt+N】新建图层，并将其命名为"画笔"。设置前景色为白色，按快捷键【Alt+Delete】填充颜色。在"图层"控制面板上方，将"画笔"图层的混合模式选项设为"溶解"，"不透明度"选项设为30%，按【Enter】键确认操作，如图4-56所示。

图4-56 溶解效果

步骤8 单击"图层"控制面板下方的"添加图层蒙版"按钮，为图层添加蒙版。有关图层蒙版的知识将在本书第10章做详细介绍，这里读者只需按步骤操作即可。将前景色设为黑色。选择"画笔工具"，在属性栏中单击"画笔"选项右侧的下三角按钮，在弹出的面板中选择需要的画笔形状和合适的画笔大小，在图像窗口中拖动鼠标擦除不需要的图像，效果如图4-49所示。

4.4 填充描边命令的使用

使用"填充"命令填充颜色的方法4.3.1节已经讲解，这里不再赘述。下面介绍描边命令，将需要描边的图像使用选区选中后，选择"编辑"→"描边"命令，打开"描边"对话框，在其中的"描边"栏中可设置描边的颜色、宽度；在"位置"栏中可设置描边相对于区域边缘的位置，包括内部、居中和居外三个单选项；在"混合"栏中可设置描边的模式、不透明度。描边宽度为30像素，颜色为红色的图片如图4-57右图所示。

图4-57　描边前后效果图

随堂案例　利用填充描边命令制作新婚卡片。

定义图案是Photoshop中的一个功能，当系统自带的图案不能满足用户的需求时，用户可以根据实际需要来自定义一个图案。定义图案后，可以将图案填充到整个图层或选区。本案例制作一个新婚卡片，背景以喜气祥和为宜，所以可以定义一个红色的心形图案然后填充背景层。另外，利用本节学习的命令制作描边文字，可以提升文字的鲜明度，增强阅读体验，使其更突出，易吸引人们的注意力。案例效果如图4-58所示。

扫一扫

图4-58案例效果

图4-58　案例效果图

案例实现

步骤1　打开Photoshop CS6软件，执行"文件"→"新建"命令（或者快捷键【Ctrl+N】），新建一个"宽度"和"高度"均为100像素，"分辨率"为72像素/英寸，"颜色模式"为RGB颜色，背景内容为透明色的画布，如图4-59所示。

步骤2 利用工具箱中的自定义形状工具绘制一个心形，填充颜色为红色（R:255,G:104,B:103）并按快捷键【Ctrl+J】复制，按快捷键【Ctrl+T】弹出定界框，调整心形大小旋转至合适的角度，如图4-60所示。

图4-59　新建透明画布

图4-60　绘制心形

步骤3 执行"编辑"→"定义图案"命令，在弹出的"图案名称"对话框的"名称"文本框中输入"心形"，如图4-61所示。

图4-61　"图案名称"对话框

步骤4 执行"文件"→"新建"命令（或者快捷键【Ctrl+N】），新建一个"宽度"为1 000像素、"高度"为800像素，"分辨率"为72像素/英寸，"颜色模式"为RGB颜色，背景内容为白色的画布，使用工具箱中的"油漆桶工具"，利用步骤3中定义好的心形图案进行填充，如图4-62所示。

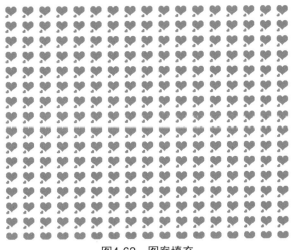

图4-62　图案填充

步骤5 执行"文件"→"置入"命令，分别置入"卡片.png"和"文字.png"素材图片，选中"文字"图片，右击后，在弹出的快捷菜单中选择"栅格化图层"命令，然后执行"编辑"→"描边"命令，在弹出的"描边"对话框中将"宽度"设置为2像素，描边颜色为"黑色"，"位置"选择"居中"，单击"确定"按钮，效果如图4-63所示。

步骤6 新建图层，使用工具箱中的"多边形套索工具"绘制不规则选区，并填充颜色，填充颜色为红色（R:255,G:104,B:103），然后使用工具箱中的"横排文字编辑工具"，将文字颜色设置为白色，选择合适的字体和字号，输入文字"LEILEI & HAOHAO"。至此，本案例制作完毕，效果如图4-58所示。

图4-63　文字描边效果

4.5　案例实训

案例实训1　舞动的青春宣传海报制作

人生最美好的驿站就是青春时期，人生最好看的花绽放在青春阶段。人生的舞台有了青春，便有了精彩的戏曲；人生的四季有了青春，便有了鲜亮的色彩，舞动的青春最美丽。本案例利用前面所学的重复自由变换和本章讲解的渐变色、描边命令等知识制作舞动的青春宣传海报，实现了一种空间视觉海报的效果，案例效果如图4-64所示。

图4-64案例效果

图4-64　案例效果图

案例实现

步骤1　打开Photoshop CS6软件，执行"文件"→"新建"命令（或者快捷键【Ctrl+N】），新建一个"宽度"和"高度"分别为800和1 200像素，"分辨率"为72像素/英寸，"颜色模式"为RGB颜色，背景内容为白色的画布。

步骤2　使用工具箱中的矩形选框工具，绘制一个矩形选区，把画布全部框选出来，框选之后执行

"编辑"→"描边"命令,在弹出的"描边"对话框中"宽度"改为30像素,"位置"选择居中,"颜色"换成黄色,如图4-65所示。

步骤3 单击"确定"按钮。按快捷键【Ctrl+D】取消选区,然后按快捷键【Ctrl+J】复制图层,然后按快捷键【Ctrl+T】自由变换调整图像的大小和位置,效果如图4-66所示。

步骤4 调整好位置之后,多次按快捷键【Ctrl+Alt+Shift+T】实现重复的自由变换,效果如图4-67所示。这样便产生了空间视觉效果。

步骤5 按快捷键【Ctrl+Alt+Shift+N】新建一个图层,找到工具箱中的渐变工具(渐变工具的快捷键是【G】),单击工具选项栏中的"渐变编辑"对话框按钮,在弹出的"渐变编辑器"对话框中选择"预设"中的"色谱",然后单击"确定"按钮,如图4-68所示。

图4-65 "描边"参数设置

图4-66 自由变换

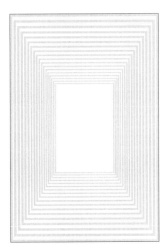

图4-67 重复的自由变换

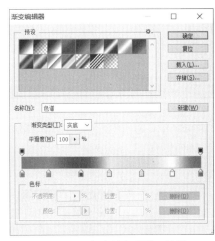

图4-68 "渐变编辑器"对话框

步骤6 在工具选项栏中选择渐变的类型为"角度渐变",鼠标从画布中心拉到四周,再把图层的混合模式改为"色相",效果如图4-69所示。

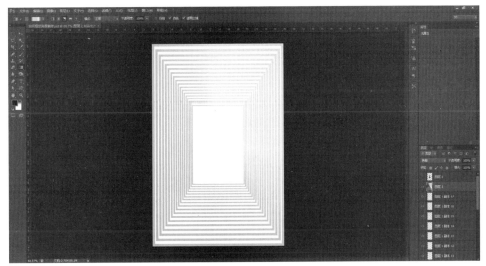

图4-69 渐变色填充颜色

步骤7 执行"文件"→"打开"命令,选择素材文件夹中的"女士.jpg"图片,使用工具箱中的"魔棒工具"将女士图片抠取出来,然后使用"移动工具"将其移动至画布的中心位置,效果如图4-64所示。至此,本案例制作完毕。

案例实训 2　打印机广告制作

本实训案例主要制作一款打印机促销广告宣传图，主要使用渐变工具、魔术橡皮擦工具、抠图技术、图像的调整相关技术、宣传广告排版等相关技巧。使用钢笔工具抠图将在本书后续章节讲解。案例效果如图4-70所示。

案例实现

步骤1　打开Photoshop CS6软件，执行"文件"→"新建"命令（或者快捷键【Ctrl+N】），新建一个"宽度"和"高度"分别为794和1 123像素，"分辨率"为72像素/英寸，"颜色模式"为RGB颜色，背景内容为白色的画布。

•扫一扫•

图4-70案例效果

步骤2　选择工具箱中的"渐变工具"，打开"渐变编辑器"对话框，将渐变设置为"前景色到背景色渐变"，如图4-71所示。

步骤3　分别双击左右色标并设置颜色为浅蓝色和深蓝色，左色标的RGB的色值为：64、129、209，右色标的RGB的色值为：8、58、147。然后单击"确定"按钮。拖动鼠标如图4-72所示，由箭头末尾移动至箭头处，从而完成背景图层的渐变色填充效果。

图4-70　案例效果图

图4-71　"渐变编辑器"对话框

图4-72　渐变颜色填充

步骤4　导入打印机素材图片，选择工具箱中的"魔术橡皮擦工具"，单击素材背景，去除素材图中的背景图像如图4-73所示。

图4-73　利用魔术橡皮擦工具去除素材背景

步骤5 将处理完的打印机图片拖动至画布中,并使用参考线调整大小与位置,如图4-74所示。

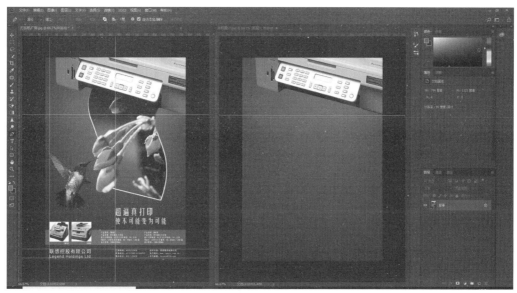

图4-74　导入打印机图片并调整大小和位置

步骤6 按快捷键【Ctrl+U】适当调整图像的饱和度,参数设置如图4-75所示。

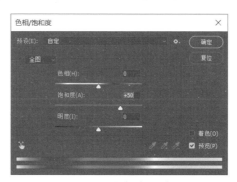

图4-75　色相/饱和度

步骤7 打开"flower.jpg"素材图片,使用工具箱中的钢笔工具绘制路径,如图4-76所示。按快捷键【Ctrl+Enter】将路径变换为选区,并将其移动到画布上适当的位置并调整图片大小。

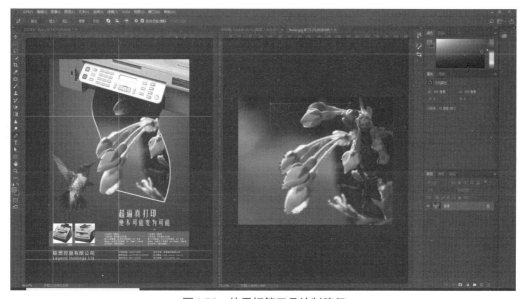

图4-76　使用钢笔工具绘制路径

步骤 8　按【Ctrl】键的同时,单击花朵图层缩略图图标形成选区,按快捷键【Ctrl+Shift+Alt+N】新建图层,执行"选择"→"修改"→"扩展"命令,大小为5像素,并填充白色,如图4-77所示。

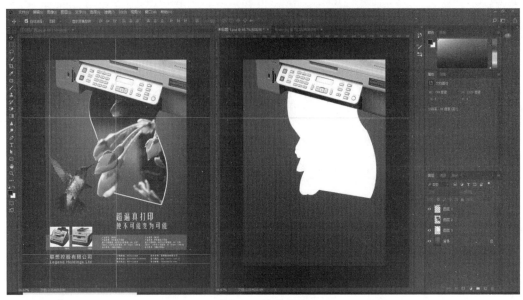

图4-77　填充白色

步骤 9　适当调整花朵图层不透明度,方便后续使用钢笔工具制作选区。

步骤 10　使用钢笔工具勾选出合适的选区进行删除,然后恢复花朵图层的不透明度,如图4-78和图4-79所示。

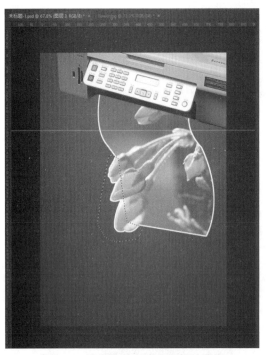 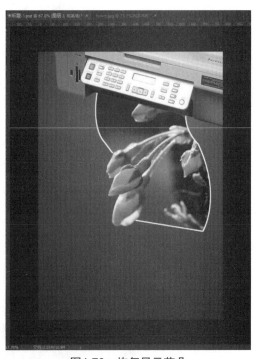

图4-78　使用钢笔工具绘制相关选区　　　　　　图4-79　恢复显示花朵

步骤 11　选择工具箱中的"画笔工具",在工具选项栏中设置笔刷的类型为柔边圆,大小为300像素,硬度为100,不透明度为50%,流量为25%,如图4-80所示。

图4-80　画笔笔刷设置

步骤12　使用画笔，锁定扩展图层进行颜色渐变涂抹，形成图4-81所示的效果。

步骤13　使用工具箱中的加深工具，将曝光度调整为25%，在打印机和花朵交接处进行加深处理，并对其多余部位进行套索工具删改，形成图4-82所示的效果。

图4-81　使用画笔工具涂抹效果

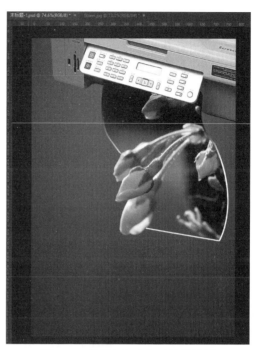
图4-82　使用加深工具后的效果图

步骤14　导入小鸟素材图片，使用快速选择工具选择小鸟选区，使用移动工具将小鸟图片移动至画布中，并适当调整大小，按快捷键【Ctrl+U】，将色相/饱和度调至60，效果如图4-83所示。

图4-83　导入小鸟图片

步骤15　设置参考线，选择工具箱中的"矩形工具"，绘制图4-84所示的矩形，填充颜色为橙黄色。

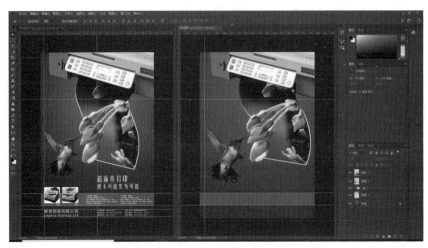

图4-84 绘制矩形

步骤16 根据相关参考线,导入两个打印机图片素材,将其放置在画布的矩形中的左边位置并适当调整图片大小,如图4-85所示。

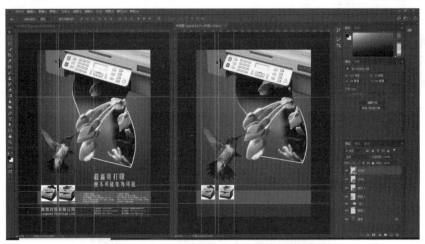

图4-85 导入矩形左边的两个打印机图片

步骤17 最后使用工具箱中的横排文字编辑工具在对应位置添加相关文字,效果如图4-86所示。至此,本案例制作完毕。

图4-86 输入相关文字

第5章 修饰图像

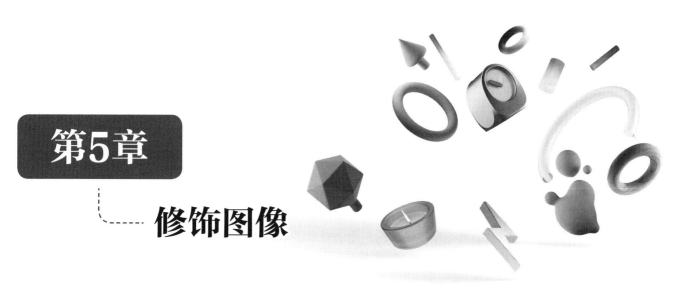

随着社会发展,人们可以利用手机相机或者是照相机随时随地拍照,手机相机功能的不断强大使拍照变得轻松容易。借助拍照工具的强大功能以及简单的美图软件,用户即可获得所需的照片。但更多时候,由于自然条件、拍照技巧、特殊用途等多种原因,使得所拍摄的照片不能直接使用。比如简单美图后的图像具有明显的人工处理痕迹、拍摄的图像色彩不平衡、明暗关系不明显、存在曝光或杂点等,这就需要利用Photoshop提供的各种图像修饰工具对图像进行修饰和美化。本章将介绍多种图像修饰工具的操作方法。

学习目标:

◎掌握图像的简单修饰方法。

◎掌握图像瑕疵的修饰方法。

◎能够使用模糊工具和锐化工具美化图像。

◎能够使用仿制图章工具修补背景。

5.1 修复与修补工具

5.1.1 修复工具

Photoshop CS6中图像修复工具主要包括污点修复画笔工具、修复画笔工具,其作用是将取样点的像素信息非常自然地复制到图像其他区域,并保持图像的色相、饱和度、纹理等属性,是一组快捷高效的图像修复工具,下面分别进行介绍。

1. 污点修复画笔工具

"污点修复画笔工具"主要用于快速修复图像中的斑点或小块杂物等,如人脸上的雀斑、痣等。拍出来的照片由于有瑕疵而不敢发朋友圈?使用了该工具后,不管是小的雀斑还是大颗粒的痣,都可以快速处理掉。在工具箱中单击 ,或按快捷键【J】键,即可选择该工具。对应的工具属性栏如图5-1所示。

图5-1 "污点修复画笔工具"属性栏

一般地,选中该工具后,在工具属性栏中可以设置相关属性,如画笔大小与硬度、模式、类型等。其相关参数的含义如下:

"画笔"下拉列表:单击"画笔"右侧的下三角按钮选项,在弹出的面板中可以设置画笔属性,与4.1节介绍的画笔工具类似,用于设置画笔的大小和样式等参数。

"模式"下拉列表框：用于设置绘制后生成图像与底色之间的混合模式。其中选择"替换"模式时，可保留画笔描边边缘处的杂色、胶片颗粒、纹理。

"类型"栏：用于设置修复图像区域过程中采用的修复类型。单击选中"近似匹配"单选项，可使用选区边缘周围的像素来查找用作选定区域修补的图像区域；单击选中"创建纹理"单选项，可使用选区中的所有像素创建一个用于修复该区域的纹理，并使纹理与周围纹理相协调；单击选中"内容识别"单选项，可使用选区周围的像素进行修复。

"对所有图层取样"复选框：如果当前文档中包含多个图层，选中该选项后，可以从所有可见图层中对数据进行取样，取消选中该选项，则只从选中的图层取样。

选择污点修复画笔工具以后，单击鼠标左键，或者按鼠标左键拖动，即可消除图像中的污点。该工具可以自动取样污点周围的像素，快速去除图像中的污点，如图5-2所示。

在英文输入法状态下，按【[】键可以缩小笔刷，按【]】键可以放大笔刷。

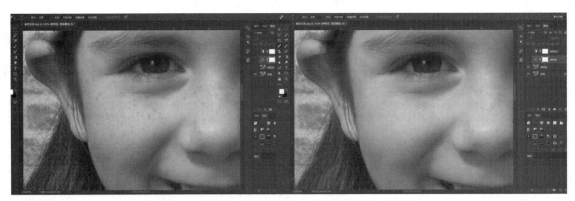

图5-2　使用污点修复画笔工具修复前后的对比图

随堂案例　修复香蕉皮上的斑点。

使用污点修复画笔工具可以快速消除图像中的污点、斑点、不需要的某个对象或不理想的某个部分，使用该工具时不需要设置取样点，因为它可以自动从所修饰区域的周围取样进行自动修复。本案例主要使用污点修复画笔工具去掉香蕉皮上的斑点。

案例实现

步骤1　打开Photoshop CS6软件，执行"文件"→"打开"命令（或者快捷键【Ctrl+O】），打开素材香蕉.jpg，如图5-3所示。

步骤2　选中污点"修复画笔工具" ，或按【J】快捷键，在属性栏中调整画笔大小为16像素，模式选择"正常"，将光标置于图像中需要修复的斑点上，单击即可修复选框中的污点，如图5-4所示。

图5-4案例效果

图5-3　打开素材图片

图5-4　修复后的图像

2．修复画笔工具

使用修复画笔工具可以利用图像或图案中的样本像素来绘画，不同之处在于其可以从被修饰区域的周围取样，并将样本的纹理、光照、透明度、阴影等与所修复的像素匹配，从而去除照片中的污点和划痕。

在工具箱中选择修复画笔工具 ，该工具可以将复制的图像粘贴到缺失的或需要更改的图像上。选中修复画笔工具，或按【J】键，先选中污点修复画笔工具，然后按快捷键【Shift+J】可以切换到修复画笔工具。值得注意的是，使用修复画笔工具时，必须先取样。

选中修复画笔工具后，将光标置于需要取样的图像上，按住【Alt】键，此时光标变为 ⊕，同时单击，取样成功，再将鼠标置于污点或需要覆盖的图像上，此时光标变为○，单击即可修复图像，如图5-5所示。

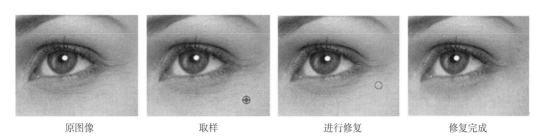

图5-5 利用修复画笔工具去除眼角皱纹

选中该工具后，在工具属性栏中可以设置相关属性，如图5-6所示。

图5-6 "修复画笔工具"属性栏

该工具属性栏的主要参数含义如下：

画笔：与污点修复画笔工具一样，单击下拉按钮 ，在弹出的面板中可以设置画笔大小、硬度、间隔等。

模式：与污点修复画笔工具一样，在下拉列表中可以选择修复图像的多种混合模式，包括"正常"、"替换"、"正片叠底"、"滤色"、"变暗"、"变亮"、"颜色"和"明度"八种模式，这些模式将在后续章节具体介绍，这里不做过多讲解。其中"替换"模式比较特殊，它可以保留画笔描边的边缘处的杂色、胶片颗粒和纹理，使修复效果更加真实。常用默认的"正常"模式。

源：用于设置修复的像素来源。该选项可以选择图像的复制方式，分为"取样"和"图案"两种。当选中"取样"时，可以从图像上取样，修改后的图像部分与取样点相同。当选择"图案"时，可以在其后方的图案下拉框中选择具体的图案，然后将光标置于需要修改的图像上，并执行涂抹操作，涂抹部分的图像会被图案覆盖。值得注意的是，选中"图案"后，不需再取样。

对齐：选中该复选框后，会对像素进行连续取样，即使操作被停止，在修复过程中，取样点仍然可以从上次结束时的位置开始。取消选择，在修复过程中始终以一个取样点为开始点，重复开始复制图像。

样本：单击右侧的 按钮，可以在下拉框中选择样本。选中"当前图层"时，取样点为当前图层；选中"当前和下方图层时"，取样点为当前与下方的可见图层；选中"所有图层"时，则从所有可见图层取样。

随堂案例 修复美女脸上的瑕疵。

本案例主要讲解如何使用修复画笔工具来修复人脸上的瑕疵。使用该工具时，需要先按住【Alt】键，提取样本像素，然后松开【Alt】键，直接在要修复的区域单击涂抹即可，并能自动调节明暗度与图像相适应。

案例实现

步骤1 打开Photoshop CS6软件，执行"文件"→"打开"命令（或者快捷键【Ctrl+O】），打开素材女士.jpg，如图5-7所示。

图5-7　打开素材图片

步骤2　选择"修复画笔工具",然后在其属性栏中设置画笔大小为30,修补区域的源为取样,如图5-8所示。

图5-8　设置属性栏参数

步骤3　按住【Alt】键并单击进行取样,注意在没有痣的位置取样,然后单击需要修复的瑕疵部分,修复之后效果如图5-9所示。

图5-9案例效果

图5-9　修复后的效果图

5.1.2　修补工具

在日常生活中,当衣服磨破后,可以从其他类似颜色与布料的布匹中剪切一部分,缝补到衣服的破洞位置。同样地,在Photoshop中,可以使用修补工具修复图像中的部分区域。

打开需要修补的图像,选中修补工具,将光标置于图像中,此时光标的形状变为,按住鼠标左键框选需要修复的图形区域。松开鼠标后,框选的区域形成闭合选区。

修补工具是一种使用频繁的修复工具。其工作原理与修复工具一样,一般与套索工具一样,先绘制一个自由选区,然后将该区域内的图像拖动到目标位置,从而完成对目标处图像的修复。选择该工具后,对应的工具属性栏如图5-10和图5-11所示。

图5-10　设置为"正常"修补

图5-11　设置为"内容识别"修补

修补工具属性栏中相关选项的含义如下:

选区创建方式:与选区工具的属性栏一样,修补工具属性栏中的选区创建方式也分为新选区、添加到选区、从选区中减去、与选区交叉四种，具体含义与选区工具相同。

修补：创建选区后，选中"源"选项，然后按住鼠标左键将选区拖动到其他区域，释放鼠标后，原来选区内的图像被拖动后选区中的图像替换。选中"目标"选项，原来选区内的图像会替换被拖动后选区中的图像。

透明：选中此复选框，可以使修补的图像与原始图像产生透明的叠加效果。

使用图案：创建选区后，在图案选框中选择图案，单击"使用图案"，即可将选中的图案填充到选区中。

适应下拉列表框：下拉列表中有五个不同程度的适应值，以指定修补在反映现有图像的图案时应到达的近似程度。

【随堂案例】 利用修补工具制作群雁齐飞效果。

"修补工具"也是用来修复图像的，其作用、原理和效果与"修复画笔工具"相似，但它们的使用方法有所区别，"修补工具"是基于选区修复图像的，在修复图像前，必须先制作选区。为了制作群雁效果，首先应在天空中建立选区，然后将需要修补的部分（雁子）拖入选区。

【案例实现】

步骤1 打开Photoshop CS6软件，执行"文件"→"打开"命令（或者快捷键【Ctrl+O】），打开素材"飞雁.jpg"图片，如图5-12所示。

图5-12 打开素材图片

步骤2 选择工具箱中的"修补工具"，在其属性栏设置选区为"新选区"，修补为"正常"，选中"源"选项，如图5-13所示。然后在天空的适当位置利用修补工具绘制选区。

图5-13 修补工具属性栏参数设置

步骤3 单击将图像中需要修补的部分框入选区，如图5-14所示。

图5-14 建立需要修补的选区

步骤 4 将选区拖动到目标选区，如图5-15所示，按快捷键【Ctrl+D】取消选区，然后利用相同的方法修补图像其他区域，最终效果如图5-16所示。

图5-16案例效果

图5-15 修补完后的效果

图5-16 最终效果图

随堂案例 利用修补工具将图像中的元素替换为图像内其他区域元素。

本案例主要是利用修补工具，将图像中的人物去掉，通过本案例的学习，读者可以熟练掌握修补工具的基本操作。

案例实现

步骤 1 打开Photoshop CS6软件，执行"文件"→"打开"命令（或者快捷键【Ctrl+O】），打开素材"小孩.jpg"图片，如图5-17所示。

步骤 2 选中工具箱中的"修补工具"，按住鼠标左键沿着素材图片中的人物外轮廓绘制修补区域，如图5-18所示。

图5-17 打开素材图片

图5-18 绘制修补区域

步骤 3 绘制完成后，将鼠标置于选区中，按住鼠标左键拖动到周围的合适区域，松开鼠标后，原来选区中的图像被拖动到的区域覆盖，如图5-19所示。

步骤 4 按快捷键【Ctrl+D】取消选区，如图5-20所示。

图5-20案例效果

图5-19 修补操作

图5-20 最终效果图

> 思考：学习完本案例后，你能将上个案例中群雁齐飞效果中的大雁去掉，变成只有落日的效果吗？

5.1.3 内容感知移动工具

内容感知移动工具与修补工具类似。选中该工具后，先框选需要移动的部分，然后将鼠标置于选区中，按住鼠标左键拖动，即可将选中的部分移动到其他区域，原来的位置会自动填充成周围的图像，不需要进行复杂的选择即可产生出色的视觉效果。

随堂案例 利用内容感知移动工具加工照片。

内容感知移动工具是更加强大的修复工具，它可以选择和移动局部图像。当图像重新组合后，出现的空洞会自动填充相匹配的图像内容。操作者不需要进行复杂的选择，即可产生出色的视觉效果。例如，本案例利用内容感知移动工具来实现图像的复制功能。

案例实现

步骤1 打开Photoshop CS6软件，执行"文件"→"打开"命令（或者快捷键【Ctrl+O】），打开素材"小鸭子.jpg"图片，如图5-21所示。

步骤2 选择工具箱中的"内容感知移动工具"，然后在属性栏设置参数"模式"为"扩展"，接着在画面中沿着小鸭子和影子绘制选区，如图5-22所示。

图5-21 打开素材图片

图5-22 处理后的效果图

扫一扫

图5-22案例效果

> 思考：如果在属性栏设置参数"模式"为"移动"会是什么样的效果？

5.1.4 红眼工具

在日常拍摄的时候，如果使用闪光灯直接进行闪光拍摄的话有时会出现红眼现象，这是因为在闪光灯闪烁时眼睛的瞳孔会发生收缩，此时眼睛中的毛细血管充满血液，所以我们拍摄出的照片眼睛是红颜色的。

受诸多客观拍摄因素的影响，数码照片在拍摄后可能会出现红色、白色或绿色反光斑点的现象。对于这类照片，可使用红眼工具快速去除照片中的瑕疵。

随堂案例 利用红眼工具去除红眼。

红眼工具可用于消除照片中人物眼睛出现的红眼效果。选择红眼工具，然后单击照片中的红眼区域，Photoshop会自动根据周围的颜色信息进行红眼修复，使眼睛看起来更自然。下面的案例将通过红眼工具去除美女图像中的红眼，让眼睛恢复原色变得有神。

案例实现

步骤1 打开Photoshop CS6软件，执行"文件"→"打开"命令（或者快捷键【Ctrl+O】），打开素材"美女.jpg"图片，如图5-23所示。

步骤2 选择工具箱中的"红眼工具"，在工具属性栏中设置"瞳孔大小"为"80%"，设置"变暗量"为40%，如图5-24所示。

图5-23 打开素材图片　　　　　　　图5-24 "红眼工具"属性栏参数设置

步骤3 将图片中美女的左侧眼部放大，并在眼部的红色区域单击鼠标，此时单击处呈黑色显示，继续单击红色周围，使红色眼球完全呈黑色显示，如图5-25所示。

步骤4 使用相同的方法修复右眼，修复完成后的效果如图5-26所示。

图5-26案例效果

图5-25 修复左眼　　　　　　　图5-26 修复后的效果

5.2 修 饰 工 具

修饰工具用于对图像进行修饰，使图像产生不同的变化效果。

5.2.1 模糊工具

模糊工具可以使图像的色彩变模糊。

选择工具箱中的"模糊工具"，其属性栏状态如图5-27所示。

图5-27 "模糊工具"属性栏

下面介绍该工具的各项参数：

画笔：用于选择画笔的形状。

模式：用于设定模式。

强度：用于设定压力的大小。

对所有图层取样：用于确定模糊工具是否对所有可见图层起作用。

随堂案例　利用模糊工具继续处理美女脸上的雀斑。

模糊工具可柔化图像中相邻像素之间的对比度，减少图像细节，从而使图像产生模糊的效果。下面将对"美女.jpg"图像中脸部皮肤进行模糊，目的是使其脸部具有柔光效果，更加光滑。

案例实现

步骤1　打开Photoshop CS6软件，执行"文件"→"打开"命令（或者快捷键【Ctrl+O】），打开素材"美女.jpg"图片，在工具箱中选择"模糊工具"，在工具属性栏中设置模糊大小为"50%"，设置"强度"为"90%"，在右侧脸部涂抹，使脸部小斑点变得模糊，如图5-28所示。

步骤2　执行"图像"→"调整"→"曲线"命令，或者按快捷键【Ctrl+M】，打开"曲线"对话框。

步骤3　将鼠标移动到曲线编辑框中的斜线上，单击创建一个控制点，再向上方拖动曲线，调整亮度，或者在"输出"或"输入"文本框中分别输入曲线的输出值与输入值。这里设置"输出"和"输入"分别为"150"和"120"，如图5-29所示。

步骤4　单击"确定"按钮，返回图像窗口，即可看到调整后的效果，如图5-30所示。

图5-28　涂抹脸部

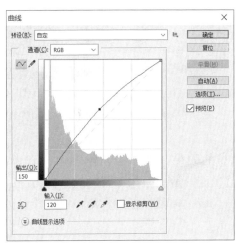
图5-29　设置曲线参数

图5-30　处理后的效果图

扫一扫
图5-30案例效果

5.2.2　锐化工具

锐化工具可以增强图像与相邻像素之间的对比度，其效果与"模糊工具"相反。选择锐化工具，在锐化工具属性栏中设置锐化强度，强度值越大，锐化的效果越明显，取值范围为1%～100%；然后在图像需要锐化的区域单击并拖动鼠标，即可进行锐化处理。图5-31为锐化花朵前后的效果图。锐化工具能够使模糊的图像变得清晰，使其更具有质感。使用时要注意，若反复涂抹图像中的某一区域，会造成图像失真。

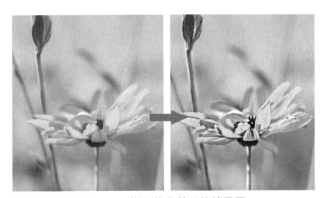
图5-31　锐化花朵前后的效果图

扫一扫
图5-31设置效果

随堂案例　利用模糊工具和锐化工具突出主体。

使用模糊工具处理背景使其变虚可以创建景深效果。使用锐化工具在前景涂抹可以使前景图像更加清晰，从而突出主体。

案例实现

步骤1　打开Photoshop CS6软件，执行"文件"→"打开"命令（或者快捷键【Ctrl+O】），打开素材"小鸟.jpg"图片，如图5-32所示。

步骤2　按快捷键【Ctrl+J】复制图层，然后选择工具箱中的"模糊工具"，在工具属性栏设置参数大小为500像素，硬度为50%，强度为80%，接着在画布四周区域和非主体的小鸟部分涂抹。

步骤3　选择工具箱中的"锐化工具"，然后调整合适的笔尖大小，选择同样的硬度，设置强度为80%，接着在主体上涂抹，凸显效果，最终效果如图5-33所示。

图5-33案例效果

图5-32　打开素材图片

图5-33　最终效果图

5.2.3　涂抹工具

涂抹工具可以模拟手指划过湿画布的效果，常用于制作融化、流淌、火焰等图像。选择"涂抹工具"，在工具属性栏中输入"强度"值，设置运用涂抹工具时的涂抹力度，值越大，涂抹的效果越明显；然后调整画笔大小，在图像需要涂抹的区域按住鼠标拖动，即可进行涂抹处理。图5-34所示为复制草莓图像，并涂抹底层草莓得到的草莓融化效果。

图5-34设置效果

图5-34　制作融化的草莓图像

随堂案例　利用涂抹工具制作文字特效。

使用涂抹工具可以将整个画面看作是一幅颜料未干的绘画作品，那么用户就可以用它在画面上进行涂抹，就像用手指头在没有干透的画面上进行涂擦一样。本案例利用涂抹工具制作特效文字。

案例实现

步骤1　打开Photoshop CS6软件，执行"文件"→"打开"命令（或者快捷键【Ctrl+O】），打开素材"雾霾.jpg"图片，如图5-35所示。

步骤2　利用工具箱中的文字工具，输入文字"霾"，设置文字颜色为黑色，字号为96，图层不透明度设置为60%左右。

步骤3 选中"霾"图层,右击"霾"图层,选择"栅格化文字",如图5-36所示。

步骤4 选择工具箱中的"涂抹工具",沿着文字边缘涂抹,最终效果如图5-37所示。注意:必须先进行栅格化文字,否则无法进行文字涂抹操作。

图5-35 打开素材图片

图5-36 栅格化文字

图5-37 文字涂抹后的最终效果

扫一扫
图5-37案例效果

5.2.4 减淡工具

使用减淡工具,可以对图像的"亮光""阴影""中间调"分别进行减淡处理。选中"减淡工具" ,或反复按快捷键【Shift+O】,然后将光标置于图像上,按住鼠标左键涂抹,即可使涂抹区域变亮,如图5-38和图5-39所示。

图5-38 原图

图5-39 减淡处理后的图

该工具相关参数简介:

画笔预设:用于选择画笔的形状。

范围:用于设定图像中所要提高亮度的区域。

曝光度:用于设定曝光的强度。

选中"减淡工具"后,在工具属性栏中可以设置相关选项,如图5-40所示。在"范围"选项中,单击后方的 按钮,可以在下拉项目中选择"阴影""中间调""高光"。选择"阴影"选项时,可以更改暗部区域;选择"中间调"选项时,可以更改灰色的中间范围;选择"高光"选项时,可以更改亮部区域。

图5-40 "减淡工具"属性栏

调整"曝光度"可以改变减淡的强度,选中"保护色调"选项,可以保护图像的色调不受影响。

5.2.5 加深工具

与减淡工具相反,使用加深工具可以对图像的"亮光""阴影""中间调"分别进行加深处理。选中加深工具,按住鼠标左键在图像中涂抹,即可使被涂抹区域的图像变暗,使用加深工具前后的对比图如图5-41所示。

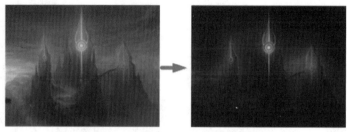

图5-41 使用加深工具前后的对比图

与减淡工具一样,通过设定加深工具属性栏中的曝光度,也可以设置加深的效果,数值越大效果越明显。

选中"加深工具"后,在工具属性栏中可以设置相关选项,由于此属性栏与减淡工具的属性栏一样,所以在此不再赘述。

随堂案例 利用加深和减淡工具对产品进行修图。

在拍摄产品时,并不一定能一步到位,对于拍摄后的产品图片,还需要使用Photoshop对其进行修饰,如用模糊背景突出产品主体,此外,还可以对产品的颜色进行加深或减淡处理,减小展示的产品颜色同实物的色差。本案例利用加深和减淡工具对产品图进行修饰。

案例实现

步骤1 打开Photoshop CS6软件,执行"文件"→"打开"命令(或者快捷键【Ctrl+O】),打开素材"手表.jpg"图片,如图5-42所示。

步骤2 选择工具箱中的"减淡工具",然后设置画笔稍微大一些的笔尖,在手表图像上涂抹,目的是突出手表。

步骤3 选择工具箱中的"加深工具",在属性栏设置曝光度为20%,然后在图像文件中的周围涂抹,进一步突出手表,使其他背景区域颜色变暗,如图5-43所示。

图5-43案例效果

图5-42 打开素材图片

图5-43 修饰后的图片

5.2.6 海绵工具

利用海绵工具可以增强或降低图像中某个区域的饱和度。选中"海绵工具" ,在工具属性栏中设置相关参数与选项,如图5-44所示。设置好相关属性后,按住鼠标左键在图像中涂抹,即可改变被涂抹区域的饱和度。

图5-44 "海绵工具"属性栏

模式:单击其后的下拉框,可以选择"降低饱和度"与"饱和"。选择"降低饱和度"选项,可以降低图像的色彩饱和度;选择"饱和"选项,可以增加图像的色彩饱和度。在海绵工具中,可以用画笔局部增加或者减少饱和度,使用方法和前面的加深、减淡工具一样,如图5-45所示。

图5-45 原图与降低和增加饱和度后的效果对比

图5-45设置效果

流量：数值越高，海绵工具的强度越大，效果越明显。

自然饱和度：选中该复选框，可以在改变图像过渡饱和度而发生溢色。

需要注意的是，当RGB颜色模式的图像显示CMYK超出范围的颜色时，需要使用海绵工具的去色功能。使用海绵工具在这些超出范围的颜色上拖动，可以逐渐减小其浓度，从而使其变为CMYK光谱中可打印的颜色。

5.3 图章工具组

在使用办公软件制作文档时，可以进行"复制""粘贴"操作，将一部分文档内容复制到其他位置。同样地，在Photoshop中，可以使用仿制图章工具复制图像中的某部分元素。本节将详细讲解仿制图章工具与图案工具的具体使用。

图章工具组由仿制图章工具和图案图章工具组成，可以使用颜色或图案填充图像或选区，实现图像的复制或替换。

5.3.1 仿制图章工具

利用仿制图章工具可以将图像窗口中的局部图像或全部图像复制到其他的图像中。选中"仿制图章工具"，或按【S】键，工具属性栏如图5-46所示。

图5-46 "仿制图章工具"属性栏

"仿制图章工具"属性栏中相关选项的含义如下：

画笔预设：单击下拉按钮，可以设置画笔大小、硬度和笔尖样式。

切换"画笔设置"面板：与画笔工具属性栏中的此类按钮相同，可以设置画笔的具体样式。

切换"仿制源"面板：单击该按钮，可以设置相关参数，如图5-47所示。在该面板中，可以设置仿制源的位移、旋转等。

图5-47 仿制源选项设置

"对齐"复选框：单击选中该复选框，可连续对像素进行取样；取消选中该复选框，则每单击一次鼠标，都会使用初始取样点中的样本像素进行绘制。

"样本"下拉列表：用于选择从指定的图层中进行数据取样。若要从当前图层及下方的可见图层取样，应该在该下拉列表中选择"当前和下方图层"选项；若仅从当前图层中取样，可选择"当前图层"选项；若要从所有可见图层中取样，可选择"所有图层"选项；若要从调整层外的所有可见图层中取样，可选择"所有图层"选项，然后单击选项右侧的"忽略调整图层"按钮即可。

选择"仿制图章"工具后，先按住【Alt】键，在图像中的取样点位置单击，然后释放【Alt】键，将鼠标指针移动到需要修复的图像位置并拖动鼠标，即可对图像进行修复。待处理的原始图像及合成的图像效果如图5-48和图5-49所示。

图5-48　原始图像　　　　　　　　　　　　　图5-49　合成后的图像

5.3.2　图案图章工具

使用图案图章工具可以将Photoshop自带的图案或自定义的图案填充到图像中，就和使用画笔绘制图案一样。在工具箱中选择"图案图章工具" ，工具属性栏如图5-50所示。

图5-50　"图案图章工具"属性栏

"图案图章工具"属性栏中相关选项的含义如下：

"对齐"复选框：单击选中该复选框，可保持图案与原始起点的连续性；取消选中该复选框，则每次单击鼠标都会重新应用图案。

"图案"下拉列表框：在打开的下拉列表框中可以选择所需的图案样式。

"印象派效果"复选框：单击选中该复选框，绘制的图案具有印象派绘画的艺术效果。

图案图章工具的功能是快速地复制图案，所使用的图案素材可以从属性栏中的"图案"选项面板中选择，用户也可以将自己喜欢的图像定义为图案后再使用。

图案图章工具的使用方法为：选择工具后，根据需要在属性栏中设置"画笔"、"模式"、"不透明度"、"流量"、"图案"、"对齐"和"印象派效果"等选项与参数，然后在图像中拖动鼠标指针即可。图案图章工具可以用来创建特殊效果、背景纹理、织物或壁纸等设计。图5-51所示为利用图案图章工具绘制的图案效果。

图5-51　利用图案图章工具绘制的图案

随堂案例　利用图案图章工具制作证件相片打印版。

照相馆经常要制作证件照，每次洗照片的时候都会洗很多张照片，但是底片只有一张，那么怎样才能又快又好地完成工作呢？

案例实现

步骤 1　打开Photoshop CS6软件，执行"文件"→"打开"命令（或者快捷键【Ctrl+O】），打开素材"证件照.jpg"图片，利用工具箱中的裁剪工具，设置宽度和高度分别为2.5 cm和3.5 cm，分辨率为300像素/英寸，参数设置如图5-52所示。调整后剪裁效果如图5-53所示。

步骤 2　利用工具箱中的矩形选框工具绘制合适的选区，如图5-54所示。

步骤 3　执行"选择"→"修改"→"收缩"命令，收缩量设置为5像素，然后按快捷键【Ctrl+Shift+I】执行反向命令，利用"编辑"→"填充"命令填充为白色，如图5-55所示。

图5-52　"裁剪图像大小和分辨率"对话框　　图5-53　剪裁后的效果　　图5-54　绘制矩形选区　　图5-55　白色边框

步骤 4　按快捷键【Ctrl+D】取消选区，然后执行"编辑"→"定义图案"命令，图案名称命名可根据需要任意命名，比如：底片，如图5-56所示。

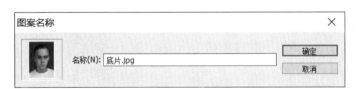

图5-56　命名图案名称

步骤 5　执行"文件"→"新建"命令，在弹出的"新建"对话框中的"预设"下拉列表框中选择"国际标准纸张"即A4，如图5-57所示。

图5-57　新建相纸

步骤6 利用工具箱中的图案图章工具,使用大小合适的画笔刷在画布上涂抹,得到如图5-58所示效果,然后利用裁剪工具得到合适的相片,如图5-59所示。

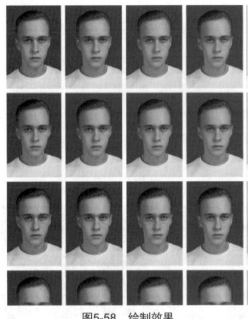

图5-58 绘制效果

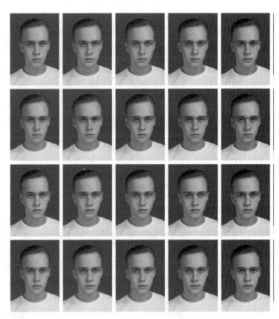

图5-59 最终效果

5.4 案例实训

案例实训1 学会思考图片制作

本案例主要使用"修补"工具,对图像的特定区域进行修补;使用"高斯模糊"命令,制作模糊效果;使用"色相/饱和度"命令,调整图像的色调。

案例实现

步骤1 打开Photoshop CS6软件,执行"文件"→"打开"命令(或者快捷键【Ctrl+O】),打开素材"照片.jpg"图片,按快捷键【Ctrl+J】复制图层,如图5-60所示。

步骤2 使用工具箱中的"修补工具",选择修补工具属性栏中"源"选项,在图片中需要修复的区域绘制一个选区,如图5-61所示。

图5-60 打开素材图片

图5-61 利用修补工具修补图片

步骤3 将选区移动到没有缺陷的图像区域进行修补,然后按快捷键【Ctrl+D】取消选区,效果如图5-62所示。

步骤4 按快捷键【Ctrl+J】复制图层，然后执行"滤镜"→"模糊"→"高斯模糊"命令，在弹出的对话框进行设置，设置半径为7像素，单击"确定"按钮，效果如图5-63所示。

图5-62 图片右上角修复后的效果

图5-63 应用高斯模糊效果

步骤5 在"图层"控制面板上方，将副本图层的混合模式选项设为"柔光"，如图5-64所示，图像效果如图5-65所示。

图5-64 设置图层混合模式

图5-65 柔光效果图

步骤6 单击"图层"控制面板下方的"创建新的填充或调整图层"按钮，在弹出的菜单中选择"色相/饱和度"命令，"图层"控制面板中生成"色相/饱和度1"图层，同时在弹出的"色相/饱和度"面板中进行设置，设置如图5-66所示。按【Enter】键进行确认操作，图像效果如图5-67所示。

图5-66 色相/饱和度参数设置

图5-67 色相/饱和度效果图

步骤7 按快捷键【Ctrl+O】，打开素材"外框.jpg"，选择工具箱中的"移动工具"，将图形拖动至照片图像窗口的适当位置，如图5-68所示。

步骤8 选择工具箱中的"直排文字"工具，在图像的合适位置分别输入需要的文字并选取文字，在属性栏中选择合适的字体和文字大小，最终效果如图5-69所示。至此，本案例制作完成。

90　平面设计——Photoshop图像处理案例教程

扫一扫

图5-69案例效果

图5-68　插入相框的效果

图5-69　案例效果图

案例实训 2　北极熊与大海图片制作

本案例将利用本章所学的知识进行去除照片中的人物并移植北极熊形象的操作，完成北极熊与大海图片的制作。

案例实现

步骤 1　打开Photoshop CS6软件，执行"文件"→"打开"命令（或者快捷键【Ctrl+O】），打开素材"大海红衣.jpg"图片，如图5-70所示。

步骤 2　选择工具箱中的"修补工具"，将鼠标指针移动到人物的上半身，并绘制合适的选区，如图5-71所示。

图5-70　打开素材图片

图5-71　绘制合适的选区

步骤 3　确认属性栏中点选的"源"选项，将鼠标指针移至选区内，按住鼠标左键并向左拖动鼠标，寻求能覆盖此处的图像，按快捷键【Ctrl+D】，取消选区，如图5-72所示。

步骤 4　继续利用工具箱中的修补工具，在人物的下半身绘制选区，并将鼠标指针放置到选区中，按住鼠标左键并拖动鼠标，释放鼠标左键后，按快捷键【Ctrl+D】，取消选区，修复后的图像如图5-73所示。

图5-72　覆盖上半身选区图像

图5-73　覆盖下半身选区图像

步骤5 注意，此次一定要分开绘制选区并进行修复。如果一次性将人物选取进行修复，在整个画面中将找不到用于覆盖此处的图像，也就达不到修复的目的。另外，修补工具并不能一次性修复成功，图像的边缘依然会有半透明或局部未修复完整的情况，与整个画面的色调不协调。因此，后期可借助仿制图章工具对图像进行再次修复。

步骤6 执行"文件"→"打开"命令（或者按快捷键【Ctrl+O】），打开素材"北极熊.png"图片，使用移动工具将北极熊移动至海边的礁石上，并适当调整北极熊的大小，最终效果如图5-74所示。

图5-74 制作完毕的效果

扫一扫

图5-74案例效果

更多案例

网络店铺商品图片精修

第6章 编辑图像

本章主要介绍Photoshop CS6编辑图像的基本方法,包括应用图像编辑工具、调整图像的尺寸、移动或复制选区中的图像、裁剪图像、变换图像等。通过本章的学习,可以了解并掌握图像的编辑方法和应用技巧,快速地应用命令对图像进行适当的编辑与调整。

学习目标:

◎掌握图像编辑工具的使用方法。

◎掌握对图像进行变形的方法。

◎掌握图像的剪裁和变换的方法。

6.1 图像编辑工具

使用图像编辑工具对图像进行编辑和整理,可以提高编辑和处理图像的效果。

6.1.1 注释类工具

使用注释工具可以在图像的任何位置添加文本注释,标记一些制作信息或其他有用的信息。

选择工具箱中的"注释工具" ,或反复按快捷键【Shift+I】,其属性栏状态如图6-1所示。

图6-1 "注释工具"属性栏

该工具各项参数介绍如下:

作者:用于输入作者姓名。

颜色:用于设置注释窗口的颜色。

清除全部:用于清除所有注释。

显示或隐藏注释面板按钮 :用于打开注释面板,编辑注释文字。

选择工具箱中的"注释"按钮,在图像需要注释的位置单击,如图6-2所示。即添加一个注释,在弹出的"注释"面板中输入要注释的内容,即可完成注释的添加,如图6-3所示。

如果想删除注释,则要选中相关注释,右击后,在弹出的快捷菜单中选择"删除注释"命令即可。也可以直接按【Delete】键将选中的注释删除。

在Photoshop中,执行"文件"→"导入"→"注释"命令,如图6-4所示。弹出图6-5所示的对话框,可以将PDF文档中的注释内容直接导入到图像中。

图6-2 添加注释

图6-3 输入注释内容

图6-4 菜单命令　　　　　　　　　　　　图6-5 "载入"对话框

(随)(堂)(案)(例)　为夏日海报添加注释。

利用工具箱中的注释工具为作品增加文字附注，从而起到提示作用。

(案)(例)(实)(现)

步骤1　打开Photoshop CS6软件，执行"文件"→"打开"命令（或者快捷键【Ctrl+O】），找到素材文件夹中"夏日海报.psd"素材图片，打开素材，如图6-6所示。

图6-6 打开素材图片

步骤2　选择工具箱中的"注释工具"，在属性栏中的"作者"选项文本框中输入"夏日旅行社"，其他选项的设置如图6-7所示。

步骤3　在图像中单击鼠标左键，在弹出图像的注释面板输入注释文字，效果如图6-8所示。为夏日海报添加注释效果制作完成。

图6-7　注释工具属性栏设置

图6-8　添加注释

6.1.2　标尺工具

标尺工具可以在图像中测量任意两点之间的距离，并可以用来测量角度。选择工具箱中的"标尺工具" ，或反复按快捷键【Shift+I】，其属性栏状态如图6-9所示。

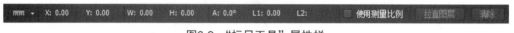

图6-9　"标尺工具"属性栏

随堂案例　使用标尺。

标尺用于辅助绘图，便于添加辅助线，观察绘图的位置关系，尤其是绘制宣传品广告的时候，其相关元素要有固定的大小、对齐方式，可以借助标尺和参考线等绘制精确的尺寸或精确地定位图像和元素。

案例实现

步骤1　打开Photoshop CS6软件，执行"文件"→"打开"命令（或者快捷键【Ctrl+O】），找到素材文件夹中"家纺效果图.psd"素材图片，打开素材。执行"视图"→"标尺"命令，或快捷键【Ctrl+R】，此时看到窗口顶部和左侧会出现标尺，如图6-10所示。

图6-10　显示标尺

步骤2　默认情况下，标尺的原点位于窗口的左上方，用户可以修改原点的位置。将光标放置在原点上，然后使用鼠标左键拖动原点，画面中会显示出十字线，释放鼠标左键以后，释放处便成为原点的新位置，并且此时的原点数字也会发生变化，请读者自行实验。

6.2 编辑选区中的图像

在Photoshop CS6中，可以非常方便地移动、复制和删除选区中的图像。

6.2.1 选区中图像的移动

"移动工具"位于工具箱的最顶端，是Photoshop CS6中应用最为频繁的工具之一，第三章的案例中，多次使用了该工具，下面重点介绍该工具。利用它可以在当前文件中移动或复制图像，可以将图层中的整幅图像或选定区域中的图像移动到指定位置，也可以将图像由一个文件移动复制到另一个文件中，还可以对选择的图像进行变换、排列、对齐与分布等操作。

利用"移动"工具移动图像的方法非常简单。首先选中图像所在的图层，然后选择"移动"工具，在要移动的图像上拖动鼠标，即可移动图像的位置，在移动图像时，若按住【Shift】键则可以确保图像在水平、垂直或45°的倍数方向上移动。

单击工具箱中的"移动工具"，其属性栏如图6-11所示。

图6-11 "移动工具"属性栏

工具属性栏中相关参数介绍如下：

自动选择：如果文档中包含多个图层或图层组，可以在后面的下拉列表中选择要移动的对象。如果选择"图层"选项，使用"移动工具"在画布中单击时，可以自动选择"移动工具"下面包含像素的最顶层的图层；如果选择"组"选项，在画布中单击时，可以自动选择"移动工具"下面包含像素的最顶层的图层所在的图层组。

显示变换控件：选中该复选框以后，当选择一个图层时，就会在图层内容周围显示定界框。用户可以拖动控制点来对图像进行变换操作，如图6-12所示。

图6-12 显示为控件

对齐图层：当同时选择了两个或两个以上的图层时，单击相应的按钮可以将所选图层进行对齐。对齐方式包括"顶对齐""垂直居中对齐""底对齐""左对齐""水平居中对齐""右对齐"。

分布图层：如果选择了三个或三个以上的图层，单击相应的按钮可以将所选图层按一定规则进行均匀分布排列。分布方式包括"按顶分布""垂直居中分布""按底分布""按左分布""水平居中分布""按右分布"。

如果在同一个文档中移动图像，可以进行如下操作。在"图层"面板中选择要移动的对象所在的图层，然后在工具箱中单击"移动工具"按钮，接着在画布中单击要移动的对象，拖动鼠标左键即可移动选中的对象，如图6-13所示。

图6-13 对象移动前后对比图

如果需要移动选区中的内容，比如将文字使用选区移动，右击文字图层，将其转换为智能对象，然后利用矩形选框工具，绘制合适的选区，框选中文字"使用时间"，如图6-14所示。然后按快捷键【Ctrl+←】，效果如图6-15所示。

图6-14 绘制选区

图6-15 移动文字

如果在不同的文档间移动图像，首先需要选择"移动工具"，然后将光标放置在其中一个画布上，单击并拖动到另一个文档的标题栏上，停留片刻后即可切换到目标文档，接着将图像移动到画面中，释放鼠标左键即可将图像拖动到文档中，同时Photoshop会生成一个新的图层，在第三章的多个案例中，均属此种情况，这里不再赘述。

随堂案例 制作科技效果图。

党的二十大报告指出，教育、科技、人才是全面建设社会主义现代化国家的基础性、战略性支撑。必须坚持科技是第一生产力、人才是第一资源、创新是第一动力，深入实施科教兴国战略、人才强国战略、创新驱动发展战略，开辟发展新领域新赛道，不断塑造发展新动能新优势。本案例主要利用移动工具实现绘制图形的复制、对齐等效果，从而融入背景图片制作科技创新效果图。

案例实现

步骤1 打开Photoshop CS6软件，执行"文件"→"打开"命令（或者快捷键【Ctrl+O】），找到素材文件夹中"蓝色背景.jpg"素材图片，如图6-16所示。

步骤2 按快捷键【Ctrl+Shift+Alt+N】，新建图层，将前景色设为白色。选择"圆角矩形工具"，在属性栏中的"选择工具模式"选项中选择"像素"，设置"半径"选项为20像素，在图像窗口中绘制圆角矩形，如图6-17所示。

图6-16 打开素材图片

图6-17 绘制圆角矩形

步骤3 按快捷键【Ctrl+Alt+T】，在图形周围出现变换框，水平向右拖动图像到适当位置，按【Enter】键确认变换。然后再按六次快捷键【Ctrl+Alt+Shift+T】，复制六个圆角矩形，效果如图6-18所示。

步骤4 选中"图层1副本"图层，按住【Shift】键的同时，单击"图层1副本6"图层，将两个图层的所有图层同时选取。选择"移动工具"，按住【Alt】键的同时，在图像窗口中垂直向下拖动鼠标复制图形。然后，使用相同的方法选中"图层副本2"到"图层副本5"之间的所有图层，复制图形，效果如图6-19所示。

图6-18 重复自由变换

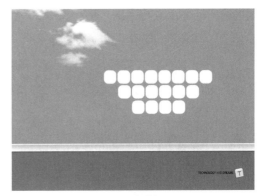
图6-19 复制图形

步骤5 选中除背景层以外的所有图层，按快捷键【Ctrl+E】合并图层，并将其命名为"色块"。在"图层"控制面板上方，将"色块"图层的"不透明度"选项设置为45%，图形效果如图6-20所示。

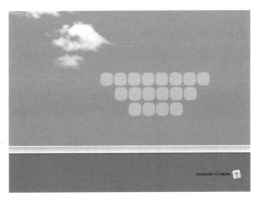
图6-20 设置图层不透明度

步骤6 双击该图层，弹出"图层样式"对话框，如图6-21所示，选择"投影"选项卡，设置"阴影颜色"为白色，不透明度为45%，角度为120°，距离为6像素，扩展和大小均为0，单击"确定"按钮，效果如图6-22所示。添加图层样式将在本书第7章做详细介绍，这里不做细致讲解。

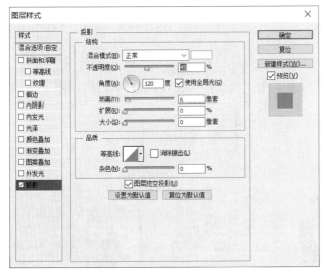
图6-21 "图层样式"对话框

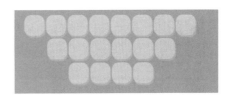
图6-22 效果图

步骤7 按快捷键【Ctrl+O】，分别打开素材图片文件夹中的"高楼.png"、"机器人.jpg"和"芯片.jpg"，利用工具箱中的移动工具，将三张图片拖动到主画布的合适的位置并调整至合适的大小，效果如图6-23所示。

步骤8 选择工具箱中的"横排文字工具",并设置合适的字体和字号,选择合适的字体颜色,输入相应的文字,并移动到合适的位置,至此,本案例制作完毕,效果如图6-24所示。

扫一扫

图6-24案例效果

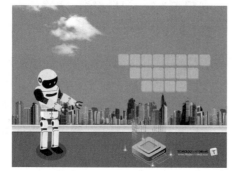

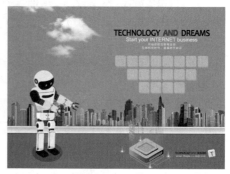

图6-23 移动图像　　　　　　　　　　　　　　图6-24 最终效果图

6.2.2 剪切/拷贝/粘贴图像

与Windows下的剪切、拷贝、粘贴命令相同,Photoshop也可以快捷地完成复制、粘贴任务。

1. 剪切并粘贴图像

按照如下步骤操作:

① 首先创建选区,然后执行"编辑"→"剪切"命令或按快捷键【Ctrl+X】,此时可以将选区中的内容剪切到剪贴板上。

② 执行"编辑"→"粘贴"命令或按快捷键【Ctrl+V】,可以将剪切的图像粘贴到画布上,并生成一个新的图层。

随堂案例 利用所学知识完成图像合成。

要想在图像处理过程中按需要复制或剪切图像,就必须先选择要复制或剪切的图像区域,否则不能复制或剪切图像,本案例利用图像剪切命令完成图像合成效果的制作。

案例实现

步骤1 打开Photoshop CS6软件,执行"文件"→"打开"命令(或者快捷键【Ctrl+O】),找到素材文件夹中"烟雾.jpg",如图6-25所示。

步骤2 执行"文件"→"置入"命令,单击素材文件夹中的"女士.jpg",置入图片,如图6-26所示。

步骤3 执行"选择"→"色彩范围"命令,利用吸管工具吸取图片中的白色背景部分,然后调整颜色容差值为14,如图6-27所示,单击"确定"按钮。

图6-25 打开素材图片　　　　图6-26 置入图片　　　　图6-27 设置颜色容差值

步骤4 按快捷键【Ctrl+Shift+I】，反向选择，即选取人物选区，如图6-28所示。

步骤5 执行"编辑"→"剪切"命令，继续执行"编辑"→"粘贴"命令，此时隐藏置入的女士图层，本案例制作完成，效果如图6-29所示。

图6-28 选取人物选区

图6-29 案例效果图

2．拷贝与合并拷贝

创建选区后，执行"编辑"→"拷贝"命令或按快捷键【Ctrl+C】，可以将选区中的图像复制到剪贴板中，然后再执行"编辑"→"粘贴"命令或按快捷键【Ctrl+V】，可以将复制的图像粘贴到画布里，并生成一个新的图层。

当文档中包含很多图层时，执行"选择"→"全选"命令或者按快捷键【Ctrl+A】，可以全选当前图像。然后执行"编辑"→"合并拷贝"命令或按快捷键【Shift+Ctrl+C】，可以将所有可见图层复制合并到剪贴板中，然后按快捷键【Ctrl+V】可以将合并拷贝的图像粘贴到当前文档或其他文档中。

随堂案例 利用所学知识完成合并拷贝图像。

合并拷贝是把两个或两个以上的图层合成一个图层，以免打乱排版。合并拷贝用于复制图像中的所有层，即在不影响原图像的情况下，将选取范围内的所有层均复制并放入剪贴板中。本案例利用合并拷贝图像完成图片合成制作效果。

案例实现

步骤1 打开Photoshop CS6软件，执行"文件"→"打开"命令（或者快捷键【Ctrl+O】），找到素材文件夹中"森林.jpg"，如图6-30所示。

步骤2 执行"文件"→"置入"命令，单击素材文件夹中的"牛奶.png"，置入图片，如图6-31所示。

图6-30 打开素材

图6-31 置入牛奶图片

步骤3 选择工具箱中的移动工具，按住【Alt】键，并选择牛奶图片拖动鼠标，复制出另外一瓶牛奶，按快捷键【Ctrl+T】，执行自由变换命令，调整另一瓶牛奶至合适的大小，并移动到合适的位置，如图6-32所示。

图6-32案例效果

图6-32 复制另一瓶牛奶

步骤4 按快捷键【Ctrl+A】，全选命令，然后执行"编辑"→"合并拷贝"命令，再执行"编辑"→"粘贴"命令，得到一个新的图层，隐藏其他图层，效果如图6-32所示。此时，表示森林背景图片和两瓶牛奶在同一个图层了，而不是在三个不同的图层。

6.3 图像的裁切和变换

通过图像的裁切和图像的变换，可以设计制作出丰富多变的图像效果。

6.3.1 裁剪图像

裁剪图像的主要目的是调整图像的大小，获得更好的构图，删除不需要的内容。使用"裁剪工具"或"裁切"命令都可以裁剪图像，下面将对其进行具体讲解。

1. 了解"裁剪工具"

当仅需要图像的一部分时，可以使用裁剪工具来快速删除部分图像。使用该工具在图像中拖动绘制一个矩形区域，矩形区域内部代表裁剪后图像的保留部分，矩形区域外部表示将被删除的部分。需要注意的是，裁剪工具的属性栏在执行裁剪操作时的前后显示状态不同。单击工具箱中的"裁剪工具"按钮，在图片周围显示裁剪的标记，如图6-33所示。

向上拖动底部的裁剪标记，在裁剪区域内双击，即可完成裁剪操作，如图6-34所示。"裁剪工具"属性工具栏如图6-35所示。

图6-33 显示裁剪标记

图6-34 裁剪效果

图6-35 "裁剪工具"属性栏

"裁剪工具"属性栏中相关选项的含义介绍如下：

"不受约束"下拉列表框：用于设置裁剪比例，选择"不受约束"选项可以自由调整裁剪框的大小。

"宽度""高度"数值框：用于输入裁剪图像的宽度、高度的数值。

"纵向与横向旋转裁剪框"按钮：用于设置裁剪框的方向。

"拉直"按钮：单击该按钮，可将图片中倾斜的内容拉直。

"视图"下拉列表框：默认显示为"三等分"，用于设置裁剪的参考线，帮助用户进行合理构图。其他选项将在本节后面的内容介绍。

"设置"按钮：单击该按钮，在打开的下拉列表框中单击选中"使用经典模式"复选框将使用以前版本的裁剪工具；单击选中"启用裁剪屏蔽"复选框，裁剪区域外将被颜色选项中设置的颜色覆盖。

"删除裁剪的像素"复选框：默认情况下，裁剪掉的图像保留在文件中，使用移动工具可使隐藏的部分显示出来，如果要彻底删除裁剪的图像，需要选中该复选框。

"视图"下拉列表框中选项介绍：

三等分：三分法构图是黄金分割的简化，其基本目的就是避免对称式构图。这种构图表现鲜明，构图简练。图上任意两条线的交点就是视觉的兴趣区域，这些兴趣点就是放置主题的最佳位置。这种构图适合多形态平行焦点的主体。

网格：裁剪网格会在裁剪框内显示很多具有水平线和垂直线的方形小网格，以帮助用户对齐照片，通常用于纠正地平线倾斜的照片。用户只需要选择小方格对齐的方式，再旋转，拖动任何一个角就可以手动对齐。

对角：也称为斜井字线，也是利用黄金分割法的一种构图方式，与三分法类似。利用倾斜的四条线将视觉中心引向任意两条线相交的交点，即视觉兴趣区域所在点。可以利用裁切框很好地进行对角线构图。

三角形：以三个视觉中心为景物的主要位置，有时是以三点成面几何构成来安排景物，形成一个稳定的三角形。这种三角形可以是正三角，也可以是斜三角或倒三角。其中斜三角较为常用，也较为灵活。三角形构图具有稳定、均衡但不失灵活的特点。

黄金比例：黄金分割法是摄影构图中的经典法则。当用户使用黄金分割法对画面进行裁剪构图时，画面的兴趣中心应该位于或靠近两条线的交点。此方法在人物的拍摄中运用较多，Photoshop会自动根据照片的横竖幅调整网格的横竖。

金色螺线：这种辅助线被称为"黄金螺旋线"，通过在螺旋线周围安排对象，引导观者的视线走向画面的兴趣中心。图片的主体作为起点，就是黄金螺旋线绕得最紧的那一端。这种类型的构图通过那条无形的螺旋线条会吸引观察者的视线，创造出一个更为对称的视觉线条和一个全面引人入目的视觉体验。

2．透视裁剪工具

透视裁剪工具是Photoshop CS6新增的裁剪工具，可以解决由于拍摄不当造成的透视畸形的问题，使用该工具裁剪图像，可以旋转或者扭曲裁剪定界框，裁剪后，可以对图像应用透视变换，选择工具箱中的"透视裁剪工具"按钮![]后，"透视裁剪工具"的属性栏如图6-36所示。

图6-36 "透视裁剪工具"属性栏

相关选项的含义介绍如下：

"W/H"数值框：用于输入图像的宽度和高度值，可以按照设定的尺寸裁剪图像。

"分辨率"数值框：用于输入裁剪图像的分辨率，裁剪图像后，图像的分辨率自动调整为设置的大小，在实际操作中尽量将分辨率的值设置高一些。

"前面的图像"按钮：单击该按钮，"W/H"数值框、"分辨率"数值框中显示当前文档的尺寸和分辨率。如果打开了两个文档，则将显示另一个文档的尺寸和分辨率。

"清除"按钮：单击该按钮，可清除"W/H"数值框、"分辨率"数值框中的数据。

"显示网格"复选框：单击选中该复选框将显示网格线，取消选中则隐藏网格线。

使用透视裁剪工具调整透视畸形照片，其操作过程如下：

① 选择裁剪工具,在工具属性栏中将宽和高设置为3.2厘米、2厘米,将分辨率设置为1 500像素,在图像中单击鼠标确定第一个控制点,然后拖动鼠标创建矩形裁剪框,如图6-37所示。

② 将鼠标指针移到右侧上方的控制点,然后按住鼠标左键不放向左侧拖动,图像内容将向右侧调整,如图6-38所示。

图6-37　设置相关参数

图6-38　拖动鼠标

③ 调至适当位置后释放鼠标,按【Enter】键确认裁剪,返回图像查看裁剪效果,如图6-39所示。

图6-39　裁剪之后的效果图

3. 切片工具

切片工具常用于网页效果图的设计中,是网页设计时必不可少的工具。其使用方法是选择切片工具,在图像中需要切片的位置拖动鼠标绘制即可创建切片。与裁剪工具不同的是,使用切片工具创建区域后,区域内和区域外都将被保留,区域内为用户切片,区域外为其他切片。

4. 使用"裁剪"命令

除了可以使用"裁剪工具"实现对图像的裁剪以外,Photoshop还提供了"裁剪"命令,方便用户对图像的裁剪操作。打开一副图像,选择"矩形选框工具",绘制出要裁切的图像区域,如图6-40所示,选择"图像"→"裁剪"命令,图像按选区进行裁剪。裁剪之后的效果如图6-41所示。

图6-40　创建选区

图6-41　裁剪后的效果

5．使用"裁切"命令

某些时候，有些图片会有一定的留白，如图6-42所示。这样在一定程度上影响了照片的美观性，因此裁切掉留白区域是非常必要的。

执行"图像"→"裁切"命令，打开"裁切"对话框，如图6-43所示。设置参数后单击"确定"按钮，即可完成裁切。读者可在裁切前后分别通过"图像"→"图像大小"比较前后的对比效果。

图6-42 带有留白区域的图片

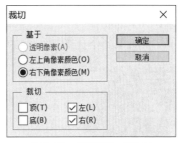

图6-43 "裁切"对话框

"裁切"对话框中相关参数介绍：

透明像素：选中该单选按钮，可以裁剪掉图像边缘的透明区域，只将非透明像素区域的最小图像保留下来。该选项只有图像中存在透明区域时才可用。

左上角像素颜色：选中该单选按钮，从图像中删除左上角像素颜色区域。

右上角像素颜色：选中该单选按钮，从图像中删除右上角像素颜色区域。

顶、底、左、右：设置修正图像区域的方式。

6.3.2 图像的变换

利用Photoshop的变换命令，可以对图像进行缩放、倾斜、旋转及变形等多种操作，在本节中，来讲解一下各种变换操作的作用及使用方法。

1．缩放图像

缩放图像的操作方法如下：

① 选择要缩放的对象，执行"编辑"→"变换"→"缩放"命令或者按快捷键【Ctrl+T】。

② 将鼠标指针放置在自由变换控制框的控制句柄上，当鼠标指针变为双箭头形状时拖动鼠标，即可改变图像的大小。其中，拖动左侧或右侧的控制句柄，可以在水平方向上改变图像的大小；拖动上方或下方的控制句柄，可以在垂直方向上改变图像的大小；拖动拐角处控制句柄，可以同时在水平和垂直方向上改变图像的大小。

③ 得到需要的效果后释放鼠标，并双击变换框以确认缩放操作。

图6-44所示为原图像，图6-45所示为缩小图像后的效果。

图6-44 原图像

图6-45 缩小后的效果图

2．旋转图像

如果要旋转图像，可以按照如下步骤进行操作：

① 打开Photoshop CS6软件，执行"文件"→"打开"命令（或者快捷键【Ctrl+O】），找到素材文件夹中"中秋背景.jpg"，如图6-46所示。

② 执行"文件"→"置入"命令，分别置入"中秋.jpg"和"圆环.jpg"图片，选中"圆环"所在图层，按快捷键【Ctrl+T】，弹出自由变换控制框。

③ 将光标置于控制框外围，当光标变为一个弯曲箭头时拖动鼠标，即可以中心点为基准旋转图像，如图6-47所示，然后按【Enter】键确认变换操作。

④ 将背景图片载入选区，然后按快捷键【Ctrl+Shift+I】，反向，然后按【Delete】键删除圆环外层的多余部分（将智能对象栅格化图层），如图6-48所示。

图6-46　打开背景图片

图6-47　旋转图片

图6-48　最终效果图

3．斜切图像

斜切图像是指按平行四边形的方式移动图像，斜切图像的步骤如下：

选中需要斜切的图层，执行"编辑"→"变换"→"斜切"命令，将光标置于定界框上，此时光标变为形状，按住鼠标左键拖动即可对图像进行斜切操作。除此以外，还可将光标置于定界框的定界点上，按住鼠标左键拖动，即可对图像进行斜切操作，如图6-49所示。

4．扭曲图像

扭曲图像是应用非常频繁的一类变换操作。通过此类变换操作，可以使图像根据任何一个控制句柄的变动发生变形。扭曲图像的步骤如下：

选中需要扭曲的图层，执行"编辑"→"变换"→"扭曲"命令，将光标置于定界框或定界点上，按住鼠标左键拖动即可，如图6-50所示。"扭曲"操作可以在任意方向上进行。

图6-49　斜切操作

图6-50　扭曲操作

5．透视图像

透视是一种推理性观察方法，它把眼睛作为一个投射点，依靠光学中眼睛与物体间的直线——视线传递。在中间设立一个平面透视的截面，于一定范围内切割各条视线，并在平面上留下视线穿透点，穿透点互相连接就勾画出了三维空间的物体在平面上的投影成像。

执行"编辑"→"变换"命令，在打开的子菜单中选择"透视"命令，将鼠标指针移至定界框的任意一角上，当鼠标指针变为形状时，按住鼠标左键不放并拖动可透视图像，如图6-51所示。

6．变形图像

执行"变形"命令可以对图像进行更为灵活、细致的变换操作，如制作页面折角及翻转胶片等效果。

执行"编辑"→"变换"→"变形"命令，图像上将会出现9个调整方格组成的变形网格和锚点，在其中按住鼠标左键不放并拖动可变形图像。按住每个端点中的控制杆进行拖动，还可以调整图像的变形效果，如图6-52所示。

图6-51 透视图像效果

图6-52 变形效果

7．其他变换效果

执行"编辑"→"变换"命令，可以在右侧扩展菜单中选择"旋转180度"、"旋转90度(顺时针)"和"旋转90度(逆时针)"命令，这种选项可以将预设好的旋转角度直接运用到图像中。

除了以上选项，还可以选择"水平翻转"和"垂直翻转"。"水平翻转"是将图像以y轴为对称轴进行翻转；"垂直翻转"是将图像以x轴为对称轴进行翻转，如图6-53所示。

原图

水平翻转

垂直翻转

图6-53 其他变换效果

6.4 案 例 实 训

案例实训1 利用自由变换命令将照片放到相框里

在图片处理过程中，用户可以根据设计和制作的需要变换已经绘制好的选区，本例将利用自由变换命令，实现将照片放到相框中的效果。

案例实现

步骤1 打开Photoshop CS6软件，执行"文件"→"打开"命令（或者快捷键【Ctrl+O】），打开素材"相框.jpg"图片，如图6-54所示。

步骤2 打开另外的照片素材，使用工具箱中的移动工具并将图片移动到主画布中，按快捷键【Ctrl+T】，实现自由变换，调整至合适的大小及位置，如图6-55所示。

图6-54　打开素材图片

图6-55　插入第一张照片

步骤3　执行"编辑"→"变换"→"变形"命令，用鼠标拖动相应的控制句柄，将照片变换至合适的弧度和大小，如图6-56所示，按【Enter】键确认变换。

步骤4　继续插入第二张照片，重复步骤3，调整照片至合适的大小和弧度，如图6-57所示。按【Enter】键确认变换，最终效果如图6-58所示。

扫一扫

图6-58案例效果

图6-56　变形操作

图6-57　第二张照片变形

图6-58　最终效果

案例实训2　利用透视命令更换景色

透视是图形设计中的重要技巧之一，它可以让你的作品更加立体感十足，令人印象深刻。透视可以帮助你制作更逼真的建筑、家具等物品模型，提升作品的质量和真实感。透视也可以用于制作海报、广告等宣传材料，增强作品的立体感，更容易吸引人眼球。透视还可以用于制作漫画、插画等，帮助你制作更加动态有趣的角色形象。本案例将利用透视命令更换窗景，使作品到达逼真的效果。

案例实现

步骤1　打开Photoshop CS6软件，执行"文件"→"打开"命令（或者快捷键【Ctrl+O】），打开素材"窗外.jpg"图片，如图6-59所示。

图6-59　打开背景图片

步骤2 选择工具箱中的"多边形套索工具",然后选中图像中景色的部分,如图6-60所示。

图6-60 创建选区

步骤3 接着按快捷键【Ctrl+Shift+I】反向选择,再按快捷键【Ctrl+J】复制图层,最后隐藏背景图层,效果如图6-61所示。

步骤4 继续打开素材文件,导入"绿色窗外.jpg",然后使用工具箱中的移动工具,拖动风景至当前文档中,按快捷键【Ctrl+[】使图层后移一层,如图6-62所示。

图6-61 复制图层后的效果　　　　　　　　图6-62 导入新的窗外背景

步骤5 执行"编辑"→"变换"→"透视"命令,然后向上拖动右下角的一个控制点,如图6-63所示,接着按【Enter】键确认变换。

步骤6 按快捷键【Ctrl+J】复制图层2,然后执行"编辑"→"变换"→"水平翻转"命令,接着使用工具箱中的移动工具向右拖动对象至右侧窗户处,如图6-64所示。

图6-63 透视效果　　　　　　　　图6-64 水平翻转

扫一扫

图6-64案例效果

第7章 图层的应用

大部分设计工作都与图片相关,从图形设计、商业修图、图像合成到平面设计、网页设计、手机App设计,都需要广泛应用图片素材。要将所有的图片素材整合到同一界面或整个作品体系中,图片素材的来源十分广泛,有网络图片资源、摄影师的摄影作品、插画师的绘制作品、UI设计师合成的图片等。应用图片素材时,要根据设计需求,灵活运用Photoshop中的调整图层及图层混合模式,调整图片素材的色彩效果。本章围绕调整图层及混合模式和图层样式在UI设计中的应用,详细讲解调整图层、图层样式及混合模式的使用方法和应用场景。

学习目标:

◎掌握图层混合模式的设置方法。

◎掌握图层不透明度的设置方法。

◎掌握应用图层样式的方法。

7.1 图层的混合模式

混合模式是Photoshop中非常强大且实用的功能,通过改变图层与图层之间的相互堆叠的算法,可以对图像的色相、明度、饱和度等参数进行调整,提高图层相互混合时的融合度,使画面更为自然,以获得理想的设计效果。

图层间相互混合时,一般与位于下方的图层进行对比,以获得新的视觉效果。被改变混合模式的图层称为"混合图层",与混合图层进行对比重新定义图像效果的图层称为"基色图层"。两者混合后呈现的结果可以在工作区域中进行观察,最终呈现的颜色称为结果色。

图7-1所示为Photoshop中图层混合模式的类型,根据其作用与原理,混合模式大致分为五种类型:使图像变暗、使图像变亮、去掉灰色、差异混合和色彩属性。除此以外,还包括清除模式、背后模式等。

可以单击"图层"面板中混合模式的下拉列表,为每个图层或组指定混合模式的类型。要注意,在未执行其他操作的前提下,将鼠标指针移到混合模式下拉列表框上,直接滚动鼠标滚轮,混合模式会随之发生变更,这是重新选择混合模式的快速方法,但是也容易造成混合模式已然变更而不知情的情况。

下面分别介绍混合模式的各选项。

正常: 该混合模式是Photoshop中的默认模式。选择该模式后,绘制出来的颜色会盖住原有的底色,当色彩为半透明(不透明度为50%)时才会透出底部的颜色。

溶解: 结果色由基色或混合色的像素随机替换,该模式用于半透明的较大画笔时效果较好。

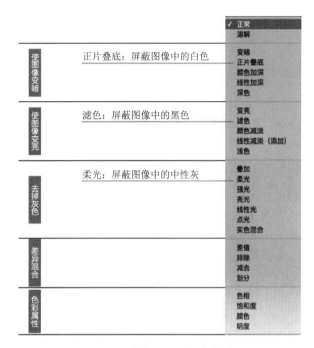

图7-1 常规的图层混合模式

除此之外的其他选项总体可以分为以下几类：

1. 使图像变暗的选项

变暗：查看每个通道中的颜色信息，并选择基色和混合色中较暗的颜色作为结果色，较亮的像素将被较暗的像素取代，而较暗的像素不变。

正片叠底：选择此方式时，可以查看每个通道中的颜色信息，并将基色与混合颜色相乘，结果颜色总是较暗的颜色。任何颜色与白色正片叠底保持不变。任何颜色与黑色复合产生黑色。

颜色加深：查看每个通道中的颜色信息，并通过增加对比度使基色变暗，以反映混合色。与白色混合后不产生变化。

线性加深：查看每个通道中的颜色信息，并通过减少亮度使基色变暗，以反映混合色。与白色混合后不产生变换。

深色：比较混合色和基色的所有通道值的总和，并显示值较小的颜色。"深色"不会生成第三种颜色（可以通过"变暗"混合获得），因为它将从基色和混合色中选取最小的通道值来创建结果色。

2. 使图像变亮的选项

变亮：与变暗模式相反，查看每个通道中的颜色信息，并选择基色或混合色中较亮的颜色作为结果色，较暗的像素将较亮的像素取代，而较亮的像素不变。

滤色：查看每个通道的颜色信息，并将混合色的互补色与基色（原始图像）进行正片叠底。结果色总是较亮的颜色。用黑色过滤时颜色保持不变，用白色过滤将产生白色。

颜色减淡：查看每个通道中的颜色信息，使基色变亮以反映绘制的颜色。用黑色绘制时不改变图像色彩。

线性减淡（加深）：通过增加亮度使基色变亮以反映混合色。它与滤色模式相似，但是可产生更加强烈的对比效果。与黑色混合则不发生变化。

浅色：与深色模式相反，比较混合色和基色的所有通道值的总和并显示值较大的颜色。"浅色"不会生成第三种颜色（可以通过"变亮"混合获得），因为它将从基色和混合色中选取最大的通道值来创建结果色。

3. 去掉灰色

叠加：对颜色进行正片叠底或过滤，具体取决于基色。图案或颜色在现有像素上叠加，同时保留基色（原图像）的明暗对比。

柔光：使颜色变暗或变亮，具体取决于混合色，与发散的聚光灯照在图像上的效果相似。如果混合色比50%灰色亮，则图像会变亮，就像被减淡一样；如果混合色比50%灰色暗，则图像会变暗，就像被加深一样。用纯黑色或纯白色填充，会产生明显较暗或较亮的区域，但不会产生纯黑色或纯白色。

强光：对颜色进行正片叠底或过滤，具体取决于混合颜色。这种效果与耀眼的聚光灯照在图像上相似。

亮光：通过增减对比度来加深或减淡颜色，具体取决于混合色。如果混合色比50%灰色亮，则通过减小对比度使图像变亮；如果混合色比50%灰色暗，则通过增加对比度使图像变暗。

线性光：通过增加或减淡对比度来减淡或加深颜色，具体取决于混合色。如果混合色比50%灰色亮，这个图像将增加亮度而变亮；如果混合色比50%灰色暗，则这个图像将减小亮度而变暗。

点光：根据混合色的明暗度来替换颜色。如果混合色比50%灰度亮，则比混合色暗的像素被替换掉，比混合色亮的像素不变；如果混合色比50%灰度暗，则比混合色亮的像素被替换，比混合色暗的像素不变。

实色混合：将混合色的红色、绿色和蓝色通道值添加到基色的RGB值。

4. 差异混合

差值：混合色与基色的亮度值互减，取值时以亮度较高的颜色减去亮度较低的颜色。混合色为白色可使基色反相，与黑色混合则不发生变化。

排除：创建一种与差值相似，但对比度较低的效果。与白色混合会使基色值反相，与黑色混合不发生变化。

减去：当前图层与下面图层中图像色彩进行相减，将相减的结果呈现出来。在8位和16位的图像中，如果相减的色彩结果为负值，则颜色值为0。

划分：将上一图层的图像色彩以下一图层的颜色为基准进行划分所产生的效果。

5. 色相混合

色相：用基色的明度和饱和度以及混合色的色相创建结果颜色。

饱和度：混合后的色相及明度与基色相同，而饱和度与绘制的颜色相同。在无饱和度和灰色的区域上用此模式填充不会引起变化。

颜色：用基色的明度以及混合色的色相和饱和度创建结果颜色。这样可以保留图像中的灰色调，并且对于给单色图像上色以及给彩色图像着色，都会非常有用。

明度：此模式与"颜色"模式为相反效果。用基色的色相饱和度以及混合色的明亮度创建结果色。

在Photoshop中有多种混合模式可以选择，正片叠底是混合模式其中的一种并且使用频率很高，相当于变暗模式。正片叠底的工作原理是将基色与混合色复合叠加成比较暗的结果色图像效果。使用正片叠底模式不会产生色阶溢出，即使调换基色和混合色的位置，叠加成的结果颜色也是一样的。

正片叠底的作用是查看每个通道中的颜色信息，并将基色与混合色进行正片叠底，结果色总是较暗的颜色。任何颜色与黑色正片叠底产生黑色。任何颜色与白色正片叠底保持不变。当您用黑色或白色以外的颜色绘画时，绘画工具绘制的连续描边产生逐渐变暗的颜色。

这与使用多个标记笔在图像上绘图的效果相似。将两个同源图层以"正片叠底"的模式混合，图像会以一种平滑但是非线性的方式变暗，得到的效果像是景物从黑暗中显现，这个特性在某些场合可以帮助用户隐藏斑驳的背景。

接下来，请读者阅读本节的三个随堂案例，可以设置图层的混合模式为正片叠底、滤色、浅色、柔光等模式，并观察设置后的效果。

随堂案例 设置正片叠底模式。

案例实现

步骤1 打开Photoshop CS6软件，执行"文件"→"打开"命令（或者快捷键【Ctrl+O】），找到素材文件夹中"手.jpg"和"涂鸦墙.jpg"素材图片，打开素材，分别如图7-2和图7-3所示。

图7-2 素材：手

图7-3 素材：涂鸦墙

步骤2 右击复制图层，将"手"复制到"涂鸦墙"中，按快捷键【Ctrl+T】，实现自由变换，将手调整到合适的大小和位置，按【Enter】键确认变换，效果如图7-4所示。

步骤3 将"背景拷贝"层混合模式由"正常"改为"正片叠底"，最终效果如图7-5所示。

图7-4 自由变换

图7-5 最终效果图

扫一扫

图7-5案例效果

随堂案例 使用图层混合模式制作炫彩效果。

案例实现

步骤1 打开Photoshop CS6软件，执行"文件"→"打开"命令（或者快捷键【Ctrl+O】），找到素材文件夹中"人脸.jpg"素材图片，如图7-6所示。

步骤2 按快捷键【Ctrl+Shift+Alt+N】新建图层，设置前景色为绿色，使用柔角画笔工具在右上角位置进行涂抹，如图7-7所示。

步骤3 设置图层混合模式为"变亮"，此时可以看到绿色与人像素材产生了混合效果，如图7-8所示。

图7-6 打开素材

图7-7 绘制绿色区域

图7-8 变亮效果

步骤 4 快捷键【Ctrl+Shift+Alt+N】新建图层，设置前景色为洋红，使用柔角画笔工具在左下角位置进行涂抹，设置前景色为"滤色"，效果如图7-9所示。

步骤 5 快捷键【Ctrl+Shift+Alt+N】新建图层，设置前景色为蓝色，使用柔角画笔工具在左上角位置进行涂抹，设置前景色为"变亮"，效果如图7-10所示。

步骤 6 快捷键【Ctrl+Shift+Alt+N】新建图层，设置前景色为黄色，使用柔角画笔工具在右下角位置进行涂抹，设置前景色为"浅色"，效果如图7-11所示。至此，案例制作完毕。

扫一扫
图7-11案例效果

图7-9 滤色效果 　　　　图7-10 变亮效果 　　　　图7-11 浅色效果

随堂案例 使用图层混合模式制作更换背景墙效果。

案例实现

步骤 1 打开Photoshop CS6软件，执行"文件"→"打开"命令（或者快捷键【Ctrl+O】），找到素材文件夹中"话筒.jpg"与"墙皮.jpg"素材图片，分别如图7-12和图7-13所示。

图7-12 话筒图片　　　　　　　　　图7-13 墙皮图片

步骤 2 鼠标右击复制图层，将"灰背景"复制到"墙皮"中，按快捷键【Ctrl+T】，完成自由变换命令，适当调整"灰背景"的大小与位置，并且将图层混合模式改为"柔光"，效果如图7-14所示。

步骤 3 选择"背景拷贝"图层，按快捷键【Ctrl+J】，复制图层，得到最终效果如图7-15所示，这样可以弥补"灰背景"图层中图案纹理不清晰的问题。

扫一扫
图7-15案例效果

图7-14 柔光效果　　　　　　　　　图7-15 最终效果图

7.2 图层样式

图层样式是Photoshop最具吸引力的功能之一，使用它可以为图像添加阴影、发光、斜面、叠加和描边等效果，从而创建具有真实感的金属、塑料、玻璃和岩石效果。

7.2.1 添加图层样式

打开"图层样式"对话框，方法并不是唯一的，下面将介绍几种打开"图层样式"对话框的方法：

1．使用菜单命令

执行"图层"→"图层样式"下拉菜单中的样式命令，如图7-16所示，可以打开"图层样式"对话框，并进入到相应效果的设置面板。

2．使用面板按钮

在"图层"面板上单击"添加图层样式" 按钮，在弹出的快捷菜单中选择任意一种样式，可以打开"图层样式"对话框，并进入到相应效果的面板，如图7-17所示。

图7-16　图层样式下拉菜单

图7-17　从图层面板打开

3．双击图层

双击需要添加样式的图层，同样也可以打开"图层样式"对话框，如图7-18所示。在对话框左侧选择要添加的图层样式，即可切换到该样式的设置面板。

在Photoshop中可以添加10种图层样式。下面介绍"图层样式"对话框的组成结构，如果在图层中添加了相应的效果，则该效果名称前面的复选框内将显示对勾标记，位于图层样式对话框中的最左侧。

单击一个效果的名称，可以选中该效果，对话框的右侧显示与之对应的选项，如果单击效果名称前的复选框，则可以应用该效果，但不会显示效果选项，完成图层样式的设置以后，单击"确定"按钮即可生效，图层右侧会出现一个图层样式标志，单击该标志右侧的下三角按钮可折叠或展开样式列表。

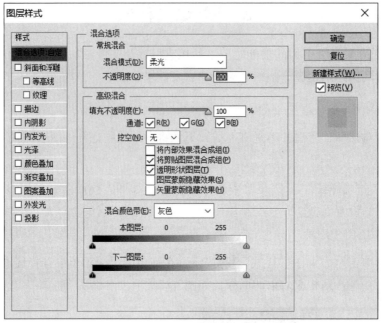

图7-18 双击图层打开"图层样式"对话框

7.2.2 斜面和浮雕样式

"斜面和浮雕"是最复杂的一种图层样式，可以对图层添加高光与阴影的各种组合，模拟现实生活中的各种浮雕效果。"斜面和浮雕"面板如图7-19所示。

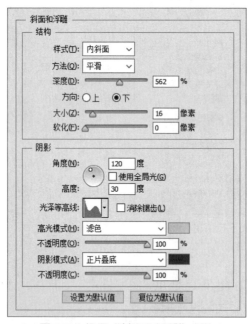

图7-19 设置"斜面和浮雕"参数

"斜面和浮雕"样式的各选项如下：

1．结构

（1）样式

在该选项下拉列表中可选择斜面和浮雕的样式，并有五种图层样式可供选择。

① 外斜面：可以在图层内容的外边缘产生一种斜面的光照效果。此效果类似于投影效果，只不过在图

像两侧都有光线照明效果。

② 内斜面：可以在图层内容的内边缘产生一种斜面的光线照明效果。此效果与内阴影效果非常相似。

③ 浮雕效果：创建图层内容相对于它下面的图层凸出的效果。

④ 枕状浮雕：创建图层内容的边缘陷进下面图层的效果。

⑤ 描边浮雕：可将浮雕效果应用于图层描边效果的边界，如果没有对图层应用"描边"样式，则不会产生效果。

五种图层样式效果对比如图7-20所示。

外斜面　　　　　内斜面　　　　　浮雕效果　　　　枕状浮雕　　　　描边浮雕

图7-20　五种图层样式效果对比

（2）方法

用来选择创建浮雕的方法，下拉列表提供了三种方法。

① 平滑：选择此项能够稍微模糊杂边的边缘。可用于所有类型的杂边，不论其边缘是柔和还是清晰，该技术不保留大尺寸的细节特征。

② 雕刻清晰：使用距离测量技术，主要用于消除锯齿形状（如文字）的硬边杂边。使用这种方法可以产生一个较生硬的平面效果，保留细节特征的能力优于"平滑"。

③ 雕刻柔和：使用经过修改的距离测量技术，虽不如"雕刻清晰"精确，但对较大范围的杂边更有用，保留细节特征的能力优于"平滑"，可以产生一个比较柔和的平面效果。

三种方法的效果对比如图7-21所示。

平滑　　　　　　　　　　雕刻清晰　　　　　　　　　雕刻柔和

图7-21　三种方法的效果对比图

（3）深度

拖动控制条上的滑块或在输入框中输入参数，可以调整浮雕的深度，值越大，浮雕效果的立体感越强。

（4）方向

用来改变高光与阴影的方向。选中"上"，光源从上往下照射，高光区域在上方，阴影在下方；选中"下"，光源从下往上照射，高光区域在下方，阴影在上方。

（5）大小

拖动控制条上的滑块或在输入框中输入参数，可以调整斜面和浮雕的阴影面积的大小。

（6）软化

用来控制斜面和浮雕的平滑程度，数值越大，平滑程度越大。

2．阴影

（1）角度/高度

"角度"选项用来设置光源的发光角度，"高度"用来设置光源的高度。

使用全局光：勾选该选项，会使所有图层的浮雕样式的光照角度都相同。

（2）高光模式/不透明度

单击后方的色块，可以在拾色器中设置高光颜色，拖动不透明度的滑块或输入参数，可以控制高光的不透明度。

（3）阴影模式/不透明度

单击后方的色块，可以在拾色器中设置阴影颜色，拖动不透明度的滑块或输入参数，可以控制阴影的不透明度。

3．设置为默认值/复位为默认值

单击"设置为默认值"选项，可以将以上设置的参数保存为默认值。单击"复位为默认值"选项，可以将以上参数复位为默认值。

7.2.3 描边

使用"描边"样式可以为图像边缘绘制不同样式的轮廓，如颜色、渐变或图案等。此功能类似"描边"命令，但它可以修改，因此使用起来相当方便。使用该样式对于硬边形状，如文字等特别有用。

在"图层样式"面板中勾选"描边"选项，并单击"描边"名称，可以在右侧设置描边的相关参数，如图7-22所示。

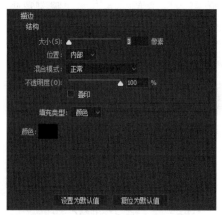

图7-22 设置"描边"面板参数

大小：拖动控制条的滑块或在输入框中输入参数，可以改变描边的粗细，数值越大，描边越粗。

位置：单击"位置"后的下拉按钮，可以在下拉列表中选择"内部"、"外部"或"居中"，如图7-23所示。

图7-23 三种位置效果对比图

混合模式：单击后面的状态框，可以选择需要的混合模式（关于混合模式的知识在7.1节已经详细讲解，这里不再赘述）。

不透明度：拖动控制条的滑块或在输入框中输入参数，可以调整描边的不透明度。

填充类型：单击后面的状态框，可以选择填充的类型，包括颜色、渐变和图案。当选中"颜色"选项时，可以单击下方的色块，并在拾色器中设置描边颜色；当选中"渐变"选项时，可以设置渐变颜色、样式、角度等；当选中"图案"选项时，可以选择图案的样式。

7.2.4 内阴影

在Photoshop CS6中提供的"内阴影"效果可以在紧靠图层内容的边缘内添加阴影，使图层产生凹陷效果。可以说阴影效果的制作非常频繁，无论是图书封面，还是报刊、海报，都能看到拥有阴影效果的文字。

在"图层样式"面板中勾选"内阴影"选项后，可以在右侧设置相关参数，如图7-24所示。

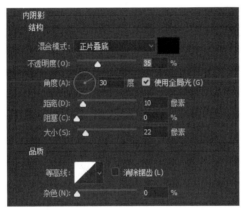

图7-24 设置"内阴影"面板参数

混合模式：单击该状态框，可以在下拉列表中选择需要的混合模式。

阴影颜色：单击混合模式后的色块，可以在拾色器中设置阴影的颜色。一般情况下，当颜色设置为黑色或暗色时，混合模式为"正片叠底"，当阴影颜色设置为白色，需要将混合模式设置为"滤色"，以此绘制高光效果，分别如图7-25和图7-26所示。

不透明度：拖动控制条的滑块或在输入框中输入数值，即可改变内阴影的不透明度，数值越大，阴影颜色越清晰。

角度：拖动指针或在输入框中输入参数，即可改变内阴影的角度，取值范围是-180～180度，分别如图7-27和图7-28所示。若勾选"使用全局光"复选框，会使所有图层样式的光照角度都相同。

图7-25 正片叠底　　　图7-26 滤色　　　图7-27 30度效果　　　图7-28 -130度效果

距离：拖动滑块或者在输入框中输入数值，可以设置内阴影与当前图像的距离，数值越大，偏移的距离越大。

大小：拖动滑块或在输入框中输入数值，可以设置内阴影的模糊范围，数值越大，模糊的范围越大。

7.2.5 内发光与外发光

制作发光的文字或是物体效果是平面设计作品中经常会用到的。发光效果的制作非常简单，只要使用图层样式的功能即可实现，发光又分为内发光和外发光。外发光样式与内发光样式基本相同，它可以使图像沿着边缘向图像外部产生发光效果。这里主要讲解内发光的相关内容。

内发光效果可以沿图层内容的边缘向内部射光。选中图层样式对话框中的"内发光"选项，如图7-29所示。

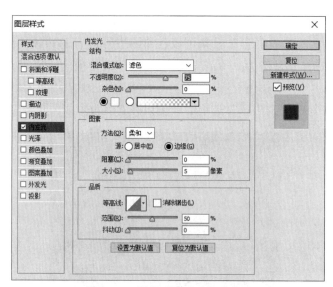

图7-29　设置"内发光"参数

下面依次介绍该面板中的各个参数：

混合模式：用来设置发光效果与下面图层的混合方式，默认为"滤色"。

不透明度：用来设置发光效果的不透明度。该选项值越低，发光效果越弱。

杂色：可以在发光效果中添加随机的杂色。使光晕呈现颗粒感。

发光颜色："杂色"选项下面的颜色块和颜色条用来设置发光颜色。如果要创建单色发光，可以单击左侧的颜色块，在打开的"拾色器"中设置发光颜色；如果要创建渐变发光，可单击右侧的渐变条，在打开的"渐变编辑器"中设置渐变颜色。

方法：用来控制轮廓发光的方法，以控制发光的准确程度。选择"柔和"时，Photoshop会应用经过修改的模糊操作，以保证获得发光效果与背景柔和的模糊操作和过渡；选择"精确"时，则可以得到精确的边缘。

源：用于控制发光光源的位置。选择"居中"，表示应用从图层内容的中心发出的光，如果此时增加"大小"值，发光效果会向图像的中央收缩，如图7-30所示；如果选择的是"边缘"，则表示应用从图层内容的内部边缘发出的光，此时如果增加"大小"值，发光效果会向图像的中央扩展，如图7-31所示（大小设置为43像素）。

图7-30　居中的效果 　　　　　　　　图7-31　边缘的效果

阻塞：用来在模糊之前收缩内发光的杂色边界。

大小：用来设置光晕范围的大小。

7.2.6 光泽

使用"光泽"样式可以为图像添加具有光泽的内部阴影,在图层样式中勾选"光泽"选项后,单击该样式的名称,可以在右侧设置相关参数,如图7-32所示。

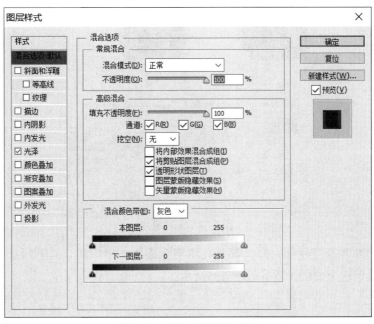

图7-32 设置"光泽"参数

在"光泽"参数面板中可以设置光泽的混合模式、不透明度、角度、距离、大小、等高线等,在此不再赘述。

7.2.7 颜色叠加、渐变叠加、图案叠加

"颜色叠加""渐变叠加""图案叠加"样式效果类似于"纯色"、"渐变"和"图案"填充图层,只不过它们是通过图层样式的形式进行内容叠加的。综合使用三种叠加方式可以做出更好的效果。

Photoshop中颜色叠加工具能够很好地用其他颜色替换图层本身的颜色,使图片效果看上去更加完善,其优势就是保护了图层原本的颜色不受损坏。

在实际使用中,颜色叠加样式其实并非那么单一,它不仅可以为图层替换颜色,还可以通过调节透明度和混合模式得到想要的效果,如图7-33所示,将红色的原图添加了紫色,然后通过对混合模式和不透明度的调节,读者可以对比其颜色的变换。

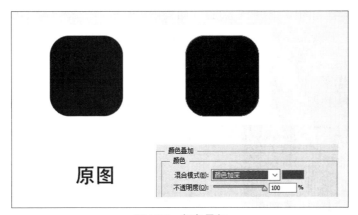

图7-33 颜色叠加

图7-33设置效果

渐变叠加的原理和颜色叠加一样，都是在图层上加一种颜色，只不过这里的颜色不是单一的，而是有各种颜色。并且这些颜色按照一定的规律排列起来，就形成了渐变，效果如图7-34所示。

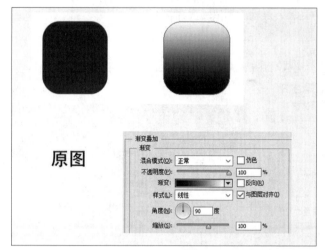

图7-34　渐变叠加

图案叠加跟颜色叠加和渐变叠加一样，都是在图层上添加一个样式，只不过这里不添加颜色了，而是添加图案，用图案来覆盖这个图层。效果如图7-35所示。

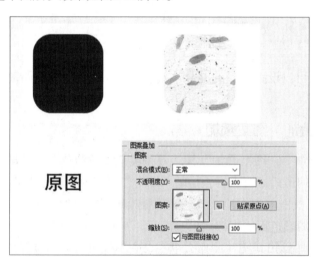

图7-35　图案叠加

图7-35中的混合模式、不透明度、缩放等参数和前面所学的知识是一样的，对于图案这个参数，可以打开Photoshop默认的图案，如图7-35中的斜线条，如果用户觉得斜线条的间隙粗细太大，可以通过缩放来调节。当然，Photoshop里面默认的图案肯定满足不了所有用户的需求，所以需要借助外部资源，比如到素材网上下载自己喜欢的图案，然后通过载入图案功能，用户就可以使用这些图案了。载入图案的方法是首先单击图7-35中的方框的图案，然后找到旁边的齿轮，单击齿轮图标，如图7-36所示。在弹出的菜单中选择"载入图案"命令，如图7-37所示。这样就可以完成外部图案的载入了。

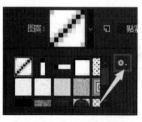

图7-36　加载外部图案

图7-37　载入图案命令

7.2.8 投影

"投影"是最简单的图层样式,它可以创造出日常生活中物体投影的逼真效果,使其产生立体感。执行"图层"→"图层样式"→"投影"命令,为图像添加"投影"效果,"投影"对话框如图7-38所示。

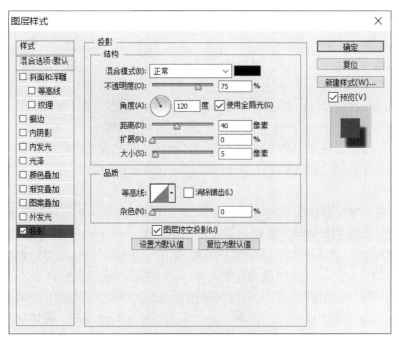

图7-38 设置"投影"参数

混合模式:在每种样式面板中,几乎都有混合模式这个选项,可见其重要性。混合模式直接影响颜色和光泽的模拟效果是否逼真。在默认状态下,每次新建一种样式,Photoshop都会在面板中为该样式设置最为常用的混合模式。"投影"样式默认为"正片叠底"模式。

投影颜色:单击"混合模式"选项右侧的颜色块,可以在打开的"拾色器"中设置投影颜色。

不透明度:拖动滑块或输入数值可以调整投影的不透明度。值越小,投影越淡,效果越不明显。

角度:用来设置投影应用图层时的光照角度,也可以在文本框中输入数值或者拖动图形内的指针进行调整。指针指向的方向为光源的方向,相反方向为投影的方向。

使用全局光:勾选该复选框,可以保持所有光照的角度一致;未勾选时可以为不同的图层分别设置光照角度。

距离:用来设置投影偏移图层内容的距离。值越高,投影越远。也可以将光标放在文档窗口的投影上,此时光标会变为移动工具,单击并拖动鼠标可以直接调整投影的距离和角度,如图7-39所示。

图7-39 直接移动调整投影的距离和角度

大小:用来设置投影的模糊范围。值越大,模糊的范围就越广;值越小,投影越清晰。

扩展:用来设置投影的扩展范围,该值会受到"大小"选项的影响。例如,将"大小"设置为0像素时,无论怎样调整"扩展"值,生成的投影将与原图像大小一样。

等高线:使用等高线可以控制投影的形状。

消除锯齿:勾选该复选框可以混合等高线边缘的像素,使投影更加平滑。该选项对于尺寸小且具有复杂等高线的投影最有用。

杂色：拖动滑块或输入数值可以在投影中添加杂色。值很高时，投影会变为点状。

用图层挖空投影：勾选该复选框可以控制半透明图层中投影的可见性。如果当前图层的填充不透明度小于100%，则半透明图层中的投影不可见。

随堂案例 制作美妆App广告页。

用户每次点击App启动图标后，在进入App首页之前，都会出现一个启动页面，大部分用户量较大的App，都会在启动页面中投放广告。广告页不仅具有宣传广告主产品、品牌及服务的作用，同时以链接的形式存在，还是广告主要的引流入口。因此，广告页的设计务必美观、信息突出。

本案例的广告页采用近年来流行的波普风格进行设计，在色彩搭配上，采用饱和度较高的色彩，以引起用户的注意。文字设计和人物装饰将使用多种混合模式打造强烈的视觉冲击效果。

案例实现

步骤1 打开Photoshop CS6软件，执行"文件"→"打开"命令（或者快捷键【Ctrl+O】），找到素材文件夹中"背景.jpg"素材图片，打开素材，如图7-40所示。

步骤2 置入模特素材，将模特图层的混合模式修改为"饱和度"模式，然后为模特图层添加阴影，阴影的混合模式为"正常"模式，不透明度为100%，大小为0像素，适当调整其距离，如图7-41所示。

步骤3 置入文字素材，并复制三份，添加"颜色叠加"图层样式分别为白色、紫色和黑色。选中文字图层，按键盘上的上、下、左、右四个方向键，对文字图层进行错位处理，效果如图7-42所示。

步骤4 置入化妆品瓶子素材，为瓶子添加"色相/饱和度"调整图层，使瓶子颜色倾向于淡黄色，适当提高瓶子的饱和度，降低色相值，最终效果如图7-43所示。

图7-43案例效果

图7-40 打开素材图片

图7-41 添加阴影样式

图7-42 文字叠加效果

图7-43 最终效果图

随堂案例 制作香皂效果。

利用本节讲解的图层样式的应用制作香皂效果，添加相应的斜面和浮雕效果增加香皂的立体感，效果如图7-56所示。

案例实现

步骤1 打开Photoshop CS6软件，执行"文件"→"新建"命令（或者快捷键【Ctrl+N】），新建一个800像素×800像素的画布。

步骤2 新建"图层1"，然后选择工具箱中的椭圆选框工具，绘制正圆选区，效果如图7-44所示。

步骤3 选择工具箱中的"渐变工具"，完成从紫色到白色的径向渐变的设置，然后对正圆选区进行渐变填充，效果如图7-45所示。

图7-44　绘制正圆选区

图7-45　渐变填充选区

步骤4　选择工具箱中的"矩形选框工具",绘制任意大小的矩形选区,如图7-46所示。

图7-46　绘制矩形选区

图7-47　向右扩展图形

步骤5　按住快捷键【Ctrl+Alt+→】,使图形向右扩展,扩展后的效果如图7-47所示。然后按快捷【Ctrl+D】取消选区,效果如图7-48所示。

步骤6　继续选择工具箱中的"矩形选框工具",绘制矩形选区,效果如图7-49所示。

图7-48　取消选区

图7-49　绘制矩形选区

步骤7　执行"滤镜"菜单中的"扭曲"→"挤压"命令,将参数设置为如图7-50效果,单击"确定"按钮,效果如图7-51所示。然后按快捷键【Ctrl+D】取消选区。

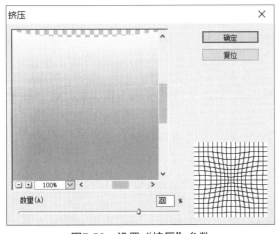
图7-50　设置"挤压"参数

图7-51　挤压后的效果

步骤8　制作肥皂模型的立体感。双击图层面板中的图层1,在弹出的图层样式窗口中分别设置"斜面和浮雕"参数和"投影"参数。设置的效果分别如图7-52和图7-53所示。然后单击"确定"按钮,效果如图7-54所示。

步骤9　选择工具箱中的"横排文字工具",设置合适的字号和字体,然后在工作区中输入文字"六神",并将文字移动到画面中央位置,效果如图7-55所示。

步骤 10　制作香皂的立体文字效果，方法同步骤8相似，这里不再赘述，请读者自行操作，效果如图7-56所示。

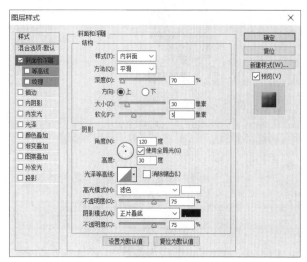

图7-52　设置"斜面和浮雕"参数

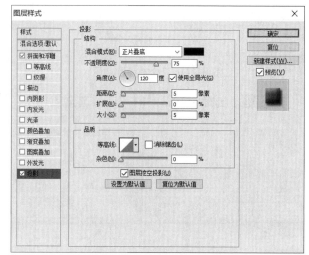

图7-53　设置"投影"效果

扫一扫

图7-56案例效果

图7-54　香皂的立体效果

图7-55　输入文字

图7-56　文字的立体效果

7.3　填充和调整图层

当需要对一个或多个图层进行颜色、色彩或色调调整时，可以创建填充或调整图层。填充主要是颜色或渐变色的设置，而调整主要是亮度、对比度、色阶等参数。在创建了调整图层之后，颜色和色调调整便会在调整图层中进行存储，这样操作将会对它下面的所有图层产生影响。这样做的好处是：在不必分别调整每个图层的基础上对多个图层进行相同的调整，只需要在这些图层上面创建一个调整图层，通过调整图层来影响这些图层，非常方便、快捷。

随堂案例　制作化妆品试用装海报。

随着大家购买能力的上升，现阶段，美妆市场仍旧是一个不断增长的市场。所以设计优秀的海报对于吸引用户至关重要。应遵循以下原则：

① 明暗光线：为了体现化妆品的使用效果或者是展示效果，在海报设计环节中，通过光线的变化去突出宣传主题，是设计者必须掌握的一个设计小技巧。

② 色彩搭配：在设计领域，黑色、灰色和白色，是我们最常见的大众色。但在进行化妆品海报设计时，建议大家不要选用这三款大众色进行色彩搭配。

此外，从视觉反馈来说，绿色、蓝色和青色等冷色调，往往会比灰色、黄色、橙色等暖色调，更容易衬托产品质感。

③ 构图：根据购物平台发布的彩妆行业宣传报告显示，对于化妆品海报设计上的内容，大家更倾向展示一个或三个以上的产品。所以，在设计构图时，就不要试图在海报上构建两个产品形象了。

在遵循以上三点原则基础上，本案例利用对图像的"色相/饱和度""亮度/对比度"等参数进行调节，设计一款化妆品试用装海报。

案例实现

步骤 1 打开Photoshop CS6软件，执行"文件"→"打开"命令（或者快捷键【Ctrl+O】），找到素材文件夹中"化妆品试用装.psd"素材源文件，打开素材，如图7-57所示。

步骤 2 对背景图层进行操作。选择"图层"面板，单击该面板底部的"创建新的填充或调整图层"按钮，然后选择"渐变"命令，如图7-58所示。

图7-57　打开素材文件

图7-58　选择"渐变"命令

步骤 3 在弹出的"渐变填充"对话框中，选择渐变的类型为"橙黄橙"渐变，然后单击"确定"按钮应用，并在图层面板中将图层混合模式修改为"柔光"，图层的不透明度修改为"25%"，参数设置如图7-59所示。

步骤 4 分别调整"色相/饱和度"和"亮度/对比度"，依然单击图层面板底部的"创建新的填充或调整图层"按钮，选择"色相/饱和度"选项，将色相、饱和度、明度三个参数分别设置为0、30、0。同样的操作，再选择"亮度/对比度"选项，分别设置亮度和对比度两个参数分别为6和26。最终效果及图层面板如图7-60所示。

图7-59　参数设置

图7-60　最终效果图及图层面板

扫一扫

图7-60案例效果

7.4 设置图层不透明度、新建图层组

7.4.1 设置图层的不透明度

通过调整图层的不透明度，可以使图像产生不同的透明效果，从而产生类似穿过具有不同透明程度的玻璃一样观察其他图层上的图像的效果。该属性主要用于控制图层或图层组中所绘制的像素和形状的不透明度。

随堂案例 制作海面漂流瓶效果。

本案例将通过组合多个图像，并调整图层不透明度的方式，来制作出海面上的漂流瓶的图像效果，并实现水面的透明效果。

案例实现

步骤1 打开Photoshop CS6软件，执行"文件"→"打开"命令（或者快捷键【Ctrl+O】），找到素材文件夹中"海洋背景.psd"和"白云.psd"素材源文件，分别打开素材文件，使用工具箱中的移动工具，将白云图片拖动至海洋背景所在画布中，如图7-61所示。

步骤2 继续打开"瓶子.psd"素材源文件图片，并使用工具箱中的移动工具将其拖动至主画布中来并移动到合适的位置，调整图像至合适的大小，如图7-62所示。

图7-61 打开背景图片

步骤3 按快捷键【Ctrl+Alt+Shift+N】新建一个图层，得到图层2，将前景色设置为白色，利用工具箱中的画笔工具，适当调整画笔大小和不透明度，在漂流瓶的两侧适当位置绘制白色图像，然后调整图层2的位置，将其移动到瓶子图层下方，效果如图7-63所示。

图7-62 漂流瓶

图7-63 调整图层的位置

步骤4 执行"文件"→"打开"命令（或者快捷键【Ctrl+O】），打开素材文件夹下面的"城市.psd"和"树林.psd"图片，使用工具箱中的移动工具分别将两幅图片移动到主画布合适的位置上来，这两个图层应在瓶子图层之上。设置"树林"图层的图层混合模式为"点光"，并设置该图层的不透明度为"70%"，效果如图7-64所示。

步骤5 打开素材文件夹中的"海星.png"图片，将蓝色海星利用自由变换中的"变形"效果使其紧贴在漂流瓶上，然后将红色海星适当变形放入漂流瓶中，按快捷键【Ctrl+E】合并图层，将图层命名为"海星"，效果如图7-65所示。

步骤6 利用横排文字工具，选择字体为"华文中宋"，设置合适的字号，输入文字"来自远方的思念"，"思念"两个字设置更大的字号，字体颜色设置为白色，将"纸飞机.png"图片插入至文字右侧，并调整图片至合适的大小，效果如图7-66所示。

步骤 7 分别打开"水面.psd"和"水.psd"素材源文件图片,使用工具箱中的移动工具将其拖动至主画布中,并移动到合适的位置,使水面图层在下,水图层在上,并与海平面对齐,设置"水面"图层的不透明度为"65%",并选择图层混合模式为"强光",至此本案例制作完毕,最终效果如图7-67所示。

图7-64 移动其他素材图片

图7-65 图层的属性设置效果

图7-66 输入文字

图7-67 最终效果图

扫一扫

图7-67案例效果

7.4.2 图层组

设计制作过程中有时候会用到的图层数很多,尤其设计网页中,超过100层也是常见的。这样即使关闭缩览图,图层调板也会拉得很长,使得查找图层很不方便。前面学过使用恰当的文字去命名图层,但实际使用中为每个层输入名字很麻烦。当然可以使用色彩来标示图层,但在图层数量众多的情况下作用也十分有限。使用移动工具右击或按住【Ctrl】单击选择图层的方式虽然很好用,但也无法缩短图层调板的空间。类似删除图层或改变图层层次等操作还是比较麻烦。

为了解决这个问题,Photoshop提供了图层组功能。将图层归组可提高图层调板的使用效率。

图层组的作用类似于文件夹,用来存放和管理图层,可以将某一类图层或某些具有相同属性的图层放在同组中,以便更好地管理图层,还可以节省图层面板的空间。

创建新的图层组的方法:可以执行命令,即:"图层","新建","组"命令,也可以使用图层面板下方的"创建新组"命令。

对图层组进行重命名操作:在图层面板中,双击图层名称或组名称,然后输入新名称。按【Enter】键(Windows)或【Return】键(Mac OS)。

将多个图层快速编组的方法:先选中要编组的多个图层,然后使用快捷键【Ctrl+G】。

随堂案例 制作双十一图标。

党的二十大报告提出要坚持以推动高质量发展为主题,把实施扩大内需战略同深化供给侧结构性改革有机结合起来。中央经济工作会议提出要把恢复和扩大消费摆在优先位置。在新一轮科技革命方兴未艾,产业数字化转型快速推进,城乡居民消费深刻变革,市场竞争日益激烈以及数字消费进入快车道等多重因素相互作用和叠加促动下,我国电商创新展现出新的活力,直播电商、短视频电商、社交电商、内容电商、兴趣电商等一批彰显时代特色的"电商新模式"孕育兴起,成为电商持续快速发展的新动力。

本案例利用矩形选框工具绘制正方形选区，然后复制图层，多个图层建立工作组，从而绘制完成"双十一"图标。

案例实现

步骤1 执行快捷键【Ctrl+N】命令，新建一个画布，主要参数如下：800像素×400像素，分辨率为72像素/英寸，颜色模式为RGB颜色，背景色为白色。

步骤2 设置背景色为红色，RGB的参数值为197、15、15，按快捷键【Alt +Delete】，将画布填充为红色。

步骤3 按快捷键【Ctrl+Shift+Alt+N】，新建图层，利用工具箱中的矩形选框工具，按下【Shift】键绘制正方形，按快捷键【Ctrl+Del】填充白色，【Ctrl+D】取消选区。效果如图7-68所示。

步骤4 选择移动工具，并按住【Alt】键，复制多个正方形。按住【Shift】键，选择所有的正方形图层，选择工具属性中的对齐，水平居中，垂直等距离分配（垂直居中分布），然后按快捷键【Ctrl+G】把所有的正方形图层分组，如图7-69所示。

图7-68 绘制正方形

图7-69 将图层编组

步骤5 按快捷键【Ctrl+J】复制编组，得到另外一个竖线排列的正方形"1"字，将"1"字形最下方的正方形复制，并移动到合适的位置，如图7-70所示。

步骤6 选中组1和组1副本，按快捷键【Ctrl+G】，得到组2。然后使用移动工具，按住【Alt】和【Shift】键让其在水平方向复制并移动另外三个"1"字形，构成双十一，选择1字形右下角的正方形，按住【Alt】键，使用移动工具将其移动到双十一的中间位置，然后复制相同的正方形并移动到合适的位置。

步骤7 按快捷键【Ctrl+Alt+E】，盖印图层组，至此，本案例制作完毕，最终效果如图7-71所示。

图7-71案例效果

图7-70 "1"字形效果

图7-71 最终效果图

在上面的案例制作过程中涉及了盖印图层，下面对盖印图层相关内容进行讲解。盖印是比较特殊的图层合并方法，它可以将多个图层中的图像内容合并到一个新的图层中，同时保持其他图层完好无损。如果想得到某些图层的合并效果，又要保留原图层完整时，盖印是最佳的解决方法。

1. 向下盖印

选择一个图层，然后按快捷键【Ctrl+Alt+E】，可以将该图层盖印到下面的图层中，原图层内容保持不变。

2. 盖印多个图层

选择多个图层，然后按快捷键【Ctrl+Alt+E】，可以将它们盖印到一个新的图层中，原图层内容保持不变。

3. 盖印可见图层

按快捷键【Ctrl+Shift+Alt+E】，可以将可见图层盖印到一个新的图层中，原图层的内容保持不变。

4. 盖印图层组

选择图层组，然后按快捷键【Ctrl+Alt+E】，可以将图层组中的所有内容盖印到一个新的图层中，原图层保持不变。

以上盖印的方法，读者可以在实际的设计环节中自行实验操作，这里不再展开描述。

7.5 案例实训

案例实训 1 照相机图标制作

在UI的设计体系中，图标是非常重要的组成，做好图标是一个UI界面质量的关键。扁平化照相机图标设计，以简洁明快的设计风格让人们耳目一新，尤其是在移动端应用中表现得更加明显。照相机图标是手机页面中最常见的图标，本案例主要利用图层样式来完成制作。案例中涉及的路径、滤镜等知识将在本书后续章节详细介绍，这里读者只需按照步骤制作，具体细节在后续章节学习过程中再去掌握。案例效果如图7-72所示。

图7-72 案例效果图

案例实现

步骤1 按快捷键【Ctrl+N】，建立一个400像素×400像素的白色画布，为背景图层添加纯色，数值R：44，G：43，B：43，可根据RGB和CMYK以及#来添加，如图7-73所示。

步骤2 执行"滤镜"→"杂色"→"添加杂色"命令，在弹出的添加杂色对话框中数量调整为1%，选用"高斯分布"，勾选"单色"复选框，然后单击"确定"按钮即可，如图7-74所示。

图7-73 背景层颜色设置

图7-74 添加杂色

步骤3 使用工具箱中的渐变工具为背景层添加一个渐变，从画布中点上方往下拉直线，选用渐变类型为"径向渐变"，勾选"反向"选项，并将图层不透明度调整为23%，如图7-75所示。

步骤4 使用工具箱中的圆角矩形工具创建一个圆角矩形，大小为任意大小。填充颜色为R：218，G：204，B：191，如图7-76所示。

图7-75 图层不透明度设置

图7-76 圆角矩形填充颜色设置

步骤5 双击该图层，为其添加图层样式。设置"内阴影"选项，调整数值如图7-77所示，混合模式为正常，颜色选取白色，不透明度为60%左右，角度为90度，距离为14像素，大小为10像素即可。

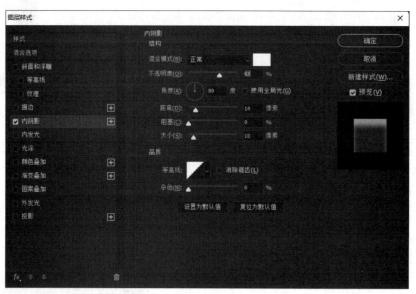

图7-77 设置"内阴"影效果

步骤6 采用工具箱中的路径选择工具，然后按住【Alt】键下拉几个像素，如图7-78所示。

步骤7 选择工具选项栏中的"减去顶层形状"选项，如图7-79所示。

图7-78 路径下移

图7-79 减去顶层形状

步骤8 单击属性面板中的蒙版，将羽化的数值调整到2.9像素，如图7-80所示，然后调整圆角矩形1图层的不透明度为60%。

步骤9 利用工具箱中的椭圆工具在圆角矩形的左上角绘制一个小圆，并填充颜色为#beb2a6，如图7-81所示。

步骤10 在刚绘制的圆中继续创建一个棕橙色小圆，颜色值为（R：216，G：121，B：28），如图7-82所示。

图7-80 羽化

图7-81 绘制圆形

图7-82 绘制棕橙色小圆

步骤11 为此圆添加渐变叠加，混合模式为正常，不透明度为40%左右，如图7-83所示。

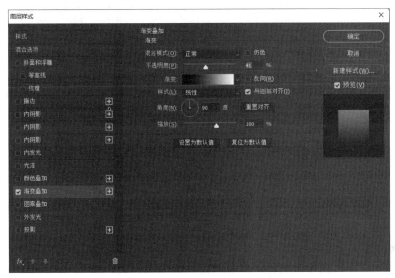

图7-83 渐变叠加

步骤12 利用工具箱中的椭圆工具创建一个白色椭圆放在棕橙色小圆的上面，如图7-84所示。

步骤13 使用工具箱中的直接选择工具，选择上下两个锚点分别拖动成图7-85所示的样式即可。

步骤14 给棕色圆创建内阴影，模式正常，颜色比本身颜色深一点即可，不透明度为76%，角度90度，距离为2像素，大小为2像素，如图7-86所示。

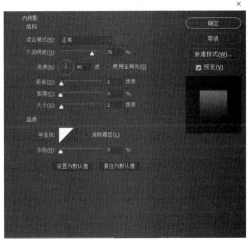

图7-84 绘制白色椭圆

图7-85 改变锚点形态

图7-86 内阴影

步骤15　使用工具箱中的椭圆工具绘制一个任意大小的正圆，并将之居中，如图7-87所示。

步骤16　添加一个内阴影效果，混合模式正常，颜色为黑色，不透明度为30%，角度为-90度，距离为7像素，大小为6像素，如图7-88所示。

图7-87　绘制正圆

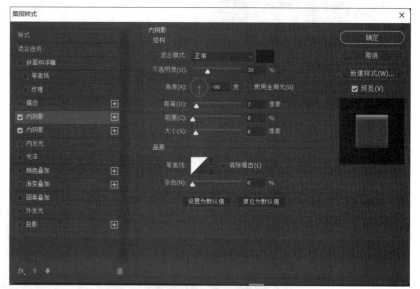

图7-88　添加内阴影

步骤17　为了做出更加立体的效果，添加一个投影，混合模式为"正片叠底"，颜色为黑色，不透明度为35%左右，角度为90度，距离为12像素，大小为14像素，如图7-89所示。

步骤18　按快捷键【Ctrl+J】复制图层并将之颜色填充为紫黑色（#220d23），按快捷键【Ctrl+T】自由变换，按住快捷键【Shift+Alt】等比缩小合适位置如图7-90所示。

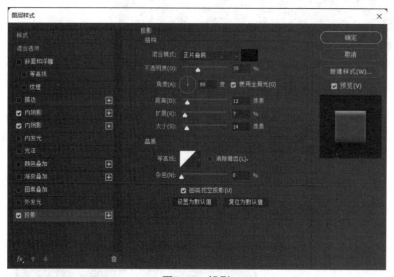

图7-89　投影

图7-90　调整图像大小

步骤19　按照步骤18的方法复制两层，分别填充颜色为蓝黑色（#080920）和黑色，如图7-91所示。

步骤20　按照图7-92所示的位置进行摆放，最外圈是紫黑色，中间是蓝黑色，最里面是黑色。

步骤21　使用工具箱中的椭圆工具做出两个圆（和紫黑色圆大小一致），并如图7-93所示使两个圆交叉。

步骤22　使用工具箱中的直接选择工具，选择这两个圆，右击鼠标后在快捷菜单中选择"统一重叠处形状"命令，如图7-94所示。

第7章 图层的应用 133

图7-91 复制图层

图7-92 照相机镜头制作

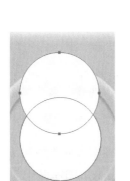

图7-93 绘制两个交叉圆

图7-94 统一重叠处形状

步骤23 选择工具选项栏中的"填充"选项,类型为"渐变填充",采用从白色到透明的渐变,将角度改为-90度,如图7-95所示。

图7-95 渐变填充

步骤24 选择属性面板中的蒙版，将羽化值调整为4.8像素，如图7-96所示，并把图层不透明度调整为40%左右。

步骤25 按快捷键【Ctrl+J】复制图层，并将之放在下面，旋转180°，缩小到合适的位置，如图7-97所示。

步骤26 再复制一层，改变渐变的颜色，变为从棕色到透明，其他不变，如图7-98所示。

图7-96 设置羽化值

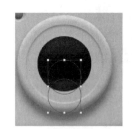
图7-97 复制图层并调整位置

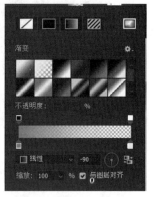
图7-98 更改渐变颜色

步骤27 将属性面板中的蒙版羽化改为2.9像素，最后修改一下图层的不透明度为50%左右即可。至此，本案例制作完毕，效果如图7-72所示。

案例实训 2 公众号封面制作

对于一个公众号而言，推文封面就像每天与用户的一次见面，所以拥有一个独特风格的公众号封面就显得格外重要。

公众号封面图设计技巧主要有以下三种：

1．纯文字型

这种是常用的封面图形式，背景底图选择纯色或者渐变色，文字占整个画面的中间部分，文字部分可以做一些装饰，比如3D立体、阴影等，这种类型封面图的好处在于重点突出、简洁明了，如图7-99所示。

图7-99 纯文字型公众号封面设计

2．插画+文字型

这种类型是目前很多公众号喜欢采用的封面图类型，主要是通过插画人物或者是节日节气相关的元素配以文字，插画元素基本占整个封面图的三分之一或者二分之一的位置，这样在视觉上看起来更加吸引观众眼球，如图7-100所示。

3．实景图型

这一类型在新闻资讯、旅游类、电商类中运用较多，多数是以实景图作为背景，或者是作为元素放在背景底图中，这种优势在于呈现效果更直观，如图7-101所示。

图7-100　插画+文字型公众号封面设计

图7-101　实景图型公众号封面设计

本案例将制作主题为"面试为何一直被拒？"的公众号封面，采用插画+文字型的设计原则，通过带有"拒绝"图标的简历配图和人物疑问表情，再加上醒目的文字，使封面层次清晰，达到良好的宣传效果。案例中涉及的矩形绘图工具的使用将在本书后续章节讲解。图形上添加本章讲解的图层样式的斜面浮雕效果，目的是更加突出面试被拒原因。案例效果如图7-102所示。

扫一扫

图7-102案例效果

图7-102　案例效果图

案例实现

步骤1　打开Photoshop CS6软件，执行"文件"→"新建"命令（或者快捷键【Ctrl+N】），建立一个宽度和高度分别为900像素和383像素，分辨率为300像素/英寸，颜色模式为CMYK颜色的白色画布。

步骤2　使用工具箱中的矩形工具，绘制固定大小的矩形宽度和高度分别为900像素和250像素。在工具选项栏中设置填充颜色为纯色填充，色值为C：12%，M：3%，Y：0%，K：0%，效果如图7-103所示。

步骤3　继续使用工具箱中的矩形工具，在画布下方绘制固定大小的矩形，宽度和高度分别为970像素和250像素。在工具选项栏中设置填充颜色为纯色填充，色值为C：63%，M：37%，Y：4%，K：0%，描边颜色为黑色，描边的粗细度设置为1.5点，效果如图7-104所示。

图7-103　绘制固定大小矩形并填充颜色　　　　　图7-104　绘制画布下方的矩形

步骤4　打开"公众号封面素材.psd"素材文件，使用工具箱中的移动工具分别将男生和简历移动至画布的右上角和左下角合适的位置并适当旋转角度，调整图像至合适的大小。使用自定义形状工具为简历左下方添加"禁止"图标，填充为红色，表示简历被拒。继续利用自定义形状工具在男生头像上方绘制"问号"图标，填充为蓝色，复制出另外两个"问号"并适当旋转角度，效果如图7-105所示，至此，公众号封面的插画素材导入完毕。

步骤5 使用工具箱中的横排文字编辑工具，将字体设置为"方正粗黑宋体"，字体颜色设置为黑色，选择合适的字号，并输入文字"面试为何一直被拒？"。效果如图7-106所示。

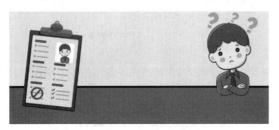
图7-105　导入公众号封面插画素材

图7-106　输入文字

步骤6 继续使用工具箱中的横排文字编辑工具，选择步骤5中的字体，颜色为黑色，选择合适的字号，输入文字"盘点面试失败的3大原因"和"戳一戳被拒绝的原因"，在文字的第一句话后面绘制直线，绘制区域长度到步骤5中的文字的句尾处，效果如图7-107所示。

步骤7 使用工具箱中的圆角矩形工具在文字"戳一戳被拒绝的原因"外绘制固定大小的圆角矩形，宽度和高度分别为350像素和45像素。在工具选项栏中设置"填充"选项为纯色填充，色值为C：7%，M：3%，Y：86%，K：0%，描边颜色为黑色，描边粗细度为1点，效果如图7-108所示。

图7-107　输入其他文字

图7-108　绘制圆角矩形

步骤8 为增加被拒原因外部圆角矩形的立体感效果，可以添加图层样式。方法为：双击圆角矩形2图层，在弹出的图层样式对话框中，勾选"斜面和浮雕"选项，具体参数值设置如图7-109所示。

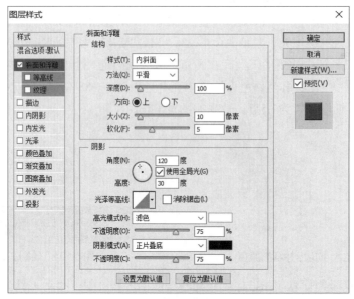
图7-109　斜面和浮雕参数值设置

步骤9 单击"确定"按钮，形成图7-110所示效果，以突出被拒原因。

图7-110 斜面和浮雕效果

步骤10 选择工具箱中的自定义工具，在工具选项栏中设置"填充"颜色为纯色填充，填充颜色为黑色。绘制一个"图钉"形状，使其位于圆角矩形的左侧位置，如图7-111所示。按快捷键【Ctrl+S】保存文件。至此，本案例制作完毕，最终效果如图7-102所示。

图7-111 绘制图钉

第8章

添加文字

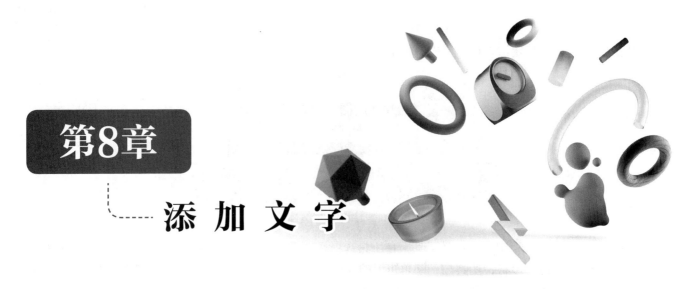

文字、图片和色彩并称为平面设计的三要素。平面设计除了要好看,更重要的是为了利用作品起到宣传推广的效果,而融入的文字则能起到指引的功效,文字的尺寸安排、色系融入等都有大讲究,需要做到各方协调才能让文字富有魅力。从本质上来说,设计是一种能力、一种眼界,设计者对美的感受力将直接决定设计的成果,需要做到以上三要素都统一、和谐,具有美学价值,才能一次性打造让人满意的作品。

学习目标:

◎了解文字,如艺术化文字,文字的特性。

◎掌握文字创建的方法。

◎掌握设置文字属性的操作方法。

◎掌握编辑文字的操作方法。

◎掌握制作文字的操作方法。

8.1 文字工具使用

文字是多数设计作品,尤其是商业作品中不可或缺的重要元素,有时甚至在作品中起着主导作用。Photoshop除了提供丰富的文字属性设计以及版式编排功能外,还允许用户自行对文字的形状进行编辑,以便制作出更多更丰富的文字效果。

8.1.1 艺术化字体

艺术化字体设计表达的含意丰富多彩。常用于表现产品属性和企业经营性质,它运用夸张、明暗、增减笔画形象、装饰等手法,以丰富的想象力,重新构成字形,既加强文字的特征,又丰富了标准字体的内涵。同时,在设计过程中,不仅要求单个字形美观,还要使整体风格和谐统一,具有易读性,以便于信息传播。经过变体设计后的艺术字体,千姿百态,变化万千,是一种字体艺术的创新。

艺术字广泛应用于宣传、广告、商标、标语、黑板报、企业名称、会场布置、展览会、商品包装、装潢,以及各类广告、报刊和书籍的装帧等,深受大众喜爱。

8.1.2 文字图层特性

Photoshop中文字图层的特点是通过文字工具,可以创建文字。文字层不可以进行滤镜、图层样式等操作,PS中文字图层是矢量图层,即使放大缩小也不会模糊,但它也不能像位图一样进行编辑,要像位图一样编辑就得栅格化变成位图图层。另外,在文字图层中也无法使用画笔工具、铅笔工具、渐变工具等,只能进行对文字的变换、改变颜色等操作,当用户对文字图层使用上述工具操作时,应对文字进行栅格化操作。

除了文字图层以外,其他图层呢?其他图层的特点如下:

① 背景图层:背景图层不可以调节图层顺序,永远在最下边,不可以调节不透明度和添加图层样式,以及蒙版。可以使用画笔、渐变、图章和修饰工具。

② 普通图层:可以进行一切操作。

③ 调整图层:可以在不破坏原图的情况下,对图像进行色相、色阶、曲线等操作。

④ 填充图层:填充图层也是一种带蒙版的图层。内容为纯色、渐变和图案,可以转换成调整层,可以通过编辑蒙版,制作融合效果。

8.1.3 利用文件工具创建文字

Photoshop CS6提供了四种输入文字的工具,分别是横排文字工具、直排文字工具、直排文字蒙版工具和横排文字蒙版工具如图8-1所示,利用不同的文字工具可以创建出不同的文字效果。

图8-1 文字工具

用文字工具制作的字会生成文字图层,而用文字蒙版工具得到的字是具有文字外形的选区,不具有文字的属性,也不会像文字工具那样生成一个独立的文字层。

当选中文字工具,其属性栏就显示在菜单栏的下方,大部分文字的属性都可以在这里设置,如字体、字体大小、字体颜色、字体的对齐方式等,如图8-2所示。

图8-2 "文字工具"属性栏

8.2 转换文字图层

Photoshop中的文字图层不能直接应用滤镜或进行涂抹、绘制等变换操作,若要对文本应用滤镜或进行变换操作,需要将其转换为普通图层,使矢量文字对象变成像素对象。在"图层"面板中选择文字图层,然后在图层名称上右击,在弹出的快捷菜单中选择"栅格化文字"命令,就可以将文字图层转换为普通图层,如图8-3所示。

(随)(堂)(案)(例) 制作多层饼干文字。

在广告中各种妙趣横生的广告字体吸引了不少人的眼球,那么你有没有看到过饼干字呢?看到可爱的饼干文字会不会觉得肚子饿了?本案例将利用文字工具制作可爱的多层饼干文字,文字效果如图8-4所示。

图8-4案例效果

图8-3 选择"栅格化文字"命令

图8-4 案例效果图

案例实现

步骤1 打开Photoshop CS6软件，执行"文件"→"打开"命令（或者快捷键【Ctrl+O】），找到素材文件夹中"咖啡杯.jpg"素材图片，打开素材，如图8-5所示。

步骤2 使用"横排文字工具"，设置合适的字体和字号，并输入相应的文字，如图8-6所示。

图8-5 打开素材

图8-6 添加文字

步骤3 在文字图层上右击，然后在快捷菜单中选择"栅格化文字"命令，该图层变成普通图层，然后对文字执行"滤镜"→"液化"命令，并且使用"向前变形工具"涂抹文字，然后利用套索工具绘制形如文字的选区，并填充黑色，效果如图8-7所示。

步骤4 双击文字图层，设置图层样式，勾选斜面浮雕选项，设置样式为"内斜面"，方法为"平滑"，深度为570%，方向为"上"，大小为18像素，软化为16像素，角度110°，高度为30°，设置合适的阴影颜色并将颜色叠加设置为黄色，效果如图8-8所示。

步骤5 新建一个图层，并使用画笔工具在画面上绘制合适的点，效果如图8-9所示。

步骤6 双击该图层，在弹出的图层样式窗口中选择"斜面和浮雕"选项，设置样式为"内斜面"，方法为"平滑"，深度为570%，方向为"上"，大小为18像素，软化为16像素，角度110°，高度为30°，设置合适的阴影颜色并将颜色叠加设置为合适的颜色，并设置"不透明度"为100%，效果如图8-10所示。

图8-7 涂抹文字效果

图8-8 设置图层样式后的效果图

图8-9 画笔绘制后的效果

图8-10 添加图层样式后的效果图

步骤 7 新建图层，并将文字图案载入选区，执行"滤镜"→"杂色"→"添加杂色"命令，设置"数量"为合适值，分布选项设置为"平均分布"，单击"确定"按钮，其效果如图8-11所示。

步骤 8 设置当前图层混合模式为"柔光"，效果如图8-12所示。

图8-11 滤镜效果

图8-12 "柔光"效果

步骤 9 新建图层，利用黑色画笔工具绘制合适的文字形状sweet，并对该图层设置图层样式，选择"斜面浮雕效果"命令，颜色叠加选项设置颜色为"咖啡色"，设置不透明度为"100%"，效果如图8-13所示。

步骤 10 利用同样的方法制作粉色饼干文字效果，然后将多个文字图层合并为一层，调整至合适的大小，将其移动至咖啡杯中，其最终效果如图8-4所示。至此，本案例制作完毕。

图8-13　咖啡色饼干字效果

8.3　文字变形效果

变形文字是指对创建的文字进行变形处理后的文字,文字效果更多样化,Photoshop为用户准备了15种变形样式,分别为扇形、下弧、上弧、拱形、贝壳等。

随堂案例　制作纪念章。

纪念章文化内涵十分丰富,范围广泛,涉及政治、军事、经济、历史、地理、科技、旅游、社会生活等各方面。纪念章的使用已深入到社会生活的各个方面。本案例将讲解利用渐变工具和文字变形效果制作一枚纪念章。案例选取帆船图像作为纪念章的印章图案,寓意为目标坚定、无所畏惧,为了理想乘风破浪、扬帆起航。

案例实现

步骤1　新建一个宽度为15厘米,高度为15厘米,分辨率为300像素/英寸,颜色模式为RGB颜色,背景内容为白色的画布。

步骤2　按快捷键【Ctrl+R】,调出标尺,然后将鼠标指针依次移动到水平和垂直标尺中,按住鼠标左键并向画面中拖动,在画面的中心位置分别添加水平参考线和垂直参考线,如图8-14所示。

步骤3　选择"椭圆选框工具",按快捷键【Shift+Alt】,然后将鼠标指针移动到参考线的交点位置,按住鼠标左键并拖动,以参考线的交点位置为圆心绘制出圆形选区,如图8-15所示。

图8-14　添加参考线

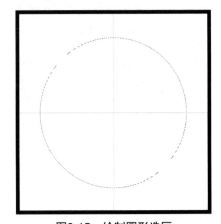

图8-15　绘制圆形选区

步骤4　新建"图层1",选择渐变工具,再单击属性栏中的颜色区域,弹出"渐变编辑器"对话框,选择图8-16所示的渐变样式。

步骤5 选择色带下方左侧的色标，然后单击"颜色"色块，在弹出的"拾色器"对话框中将左（0%），右（100%）边色标颜色均设置为金色（R：190,G：140,B：35），如图8-17设置左、右色标所示。

图8-16 选择的渐变样式

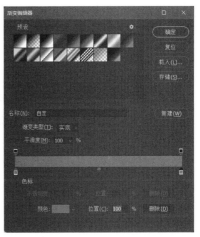

图8-17 设置左、右色标

步骤6 选择中间的色标，然后将颜色设置为浅金色（R:240,G:230,B:120），如图8-18所示。

步骤7 按住鼠标左键在圆形选区内由上往下拖动鼠标，然后释放鼠标，完成图8-19所示的纪念章底板渐变效果。选择"椭圆选框工具"，以圆心为中心点，画出另一个稍小的正圆选区，如图8-20所示。使用"曲线"命令加深选区。

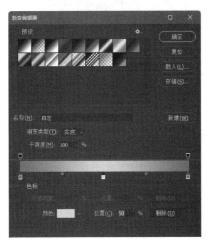

图8-18 设置的中间颜色

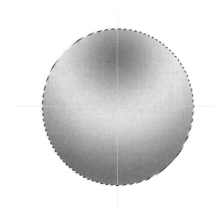

图8-19 渐变效果

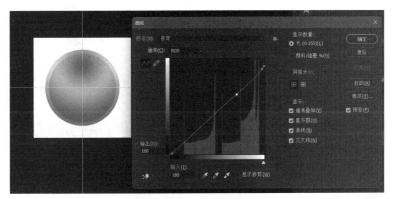

图8-20 选区缩小调整后的效果

步骤8 执行"图层"→"图层样式"命令，选择内圆图层，选择"斜面和浮雕"选项后，根据制作需要设置相关的结构和阴影状态，然后单击"确定"按钮，得到的内圆效果如图8-21所示。

步骤9 同样，执行"图层"→"图层样式"命令，选择外圆图形图层，选择"斜面和浮雕"命令后根据制作需要设置相关的结构和阴影状态，然后单击"确定"按钮，得到外圆如图8-22所示的效果。

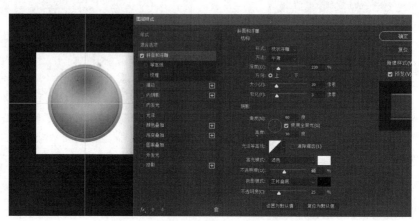

图8-21 内圆执行图层样式后的效果图

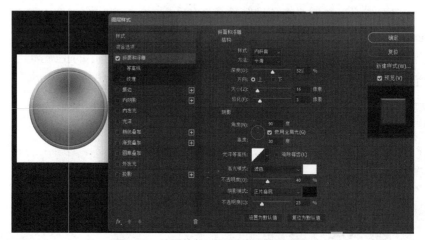

图8-22 外圆执行图层样式后的效果图

步骤10 打开素材文件中的"帆船.jpg"图片，采用"魔棒工具"将帆船图标抠取出来，使用橡皮擦将帆船的外圆擦除，效果如图8-23所示。

步骤11 将抠取出来的帆船使用移动工具移至纪念章上合适的位置，调整大小，并添加浮雕效果，画面主标志效果如图8-24所示。

图8-23 移动主图标效果

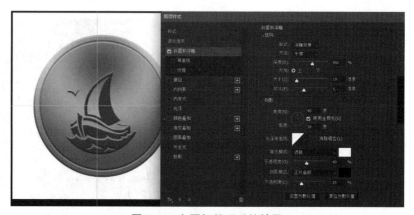

图8-24 主图标处理后的效果

步骤12 选择"横排文字工具"，单击属性栏中的"切换字符和段落面板"按钮，在弹出的"字符"

画板中设置"字体"及"字号"参数,参数设置如图8-25所示。将文字的颜色设置为"白色"。

步骤13 将鼠标指针移动到圆形图形任意位置,单击插入输入光标,输入文字"我们扬帆远航",插入文字如图8-26所示。单击"确定"按钮,即完成文字的输入。

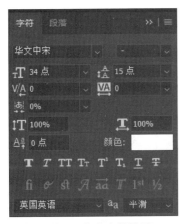
图8-25 文字参数设置

图8-26 输入中文后的效果

步骤14 选择"横排文字工具",双击"我们扬帆远航"文字,载入可编辑选区,然后选择"创建文字变形"属性栏中"文字变形"→"扇形"命令,然后设置弯曲参数,单击"确定"按钮,完成文字变形,效果如图8-27所示。

图8-27 文字变形后的效果

步骤15 把"我们扬帆远航"文字执行"栅格化文字"命令操作,按住【Ctrl】键单击"我们扬帆远航"文字层的缩览图,将文字选区载入,文字编辑选区后的效果如图8-28所示。

图8-28 文字编辑选区后的效果

步骤16 选择"渐变工具",再单击属性栏中的按钮,将渐变类型设置为线性渐变,单击属性栏中的颜色条,在打开的"渐变编辑器"对话框中,设置左、右边色标颜色均为金色(R:190,G:140,B:35),中间色标颜色为浅金色（R:240,G:230,B:120），渐变色的设置如图8-29所示。文字渐变的效果如图8-30所示。

图8-29 渐变色设置

图8-30 设置渐变色后的文字效果

步骤17 编辑标志渐变效果。按住【Ctrl】键，然后单击帆船图层缩略图图标得到帆船的选区。然后点击"渐变工具"，调整渐变编辑器的颜色如图8-31所示。用渐变工具将帆船图层加以渐变的效果如图8-32所示。

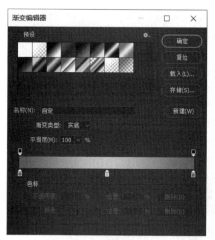

图8-31 渐变色设置

图8-32 渐变填充效果

步骤18 执行文字图层的浮雕与装饰操作，完成"我们扬帆远航"图层样式效果处理，浮雕与装饰效果如图8-33所示。

图8-33 文字浮雕效果设置

步骤19 选择"椭圆选框工具"，画圆形选区，然后选择"窗口"菜单中的"路径"命令，把圆形选区编辑成路径，再选择"文字工具"，沿圆形可编辑路径输入"/"，编辑装饰线效果如图8-34所示。

步骤 20 把"/"载入选区，然后根据前面执行的渐变操作对其做渐变效果处理，如图8-35所示。

图8-34 编辑装饰线效果图

图8-35 加载的选区和编辑选区渐变效果

步骤 21 选择"横排文字工具"，将鼠标指针移动到底部，单击鼠标以插入输入光标并输入数字"2023"，选择"创建文字变形"属性栏中"文字变形"→"扇形"命令，然后设置弯曲参数，单击"确定"按钮，如图8-36所示。

步骤 22 执行前述的金色渐变效果并对其做渐变处理，数字年份渐变后的效果如图8-37所示。

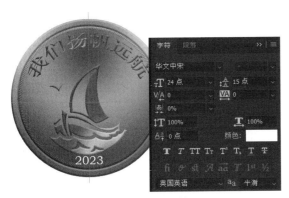

图8-36 编辑数字效果

图8-37 数字渐变后的效果

步骤 23 主要元素制作完成后，做纪念章的浮雕效果。执行"图层"→"图层样式"→"斜面和浮雕"命令，设置相关图层样式，装饰线做立体浮雕效果处理，浮雕效果如图8-38所示。

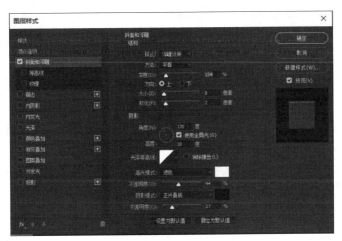

图8-38 浮雕效果

步骤 24 纪念章制作完成，效果如图8-39所示。按快捷键【Ctrl+S】，将此文件命名为"纪念章.psd"并保存。

图8-39案例效果

图8-39 制作完成的纪念章效果

8.4 沿路径排列文字

应用路径可以将输入的文字排列成变化多端的效果。可以将文字建立在路径上，并应用路径对文字进行调整。

在路径上输入文字时，文字的排列方向与路径的绘制方向一致。需要注意的是，路径的正确绘制方法是从左向右绘制的，这样文字才能从左向右排列。如果路径是从右向左绘制的，则文字在路径上会发生颠倒。

在平时工作中使用Photoshop，经常会用到制作沿着路径方向的文字，比如弧形文字、扇形文字、半圆形文字，还有绕圆形一周的文字。那么怎样制作路径文字呢？以及怎样把文字调整到圆形路径的内侧呢？

随堂案例 制作沿路径排列文字的印章。

日常生活和工作中，通常需要信函、文件、报告使用印章，作为标记或水印。本案例将讲解利用路径排列文字制作印章。

案例实现

步骤1 新建一个800像素×600像素的画布，并且利用标尺工具找到画布的中心，如图8-40所示。

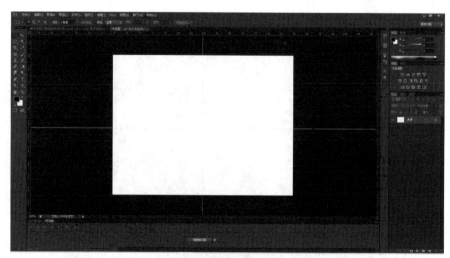

图8-40 新建画布

步骤2 选择左侧工作栏中的"椭圆工具"。在标尺中心单击，并且按快捷键【Shift+Alt】，画出一个以中心为圆心的正圆，其中无填充色，描边颜色为"#f4d420"，粗细度为3.8点，效果如图8-41所示。

步骤3 画出一个较小的同心圆，创建出文字路径，如图8-42所示。

图8-41　绘制正圆

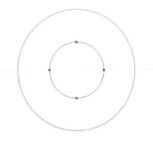
图8-42　绘制路径

步骤 4　单击左侧工具栏中的文字工具，并且在较小的圆的边界上单击后输入，即可以使文字围绕在路径周围。输入文字并设置合适的大小及间距，字体选择"华文中宋"，如图8-43所示。

步骤 5　打开文件"点赞.png"的素材，使用移动工具 将素材移动到同心圆的合适位置并调整至合适的大小。打开"星星.png"素材，同样使用移动工具将素材移动到同心圆的合适位置并调整至合适的大小，清除参考线，效果如图8-44所示。最后保存文件，命名为"奋斗的青春最美丽.psd"。至此，本案例制作完毕。

图8-43　输入文字

图8-44　最终效果图

图8-44案例效果

8.5　案　例　实　训

案例实训 1　食物烘焙书籍封面图制作

随着经济全球化的快速发展，人们的生活水平也不断提高，对于饮食有了更多的选择，西式饮食文化逐渐渗入我国，烘焙食品消费群体不断扩大，很多人都加入烘焙行业，大街小巷都可以看到蛋糕店，使得竞争加剧，于是各家店铺纷纷展开营销活动，争夺客户。店铺营销固然重要，产品也同等重要，传统的烘焙食品热量、脂肪含量高，与人们健康饮食的观念相悖，店铺需要迎合人们的喜好，研发生产热量含量低、脂肪含量低的烘焙产品，同时做好营销宣传，才能取得不错的效果。蛋糕烘焙店的宣传方式都差不多，派发宣传单、店铺张贴宣传海报等，营销方式千篇一律，那么如何让自己店铺的营销活动脱颖而出呢？制作一张美观的食物烘焙书籍封面或海报是很重要的，本案例利用所学的知识讲解制作一个食物烘焙书籍封面图，案例效果如图8-45所示。

图8-45实例效果

图8-45　案例效果展示图

案例实现

步骤1 建立一个和样图相同大小、相同分辨率的画布，使用三个快捷键【Ctrl+A】（全选）、【Ctrl+C】（复制）、【Ctrl+N】（新建）来完成，画布的宽度和高度设置如图8-46所示。

步骤2 为了使操作过程更加方便，在新建文件中单击菜单栏"窗口"→"排列"中的"双联垂直"，这样就可在同一平面内来进行对比制作，如图8-47所示。

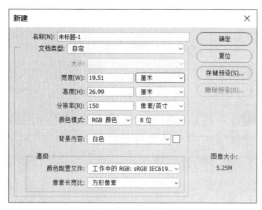

图8-46 新建画布

图8-47 双联垂直

步骤3 然后再一次单击"窗口"→"排列"中的"全部匹配"，使样图与新建文件的大小和位置一致，如图8-48所示。

步骤4 制作样图名称为"烘焙学院"，需要使用素材中的"方正胖娃简体"，选中字体后右击，在弹出的菜单中选择"安装"命令，如图8-49所示。

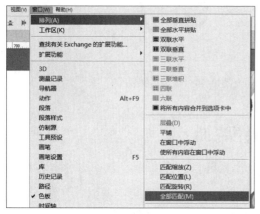

图8-48 全部匹配

图8-49 安装字体

步骤5 安装完成后，使用工具栏中的"横排文字工具"在新建画布上单击就可以去写出标题字样。之后通过两个文件对比来确定字样位置，所以要添加辅助参考线（执行"视图"→"标尺"命令调出辅助工具"标尺"，或按快捷键【Ctrl+R】），创建出上下方的参考线（按快捷键【Ctrl+;】可隐藏参考线），如图8-50所示。

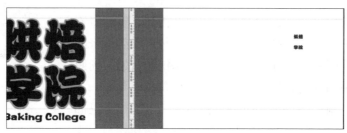

图8-50 辅助参考线

步骤6 然后对标题字样进行缩放和填充颜色（双击文本）如图8-51所示，文本缩放使用快捷键【Ctrl+T】（自由变换），先放到文件合适的位置，再按住【Shift】键拉动左下角的控制点来进行缩放，如果发现行间距太大，可以使用快捷键【Alt+↑/↓】来调整行间距，如图8-52所示，然后再使用快捷键【Ctrl+T】继续缩放到合适大小，最后按【Enter】键确定。

图8-51 填充颜色

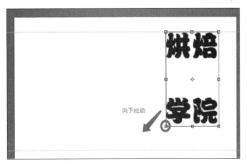

图8-52 调整行距

步骤7 给标题文字添加描边，单击图层面板下方的"添加图层样式"按钮，选择"描边"命令，如图8-53所示，在图层样式界面中，"描边"大小设置为10，颜色吸取样图中饼干素材描边的颜色即可，注意位置选为外部，如图8-54所示。最后单击"确定"按钮。

图8-53 描边样式

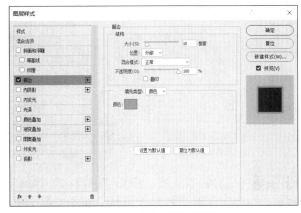

图8-54 大小与颜色吸取

步骤8 添加投影，继续单击图层面板下方的"添加图层样式"按钮，选择"投影"命令，在图层样式界面中，参数设置如图8-55所示。单击"确定"按钮后，再使用快捷键【Ctrl+T】把大小调整一下，然后按【Enter】键确定。

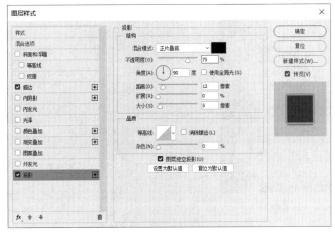

图8-55 设置"投影"参数

步骤9 根据步骤5制作"Baking College"字样，字体为"方正胖娃简体"，字体大小为30左右，再根据辅助参考线对齐位置，可以使用快捷键【Ctrl+T】调整下大小与位置，如图8-56所示。

图8-56 "Baking College"制作

步骤10 调整字母饼干素材的鲜艳程度（饱和度），让字母饼干素材与样图的饱和度相同，使用"色相/饱和度"命令，按快捷键【Ctrl+U】或单击执行"图像"→"调整"→"色相/饱和度"命令，调整"饱和度"数值为35左右即可，如图8-57所示。

图8-57 调整色相/饱和度

步骤11 使用钢笔抠图，找到"字母饼干素材"抠出所需要的字母饼干，可以按住【Ctrl+空格】单击进行放大图像，方便进行抠图操作。选中左侧工具栏中的"钢笔工具"，找到图形的波峰或波谷作为起点，然后拖动一个圆弧，拖动一个圆弧就按住【Alt】键来取消单边手柄如图8-58所示（拖动过程中可以省略一到两个像素，但不能把背景留出来），抠图完成后，可以先保存路径（单击路径面板，双击工作路径的记录，存储路径单击"确定"按钮），如图8-59所示。

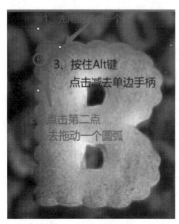

图8-58 钢笔抠图

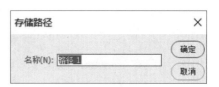

图8-59 存储路径

步骤12 存储路径完成后，按快捷键【Ctrl+Enter】（路径变选区），使用移动工具将抠出的图移动到新建文件中（按住鼠标左键拖动），如图8-60和图8-61所示。

图8-60　移动素材

图8-61　移动到新画布中

步骤13　可以看到饼干中有没有抠干净的部分，继续使用钢笔工具来得到路径后，使用快捷键【Ctrl+Enter】使路径变选区，按【Delete】键将其选区部分删去，如图8-62所示。然后使用快捷键【Ctrl+D】取消选区。

步骤14　按顺序抠取其他字母饼干，按照步骤5添加辅助参考线与样图对比，如图8-63所示。

图8-62　删除选区

图8-63　添加辅助参考线

步骤15　将人物素材导入画布中。首先打开素材，可以使用左侧工具栏的"魔术橡皮擦工具"，上方属性勾选"连续"，然后单击背景将人物抠出，用移动工具将其拖动到画布中，放到相应位置，使用快捷键【Ctrl+T】，按住【Shift+Alt】来调整素材大小，如图8-64所示。

图8-64　添加人物素材

步骤16　打开巧克力棒素材，用钢笔工具将其抠出，如图8-65所示。用移动工具将其拖动到画布中，使用快捷键【Ctrl+T】调整位置，按住【Shift+Alt】来调整素材大小。然后可以使用快捷键【Ctrl+J】复制一个巧克力棒直接按住【Shift】键拖动到相应位置上，如图8-66所示。

图8-65 钢笔抠图

图8-66 调整巧克力位置

步骤17 打开Logo素材，使用工具栏中的"魔术橡皮擦"抠出，用移动工具将其拖动到文件中，使用快捷键【Ctrl+T】调整位置，按住【Shift+Alt】来调整素材大小。单击工具栏中的"横排文字工具"，输入相应文本后双击，找到"方正细黑"字体，然后单击"确定"即可。

步骤18 字母饼干抠完后，整体去添加投影。选中所有抠出的饼干素材（按住【Shift】全选），使用快捷键【Ctrl+G】进行编组，如图8-67所示，双击组名改名为数字饼干，如图8-68所示。单击右下角"添加图层样式"按钮，选择"投影"命令，在图层样式界面中，数值如图8-69所示。至此，本案例制作完毕，最终效果如图8-45所示。

图8-67 全选编组

图8-68 更改组名

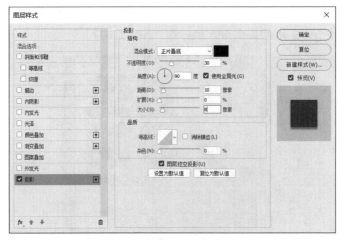

图8-69 "投影"参数值设置

案例实训 2　"盛夏有约"宣传海报制作

2023年12月，在"地球发现者大会"上发布了《全球旅行"新玩法"研究报告2023》。报告发布环节，中国旅游研究院院长戴斌特别提到，旅游业已经进入了一个快速复苏期，预计今年国内旅游市场的恢复程度会达到2019年的九成以上。随着旅游业的复苏，不少商家采取了各式各样的宣传方式，其中最为常见的就是制作旅游海报。想必大家在准备旅行前都会浏览五花八门的旅游宣传海报，这里讲解利用所学过的Photoshop中的文字工具制作旅游海报，案例效果如图8-70所示。

图8-70 案例效果展示

扫一扫

图8-70案例效果

案例实现

步骤1 打开Photoshop CS6软件，执行菜单栏中的"文件"→"新建"命令（或者按快捷键【Ctrl+N】），新建一个宽度为45厘米，高度为65厘米，分辨率为72像素/英寸，背景色是白色的画布。

步骤2 按组合键【Ctrl+R】调出参考线，拖动参考线，并调整到合适的位置。对页面进行合理布局，为输入文字和导入其他素材做准备，如图8-71所示。

步骤3 使用工具箱中的矢量图形绘制工具组中的矩形工具▢，沿着参考线在画布底部绘制一个合适大小的矩形，填充颜色为红色，无描边，按快捷键【Ctrl+J】复制一个图层，使用移动工具✥，将其放在合适位置，并将填充颜色更改为蓝色，如图8-72所示。

图8-71 调出参考线

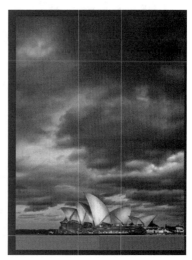

图8-72 绘制矩形

步骤4 选择工具箱中的"横排文字工具"T，在红色矩形框中输入文字"2023年度盛典"，选择合适字体字号，将输入的文字设置为水平居中、垂直居中。继续选择工具箱中的"横排文字工具"T，输入文字"驴妈妈旅游网"，文字属性设置和红色矩形框中的文字相同，效果如图8-73所示。

步骤5 水平方向添加一个参考线，形成矩形区域，利用工具箱中的矩形工具绘制矩形，并填充为红色，无描边。然后将降落伞素材图片拖入，按快捷键【Shift+Alt】等比例缩放降落伞素材图片，将其移动到合适位置，如图8-74所示。

图8-73　添加文字

图8-74　绘制矩形并导入"降落伞"素材图片

步骤6 拖动两条水平方向上的参考线，为输入两行文字做准备。选择工具箱中的"横排文字工具"T，分别输入文字"盛夏""有约"，并设置合适的字体和字号，用【Alt+←/→】键调节字间距，用移动工具将文字移动到合适位置，如图8-75所示。

步骤7 继续拖动水平方向上的参考线进行文字制作，选择"横排文字工具"T，输入文字"9天"，选择合适的字体和字号，用移动工具将文字移动到合适的位置。继续选择"横排文字工具"T，输入文字"自由行"，选择合适的字体和字号，用移动工具将文字移动到合适位置，如图8-76所示。

图8-75　输入文字"盛夏有约"

图8-76　输入文字"9天自由行"

步骤8 拖动参考线，为制作价格标签做准备。使用工具箱中的矢量图形绘制工具组中的矩形工具□，绘制一个矩形填充颜色为红色，无描边，由垂直与水平方向的参考线构成的区域，选择"横排文字工具"T",输入文字"￥6999",选择合适的字体和字号,用【Alt+←/→】键调节字间距,设置文字为水平居中、垂直居中。栅格化图层,栅格化文字,按【Ctrl】键并单击字体缩略图,将文字载入选区,按【Delete】键删除,然后隐藏字体图层,如图8-77所示。

步骤9 降落伞下方文字制作。使用工具箱中的竖排文字工具,输入文字"零上二十度",设置合适的字体和字号,用【Alt+←/→】键调节字间距,用移动工具将文字移动到合适的位置。用同样的方法输入文字"我奔向夏天",设置合适的字体和字号,用【Alt+←/→】键调节字间距,用移动工具将文字移动到合适的位置,如图8-78所示。

图8-77 制作价格标签

图8-78 输入竖排文字

步骤10 温度计外框制作。使用工具箱中的矢量图形绘制工具组中的圆角矩形绘制一个固定大小的圆角矩形,在画布任意位置单击鼠标,弹出创建圆角矩形对话框,参数设置如图8-79所示。选择工具箱中的"渐变工具",填充一个由浅灰色到白色的线性渐变,添加渐变色后效果如图8-80所示。

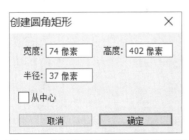

图8-79 "创建圆角矩形"参数设置

图8-80 渐变填充效果图

步骤11 制作温度计刻度。按组合键【Ctrl+J】复制温度计外框线,按快捷键【Ctrl+T】自由变换调整其大小,选择"渐变工具"填充一个由灰色到白色的线性渐变;然后选择"移动工具",调整温度计刻度的位置,使其水平居中、垂直居中;最后,使用横排文字工具,输入文字20°,效果如图8-81所示。

图8-81 温度计刻度制作

步骤12 温度计刻度线制作。按快捷键【Ctrl+J】复制图层,快捷键【Ctrl+T】进行自由变换,按住【Shift+Alt】键将刻度等比缩放到合适的大小,选择"渐变工具" 填充一个由浅灰色到橘红色的线性渐变。然后利用椭圆工具在温度计外框的底部绘制一个正圆,双击该图层,为其添加图层样式,勾选"投影"选项,参数设置如图8-82所示。使用移动工具使该圆形与温度计外框水平居中对齐,效果如图8-83所示。至此,本案例制作完毕。

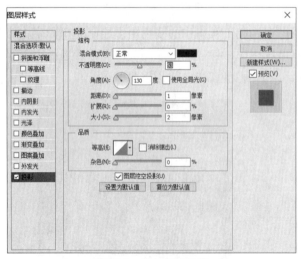

图8-82 添加投影效果

图8-83 温度计制作完毕效果

第9章 调整图像色彩和色调

图像的色调和色彩是影响一幅图像品质最为重要的两个因素，图像的色彩和色调的细微变化都会影响图像的视觉效果，对色调和色彩有缺陷的图像进行调整会使其更加完美。Photoshop CS6提供了大量的色彩和色调调整的工具和命令，对用户处理图像和数码照片非常有帮助，这些工具和命令可以将彩色图像调整成黑白或单色效果，也可以给黑白图像上色。无论图像曝光过度或曝光不足，都可以利用不同的校正命令进行弥补，从而得到令人满意的、可用于打印输出的图像文件。本章主要介绍图像的色阶、曲线、色彩平衡、亮度/对比度、色相/饱和度、反相和色调、变化、通道混合器、渐变映射等调整，以及图像颜色模式转换等。

学习目标：

◎ 了解和认识色调和色彩。

◎ 掌握通过色阶、曲线和色彩平衡调整色调的方法。

◎ 掌握通过亮度/对比度调整色调的方法。

◎ 掌握通过色相/饱和度调整色彩的方法。

◎ 掌握通过匹配和替换调整色彩的方法。

◎ 掌握通过渐变映射和照片滤镜调整色彩的方法。

◎ 掌握通过曝光度和去色调整色彩的方法。

9.1 图像色彩与色调处理

色彩主要分为两类：无彩色和有彩色。有彩色是由纯色及它们之间不同比例混合后得到的成千上万的不同色彩。而无彩色是黑、白以及不同比例的黑白混合得到的不同深浅的灰色系列。在无彩色中加一种有彩色，混合后的色彩就有了色彩倾向，原先的色彩也由无彩色变为有彩色。比如在浅灰色中加入蓝色，浅灰色就变成了灰蓝色；在白色中加入红色，则变成了粉红色。有彩色具有色相、明度和纯度三个特征，而无彩色只有明度这一个特征，没有色相与纯度。

在系统中图像的色调是依照色阶的明暗层次来划分的，明亮的部分形成高色调，而阴暗的部分形成低色调，中间的部分形成半色调。图像的色调是指图像的明暗度，调整图像的色调就是对图像明暗度的调整。图像色调的调整只对图像选定区域有效，如果图像中没有选定区域，系统将默认整个图像为选区。

9.1.1 色阶

"色阶"是Photoshop中最为重要的调整工具之一，它可以调整图像的阴影、中间调和高光的强度级别，校正色调范围和色彩平衡，也就是说，"色阶"不仅可以调整色调，还可以调整色彩。

执行"图像"→"调整"→"色阶"命令，或按快捷键【Ctrl+L】，可以打开"色阶"对话框，如图9-1所示。在对话框中可利用滑块或直接输入数值的方式，来调整输入及输出色阶。对话框中也有一个直方图，可以作为调整的参考依据，但它的缺点是不能实时更新。调整照片时，最好打开"直方图"面板观察直方图的变化情况。

"色阶"命令常用于修正曝光度不足或过度的图像，也可以调节图像的对比度。

通过直方图线上图像的色阶信息，并且通过拖动黑、灰、白滑块或输入参数值来调整图像的暗调、中间调和亮调。

预设：单击"预设"选项右侧的"预设选项"按钮，在打开的下拉列表中选择"存储"命令，可以将当前的调整参数保存为一个预设文件。在使用相同的方式处理其他图像时，可以用该文件自动完成调整。

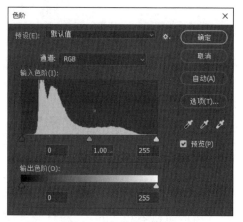

图9-1 "色阶"对话框

通道：可以选择一个颜色通道来进行调整，调整通道会改变图像的颜色。

如果要同时编辑多个颜色通道，可在执行"色阶"命令之前，先按住【Shift】键在"通道"面板中选择这些通道，这样"色阶"的"通道"菜单会显示目标通道的缩写，例如，RGB表示红、绿、蓝通道。

输入色阶：用来调整图像的阴影（左侧滑块）、中间调（中间滑块）和高光区域（右侧滑块）。可拖动滑块或者在滑块下面的文本框中输入数值来进行调整，向左拖动滑块，与之对应的色调会变亮。

输出色阶：可以限制图像的亮度范围，降低对比度，使图像呈现褪色效果。

自动：单击该按钮，可应用自动颜色校正，Photoshop会以0.5%的比例自动调整色阶，使图像的亮度分布更加均匀。

选项：单击该按钮，可以打开"自动颜色校正选项"对话框，在对话框中可以设置黑色像素和白色像素的比例。

设置黑场（选项按钮下面第一个吸管）：使用该工具在图像中单击，可以将单击点的像素调整为黑色，原图中比该点暗的像素也变为黑色。

设置回电（选项按钮下面第二个吸管）：使用该工具在图像中单击，可根据单击点像素的亮度来调整其他中间色调的平均亮度。它可以用来校正色偏情况。

设置白场（选项按钮下面第三个吸管）：使用该工具在图像中单击，可以将单击点的像素调整为白色，原图中比该点亮度值高的像素也变为白色。

有关"色阶"的实训案例，将在9.1.5节中讲解，这里不再赘述。

9.1.2 亮度/对比度

使用"亮度/对比度"命令可以快速增强或减弱图像的亮度和对比度。

执行"图像"→"调整"→"亮度/对比度"命令，可以打开"亮度/对比度"对话框，如图9-2所示，向左拖动滑块可以降低亮度和对比度，向右拖动滑块则可以增加亮度和对比度。

图9-2所示的对话框中的各选项的含义如下：

亮度：拖动滑块或在文本框中输入数字（范围为-100～100），以调整图像的明暗。当数值为正时，将增加图像的亮度，当数值为负时，将降低图像的亮度。

图9-2 "亮度/对比度"对话框

对比度：就是使图像所有像素的RGB三个颜色的数值远离或靠近。这里的所有指包含纯红、纯绿、纯蓝、纯青、纯黄、纯洋红、纯黑、纯白八种颜色都会受到影响，只不过纯黑、纯白两种颜色的影响比较轻微。该参数用于调整图像的对比度，当数值为正数时，将增加图像的对比度，当数值为负数时，将降低图像的对比度。

使用旧版：将亮度/对比度的调整算法进行了改进，在调整亮度和对比度的同时，能保留更多的高光和细节。若需要使用Photoshop CS6以前版本的算法，则可以勾选"使用旧版"复选框。

下面是滑动相关滑块后产生的相关结果：

增大对比度：降低像素的最高值，提升像素其他两种颜色的数值，并使这两种颜色的数值远离最高值，以达到增加对比度的目的。

增大对比度的结果：增大对比度后，像素RGB三种颜色的数值差距拉大了，这时图像的对比度满足了要求，但图像整体稍微偏亮了。

降低对比度：降低像素的最高值，提升像素其他两种颜色的数值，并使这两种颜色的数值尽量靠近最高值，以达到降低对比度的目的。

降低对比度的结果：降低对比度后，像素RGB三种颜色的数值靠近，这时图像的对比度满足了要求，但图像整体稍微偏暗了。

通过移动三角形滑块操作，可较精确地调整照片影调反差，而且亮度和对比度可分开调节。不过当画面"亮度"提高后，"对比度"自然变小，为在保证图片对比度的基础上保证足够层次，通常在调整亮度的同时调整反差。一般可将反差调整值控制在亮度调整值的50%左右，如有必要，也可将亮度和反差调整值保持同比。

不同的调整方法对照片的质量等会产生不同影响，如果摄影者能熟练地掌握两三种手法结合使用，调整效果将更好。不过值得指出的是，高质量照片主要源自拍摄，而不是依靠调整而来，调整只是不得已而为之的补救措施。调整的原则是以轻微、少量为好，因调整过度的照片就如同在每个调整环节中"剥"去了一层又一层的像素，很容易出现影纹粗糙、噪点明显的现象。

有关"亮度/对比度"的实训案例，将在9.1.4节中讲解，这里不再赘述。

9.1.3 自动对比度、曲线

对比度是指一幅图像中，明暗区域中最亮的白色和最暗的黑色之间的差异程度。明暗区域的差异范围越大代表图像对比度越高。明暗区域的差异范围越小代表图像对比度越低。

拥有适当对比度的图像，可以形成一定的空间感、视觉冲击力和清晰的画面效果。

在Photoshop CS6中对比度的调整方法有很多，可以使用Photoshop中的自动对比度命令，以及色阶、曲线等命令。其中，色阶已在9.1.1节中介绍，下面分别介绍Photoshop中利用自动对比度命令和曲线命令调整对比度的方法。

首先，要知道哪些图像需要调整对比度。一般发灰的图像，给人的感觉就是不清晰。没有对比度，就证明缺乏深（黑）色和白色。

自动对比度是由程序运算后直接执行的一个命令，没有参数。执行"图像"→"自动对比度"命令，就可以将对比度有问题的图像进行调节，如图9-3所示。

Photoshop中的自动对比度命令会自动将图像最深的颜色加强为黑色，最亮的部分加强为白色，以增强图像的亮度和暗度的对比度，对于连续色调图像效果相当明显，而对于单色或颜色不丰富的图像几乎不起作用。

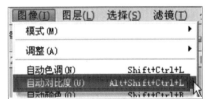

图9-3 选择"自动对比度"命令

"曲线"可以用于修改图像中的各个像素点的亮度。

在Photoshop中，系统将0到255的各个亮度值的"控制开关点"排列在一根直线上，并将这些点串联起来，使其附近的点能够随前后点的变化而发生牵引性关联变化，这就是曲线的由来。

比如，用户调整亮度为80的点（设置这个点为关键点）那么81和79的亮度值也会随之变化，从而形成曲线。（如图9-4所示，可以看到的输入和输出的参数都是80）

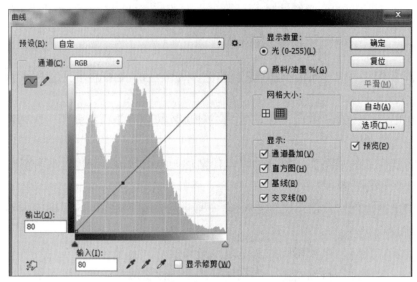

图9-4　输入输出的参数都是80的"曲线"

若将其输出调整为100，那么，这条直线就变成了曲线了，如图9-5所示，同时，可以看到曲线向上凸出则说明相对于原来的原始值亮度提高了，输出增大了。那么，为什么要让附近的点随着调节点发生牵连性变化呢？可以想象，如果仅仅是这个点发生变化，画面中就会出现某一个单独的亮度区间或者点发生突变，从而导致画面不协调，使用"链条式"的牵连变化后，这个问题则迎刃而解。

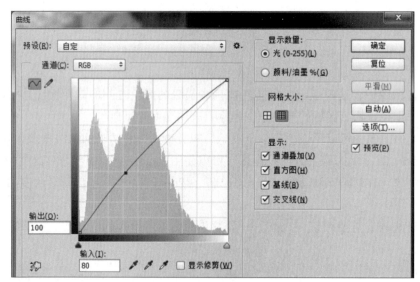

图9-5　更改输出值后的"曲线"

曲线的用途简单来说是能够调整对比，包括整体亮度对比和单色的对比。

① 曲线可以调整亮度。通过调整整体图片的各亮度值的像素点的亮度值可以改变整体图片的对比度。

② 曲线可以调整单色之间的对比。通过调整各个颜色的亮度值可以调整图片的色调，往往应用在对环境色或某单色进行调节。这也常常会与色彩平衡同时进行。

图9-6所示为稍微降低了暗调部分的红色，当然红色的亮度降低，青色就会相对突出一些了，但实际不是增加了青色的浓度。

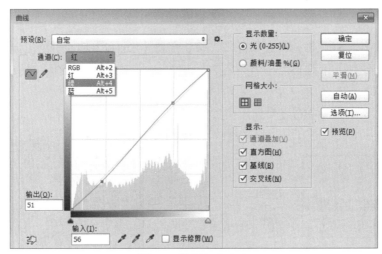

图9-6 降低红色亮度

9.1.4 色彩平衡

色彩平衡是Photoshop图像处理中一个重要环节，可以用于矫正图片偏色，也可以根据用户的喜好进行调整。色彩平衡的计算速度很快，因此非常适合用于调整较大的图像文件。色彩平衡是用补色的原理来调色的。主要是更改图像的总体颜色混合。

"色彩平衡"是摄影后期比较常用的调色工具。Photoshop中用来调色的工具多种多样，色彩平衡是比较基础的，也是最容易理解的，相对来说效果更直观，从工具名称上就知道这是针对颜色调整的工具，使用该工具可以直接使用快捷键【Ctrl+B】，就可以调出"色彩平衡"的设置面板，如图9-7所示，该面板包括两个部分。

上半部分为颜色调整区域，大家可以看到各种颜色的名称以及调整滑块，一张照片的颜色，你想偏向什么色彩，就往哪个色彩方向拖动滑块。"色彩平衡"工具有三个调整项，是因为光学三原色就是三种：红色、绿色和蓝色，其他

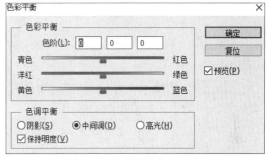

图9-7 "色彩平衡"对话框

所有色光都是由这三种原色混合而成的，所以只要有这三种就够了。还有三种颜色：青色、洋红、黄色，是三原色的补色，由此构成Photoshop中"色彩平衡"工具的调整项了。

下半部分有三个选项，分别是阴影、中间调、高光。其中阴影是画面中最暗的部分；中间调是色彩相对中和的部分；高光是画面中最亮的那些部分。在默认设置中"色调平衡"是"中间调"，但是我们可以根据需要，调整照片不同区域光影的色彩，这就让色彩变得千变万化了。

应用色彩平衡调整：使用色彩平衡命令前，需注意：确保在"通道"面板中选择了复合通道。只有当用户查看复合通道时，此命令才可用。

随堂案例 利用色彩平衡等功能制作日出效果。

日出象征着光明、美好、充满希望，当每天太阳升起的时候，就是新的一天到来的时候，每一天都是崭新的一天，每个早晨都是新的开始，人的每天都可以重新开始新的生活。本案例将利用色彩平衡、亮度对比度调节图像色彩制作日出效果案例效果如图9-8所示。

图9-8 日出效果

扫一扫

图9-8案例效果

案例实现

步骤1 用Photoshop CS6软件打开素材原图，按快捷键【Ctrl+J】将原图层复制一层。

步骤2 执行"图像"→"调整"→"亮度/对比度"命令，或者单击图层面板底部的命令按钮，操作方法如图9-9所示。

步骤3 分别调整亮度为69左右，对比度为-25左右，如图9-10所示。

图9-9　选择"亮度/对比度"命令

图9-10　亮度/对比度

步骤4 单击图层面板底部的"创建新的填充或调整图层"按钮，打开色彩平衡命令调整相关参数，操作如图9-11所示。

步骤5 调整数值青色为-17，绿色为+11，蓝色为+100（注意数值的正负），如图9-12所示。至此，本案例制作完毕，效果如图9-8所示。

图9-11　选择"色彩平衡"命令

图9-12　"色彩平衡"参数设置

9.1.5　反相

执行"图像"→"调整"→"反相"命令，或按下快捷键【Ctrl+I】，都会执行反相命令，Photoshop

会将通道中每个像素的亮度值都转换为256级颜色值刻度上相反的值，从而反转图像的颜色，创建彩色负片效果。

随堂案例 利用反相和蒙版功能制作林间小路。

本案例将利用反相和蒙版的功能制作林间小路。在制作过程中，由于原始图片中路上景色的色彩效果不佳，因此需要用到前面小节中讲解的色阶等知识。在调节小路上景物颜色的过程中，不希望人物衣服的颜色发生变化，因此添加了蒙版，关于蒙版的相关知识，将第10章为读者详细介绍，案例效果如图9-13所示。

图9-13 林间小路

图9-13案例效果

案例实现

步骤1 用Photoshop CS6软件打开人物原图，按快捷键【Ctrl+J】将原图层复制一层，效果如图9-14所示。

步骤2 单击图层面板下方的"创建新的填充或调整图层"按钮，弹出的菜单中选择"反相"命令，操作如图9-15所示，或者按快捷键【Ctrl+I】，会达到同样的效果。

图9-14 打开素材图片并复制图层　　　　　图9-15 选择"反相"命令

步骤3 单击图层控制面板右下角的添加蒙版按钮，为其增加一个蒙版，操作方法如图9-16所示。

图9-16 单击添加蒙版按钮

步骤4 通过画笔工具和黑透白不透原理勾勒出人物，"黑透白不透"的原理即：在工具栏中找到画笔工具，或按快捷键【B】，将不透明度设置为100%，将前景色设置为黑色，然后随便在蒙版上人物位置涂抹出人物形状，如图9-17所示。

图9-17 勾勒人物

步骤 5 按快捷键【Ctrl+L】打开色阶对话框调整对比度，左边滑块的参数值调整为17，右边滑块的参数值调整为227，如图9-18所示，单击"确定"按钮。至此，本案例制作完毕，最终效果如图9-13所示。

随堂案例 利用反相、亮度/对比度功能制作晚霞中的城堡。

本案例将利用反相、亮度/对比度等功能进行色彩调整，调整后呈现出落日中的城堡的效果，效果如图9-19所示。

案例实现

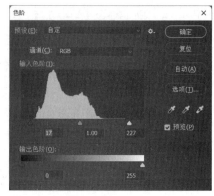

图9-18 色阶

步骤 1 用Photoshop CS6打开案例素材图片，按快捷键【Ctrl+J】将原图层复制一层，效果如图9-20所示。

图9-19案例效果

图9-19 美丽的城堡

图9-20 打开素材图片并复制图层

步骤 2 调节图片的亮度/对比度，单击图层面板底部的"创建新的填充或调整图层"按钮，选择"亮度/对比度"命令，如图9-21所示。

步骤 3 在弹出的属性窗口中调整相关参数，其中亮度设置为27，对比度数值设置为-21，如图9-22所示。

图9-21 选择"亮度/对比度"命令

图9-22 "亮度/对比度"参数设置

步骤 4 单击图层面板底部的"创建新的填充或调整图层"按钮，选择"色彩平衡"命令，并选择色调中的"高光"选项，如图9-23所示。

步骤5 在弹出的属性窗口中调整相关参数，调整数值红色为+41，洋红为-14，黄色为-13（注意数值的正负），如图9-24所示。

图9-23 高光

图9-24 高光参数设置

步骤6 选择"反相"命令，或按快捷键【Ctrl+I】，如图9-25所示。

步骤7 将混合模式改为"颜色"，如图9-26所示，至此，本案例制作完成，最终效果如图9-19所示。

图9-25 选择"反相"命令

图9-26 更改图层混合样式为"颜色"

9.1.6 变化

"变化"命令是一种较为直观的色彩平衡类工具，它使用较为通俗的文字来提供操作指导，因此初学者较为喜欢。单击相应名字的图片即可改变原图像的色调和亮度。越偏向精细则每次改变的幅度越小。事实上在实际使用中很少被用来改变图像色调，更多地被用来判断哪种色调最适合图像。

随堂案例 利用变化功能调整城堡色彩。

执行"图像"→"调整"→"变化"命令，就可以打开"变化"对话框，仍以前面城堡案例为例，执行"变化"命令后，制作效果如图9-27所示。

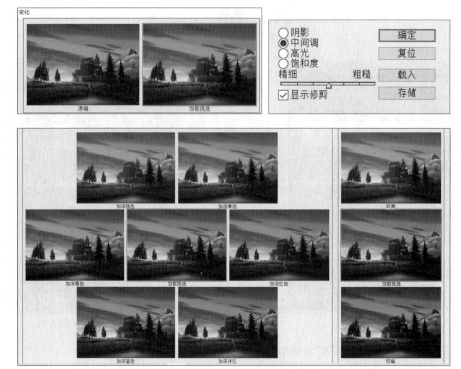

图9-27 "变化"对话框

"变化"对话框中的内容可以把它分成左上、右上、左下和右下四个部分来分别讲解。

① 左上部分。

"原稿"是原始照片。"当前挑选"是调整后的照片。第一次弹出的默认对话框中这两者是一样的。经过调整之后,"当前挑选"是调整后的照片,和"原稿"就不一样了。

② 右上部分。

默认"中间调"。"阴影""中间调""高光"三项是表示对照片哪些色调要做重点色彩平衡的调整,通常单选"中间调"选项。

"饱和度"选项决定照片的饱和度,单选"饱和度"选项时,左下部分的预览框变为只显示三种预览图,如图9-28所示。

图9-28 选择"饱和度"选项时左下部分的预览框

中间的"当前挑选"是调整后的照片,单击左侧的"减少饱和度",被调的照片饱和度降低;单击右侧的"增加饱和度",被调的照片饱和度增加。

"精细"与"粗糙"选项。滑块向右滑,所有的"加深选项"和"亮度选项"调整的幅度都增加了。滑块向左滑,所有的"加深选项"和"亮度选项"调整的幅度都减少了。

"显示修剪"复选框。勾选此项,当调整效果超出了最大的颜色饱和度时,相应区域将以"霓虹灯"效果显示,提醒降低饱和度。当选择"中间调"时,不显示"霓虹灯"效果。"霓虹灯"效果如图9-29所示。

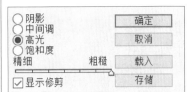
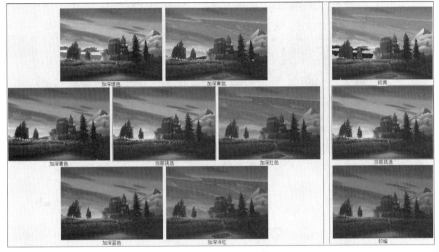

图9-29 "霓虹灯"效果

图9-29设置效果

③ 左下加深部分。

这部分选项较多,但运用简单。比如偏黄照片,单击"加深蓝色"即可,如仍偏黄就再单击一次,直到满意为止。

④ 右下亮度部分。

这部分只有三项,只调上下两项即可,上面的是"较亮",单击一次亮度增加一点。下面的是"较暗",单击一次亮度减少一点。

如果在制作过程中觉得不满意需要重新做,可以单击"原稿"即可恢复到开始状态。

图片效果调好之后单击"确定"按钮,此时别忘了选择"另存为"命令。

Photoshop CS6 "变化"命令通过显示调整效果的缩览图,可以使用户很直观、简单地调整Photoshop CS6图像的色彩平衡、饱和度和对比度;其功能就相当于"色彩平衡"命令再增加"色相/饱和度"命令的功能。但是"变化"命令可以更精确、更方便地调节Photoshop CS6图像颜色。"变化"命令主要应用于不需要精确色彩调整的平均色调图像。

9.1.7 自动色调、自动对比度、自动颜色

Photoshop CS6 "自动色调"命令自动调整Photoshop CS6图像中的暗部和亮部。"自动色调"命令对每个颜色通道进行调整,将每个颜色通道中最亮和最暗的像素调整为纯白和纯黑,中间像素值按比例重新分布。由于"自动色调"命令单独调整每个通道,所以可能会移去颜色或引入色偏。在Photoshop CS6菜单栏中选择"图像"→"自动色调"命令,或按快捷键【Shift+Ctrl+L】。有关"自动色调"案例,将在本书9.1.9节渐变映射中讲解。

使用Photoshop CS6 "自动对比度"命令可以自动调整图像中颜色的对比度。由于"自动对比度"不单独调整通道,所以不会增加或消除色偏问题。"自动对比度"命令将Photoshop CS6图像中最亮和最暗像素映射到白色和黑色,使高光显得更亮而暗调显得更暗。在Photoshop CS6菜单栏中选择"图像"→"自动对比度"命令,或按快捷键【Alt+Shift+Ctrl+L】。

随堂案例 利用自动颜色功能制作林间效果。

使用Photoshop CS6的"自动颜色"命令可以通过搜索实际像素来调整图像的色相饱和度,使图像颜色更为鲜艳。本案例中通过执行"图像"→"自动颜色"命令,或按快捷键【Shift+Ctrl+B】,利用自动颜色命令制作林间效果,如图9-30所示。

图9-30案例效果

图9-30 林间

案例实现

步骤1 在Photoshop CS6软件中打开素材图片,将原图层复制一层,如图9-31所示。

图9-31 打开素材图片并复制图层

步骤2 执行"图像"→"调整"→"色调均化"命令,操作方法如图9-32所示。

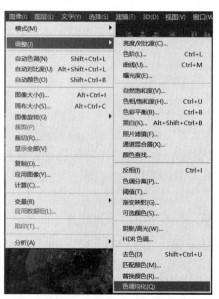

图9-32 "色调均化"命令

步骤3 单击图像，找到并使用自动颜色快捷键【Shift+Ctrl+B】，如图9-33所示，效果如图9-34所示。

图9-33 选择"自动颜色"命令　　　　　图9-34 执行"自动颜色"命令后的效果图

步骤4 因为图片高光部分太亮，所以需要修改，达到图片整体看着更加柔和的效果。选择"亮度/对比度"命令，调整参数，操作方法如图9-35所示。

步骤5 调整亮度，参数设置为-12，对比度参数为-21，如图9-36所示。至此，本案例制作完毕，最终效果如图9-30所示。

图9-35 选择"亮度/对比度"命令　　　　　图9-36 "亮度/对比度"参数设置

9.1.8 色调均化

"色调均化"命令可以重新分布像素的亮度值，将最亮的值调整为白色，最暗的值调整为黑色，中间的值分布在整个灰度范围中，使它们更均匀地呈现所有范围的亮度级别（0～255）。该命令可以增加那些颜色相近的像素间的对比度。

例如扫描的图像显得比原稿暗，若想平衡这些值以产生较亮图像，可以使用"色调均化"命令。配合使用"色调均化"和"直方图"调板，可以看到亮度的前后比较。这个命令是一个很好的调整数码照片的工具。但是它以原来的像素为准，因此无法纠正色偏。

随堂案例 使用色调均化功能制作夜晚效果。

本案例将通过"图像"→"调整"→"色调均化"命令制作夜晚效果，如图9-37所示。

图9-37案例效果

图9-37 夜晚

案例实现

步骤1 在Photoshop CS6软件中打开素材图片，将原图层复制一层，如图9-38所示。

图9-38 打开素材图片并复制图层

步骤2 执行"图像"→"调整"→"色调均化"命令，操作如图9-39所示。

图9-39 "色调均化"命令

步骤3　执行"图像"→"自动颜色"命令，或按快捷键【Shift+Ctrl+B】，操作方法如图9-40所示。执行后的效果如图9-41所示。

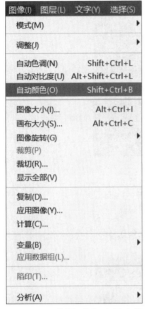

图9-40　选择"自动颜色"命令　　　　　　　　　　图9-41　效果图

步骤4　单击图层面板下方的"创建新的填充或调整图层"，在弹出的菜单中单击"曲线"命令，操作方法如图9-42所示。

步骤5　调整属性面板中的曲线至合适的参数值，如图9-43所示，至此本案例制作完毕，最终效果如图9-37所示。

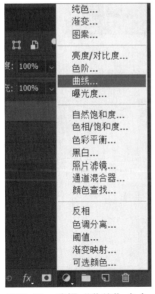
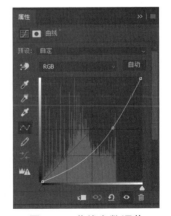

图9-42　选择"曲线"命令　　　　　　　　　　图9-43　曲线参数调节

随堂案例　使用色调均化、亮度/对比度等功能制作城市夜景。

白天看到的城市跟夜晚看到的城市是两种不同感觉，夜晚的城市灯光璀璨、夜色阑珊，让人陶醉，原本不想出门的人，也忍不住想出去一览美景了。本案例将利用所学知识制作一张城市夜景的图片。案例效果如图9-44所示。

扫一扫

图9-44案例效果

图9-44　城市夜晚

案例实现

步骤1　在Photoshop CS6软件中打开素材图片，将原图层复制一层，如图9-45所示。

图9-45　打开素材图片并复制图层

步骤2　执行中"图像"→"调整"→"色调均化"命令，操作方法如图9-46所示。

图9-46　色调均化

步骤3 执行"图像"→"自动颜色"命令,或按快捷键【Shift+Ctrl+B】,操作方法如图9-47所示。

步骤4 如果图片整体亮度过高,为了使图像的中心突出,可以调整亮度/对比度,操作方法如图9-48所示。

图9-47 选择"自动颜色"命令

图9-48 选择"亮度/对比度"命令

步骤5 在弹出的属性窗口中设置相关参数,调整亮度为-120,对比度为58,如图9-49所示。至此,本案例制作完毕,最终效果如图9-44所示。

9.1.9 渐变映射

"渐变映射"命令将相等的图像灰度范围映射到指定的渐变填充色,可产生特殊的效果。默认设置下,渐变的每一个色标映射到图像的阴影,后面的色标映射到图像中的中间调、高光等。

执行"图像"→"调整"→"渐变映射"命令或"图层"→"新建调整图层"→"渐变映射"命令,即会弹出"渐变映射"对话框,如图9-50所示。

"渐变映射"对话框中各选项含义如下:

灰度映射所用的渐变:单击渐变条右侧的下拉按钮,在渐变列表框中选择所需的渐变。

图9-49 调整"亮度/对比度"

仿色:选中该复选框可添加随机杂色,使渐变填充的外观减少带宽效果,从而产生平滑渐变。

反向:选中该复选框可翻转渐变映射的颜色。

图9-50 "渐变映射"对话框

176 平面设计——Photoshop图像处理案例教程

● 扫一扫

图9-51案例效果

随堂案例 利用渐变映射功能调整落日色彩。

落日是大自然很普通的日常现象之一，但是看到夕阳最美的时刻的照片却不多，通常颜色混沌且不丰富，本案例将利用渐变映射调整落日的色彩，效果如图9-51所示。

案例实现

步骤1 在Photoshop CS6软件中打开素材图片，将原图层复制一层，如图9-52所示。

步骤2 单击图层面板下方的"创建新的填充或调整图层"按钮，在弹出的菜单中选择"渐变映射"命令，操作方法如图9-53所示。

图9-51 落日

图9-52 打开素材图片并复制图层

图9-53 选择"渐变映射"命令

步骤3 进入渐变编辑器后，单击色轴左下角的色标进入拾色器窗口，输入R:234，G:162，B:162，操作如图9-54所示。

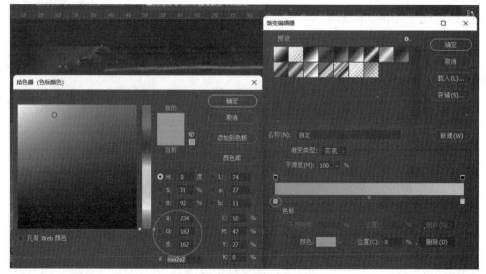

图9-54 设置左色标的值

步骤4 利用步骤3中的方法设置右色标的参数值，输入R:213，G:211，B:248，操作如图9-55所示。

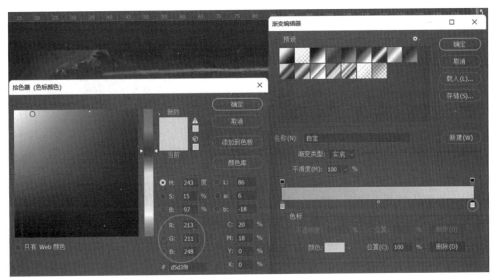

图9-55 设置右色标的值

步骤5 调整图层混合模式为色相，不透明度改为46%，如图9-56所示。

图9-56 更改图层混合模式

步骤6 执行"图像"→"自动色调"命令，如图9-57所示。

步骤7 执行"图像"→"调整"→"阴影/高光"命令，调整数值，该命令的具体功能将在9.1.10节中介绍，操作方法如图9-58所示。

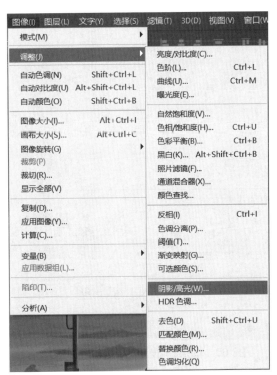

图9-57 选择"自动色调"命令　　　　图9-58 阴影/高光

步骤8 在弹出的"阴影/高光"对话框中设置相关参数属性值，调整阴影为10%，高光为15%，如图9-59所示。至此，本案例制作完成，最终效果如图9-51所示。

9.1.10 阴影/高光

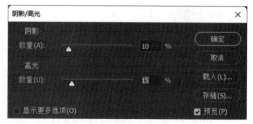

图9-59 "阴影/高光"对话框

"阴影/高光"命令是一种用于校正由强逆光而形成剪影的照片，或者校正由于太接近相机闪光灯而有些发白的焦点的方法。在用其他方式采光的图像中，这种调整也可用于使阴影区域变亮。"阴影/高光"命令不是简单地使图像变亮或变暗，它基于阴影或高光中的周围像素（局部相邻像素）增亮或变暗。正因为如此，阴影和高光都有各自的控制选项。默认值设置为修复具有逆光问题的图像。

"阴影/高光"命令还有用于调整图像的整体对比度的"中间调对比度"滑块、"修剪黑色"选项和"修剪白色"选项，以及用于调整饱和度的"颜色校正"滑块。

与"亮度/对比度"调整不同，如果使用"亮度/对比度"命令直接进行调整，高光区域会随着阴影区域同时增加亮度而出现曝光过度的情况。而"阴影/高光"可以分别对图像的阴影和高光区域进行调节，既不会损失高光区域的细节，也不会损失阴影区域的细节。

"阴影/高光"工具的作用就是使照片中的明暗平衡，让亮的地方不过曝，暗的区域也不过欠，使照片曝光正常，层次过渡更加分明。

执行"图像"→"调整"→"阴影/高光"命令，打开"阴影/高光"对话框，如图9-60所示。

如果用户希望在进行调整时更新图像，请确保在该对话框中选定"预览"选项。通过移动"数量"滑块或者在"阴影"或"高光"的百分比框中输入一个值来调整光照校正量。值越大，为阴影提供的增亮程度或者为高光提供的变暗程度越大。用户既可以调整图像中的阴影，也可以调整图像中的高光。

为了更精细地进行控制，请勾选"显示更多选项"复选框进行其他调整，如图9-61所示。

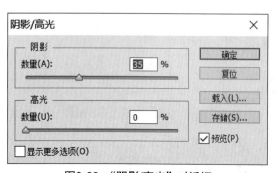

图9-60 "阴影/高光"对话框

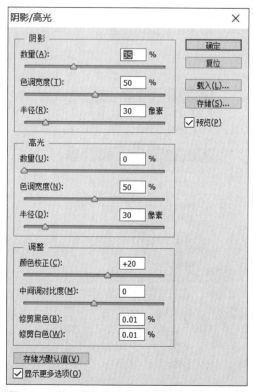

图9-61 显示更多选项的"阴影/高光"对话框

"数量"选项：控制（分别用于图像中的高光值和阴影值）要进行的校正量。

"色调宽度"选项：控制阴影或高光中色调的修改范围。较小的值会限制只对较暗区域进行阴影校正的调整，并只对较亮区域进行"高光"校正的调整。较大的值会增大将进一步调整为中间调的色调的范围。例如，如果阴影色调宽度滑块位于100%处，则对阴影的影响最大，对中间调会有部分影响，但最亮的高光不会受到影响。色调宽度因图像而异。值太大可能会导致较暗或较亮的边缘周围出现色晕。默认设置尝试减少这些人为因素。当"阴影"或"高光"的"数量"的值太大时，也可能会出现色晕。

"半径"选项：控制每个像素周围的局部相邻像素的大小。相邻像素用于确定像素是在阴影还是在高光中。向左移动滑块会指定较小的区域，向右移动滑块会指定较大的区域。局部相邻像素的最佳大小取决于图像。最好通过调整进行试验。如果"半径"太大，则调整倾向于使整个图像变亮（或变暗），而不是只使主体变亮。最好将半径设置为与图像中所关注主体的大小大致相等。试用不同的"半径"设置，以获得焦点对比度和与背景相比的焦点的级差加亮（或变暗）之间的最佳平衡。

9.1.11 色相/饱和度

使用色相/饱和度，可以调整图像中特定颜色范围的色相、饱和度和明度，或者同时调整图像中的所有颜色。此调整尤其适用于微调CMYK图像中的颜色，以便它们处在输出设备的色域内。

执行"图像"→"调整"→"色相/饱和度"命令（或按快捷键【Ctrl+U】），打开"色相/饱和度"对话框如图9-62所示。

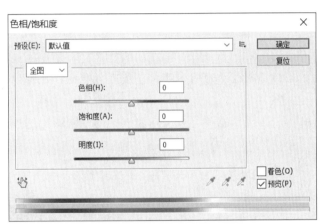

图9-62 "色相/饱和度"对话框

"色相/饱和度"对话框中各选项的含义如下：

① 色相：调整对应的角度值来改变色相，范围在-180～180之间，形成一个色相环。

② 饱和度：调整色彩鲜艳程度，范围是-100～100之间，当调到-100时是灰色的，也就是没有色相了，此时修改色相是不会有所变化的，因为灰色是不具备色彩意义的。

③ 明度：调整明度就是调节发光量，范围也是在-100～100之间，当调到100时为白光，也就是光线最强的情况。

④ 全图下拉列表框：在该选项下拉列表中可以选择要调整的颜色，选择"全图"，可调整图像中所有的颜色；选择其他选项，则可以单独调整红色、黄色、绿色或者青色等颜色的色相、饱和度和明度。

⑤ 着色：选中该复选框后，可以将图像转换成为只有一种颜色的单色图像。变为单色图像后，拖动"色相"滑块可以调整图像的颜色。

⑥ 吸管工具：如果在"全图"下拉列表框中选择一种颜色，便可以用吸管工具拾取颜色。使用吸管工具在图像中单击可选择颜色范围；使用添加到取样工具在图像中单击可以增加颜色范围；使用从取样中减去工具在图像中单击可减少颜色范围。设置了颜色范围后，可以拖动滑块来调整颜色的色相、饱和度或明度。

⑦ 颜色条：在对话框底部有两个颜色条，上面的颜色条是显示调整前的颜色，下面的颜色条显示调整后的颜色。

扫一扫

图9-63案例效果

随堂案例 利用色相/饱和度功能处理美食照片。

每个国家都有不同风味的美食。美食要体现食欲，所以颜色的搭配很重要，色泽要更加诱人，否则给人的感觉并不能尽如人意。本案例将利用色相/饱和度知识点制作出一张令人垂涎欲滴的美食照片，案例效果如图9-63所示。

图9-63 美食

案例实现

步骤1 在Photoshop CS6软件中打开素材图片，将原图层复制一层，如图9-64所示。

图9-64 打开素材图片并复制图层

步骤2 单击图层面板下方的"创建新的填充或调整图层"按钮，在弹出的菜单中选择"色彩平衡"命令，如图9-65所示。

步骤3 在弹出的属性窗口中选择"色调"下拉列表框中的"阴影"选项，调节图片中暗的部分，参数设置如图9-66所示。

图9-65 选择"色彩平衡"命令

图9-66 "阴影"参数设置

步骤4 在属性窗口中选择"色调"下拉列表框中的"高光"选项，调节图片中亮的部分，参数设置如图9-67所示。

步骤5 由于图片中的食物饱和度低，看起来没有食欲，所以应用"色相/饱和度"命令来调节。执行"图像"→"调整"→"色相/饱和度"命令，如图9-68所示。

步骤6 在弹出的属性窗口中将饱和度调成+28左右，如图9-69所示。至此，本案例制作完毕，最终效果如图9-63所示。

图9-67 "高光"参数设置

图9-68 选择"色相/饱和度"命令

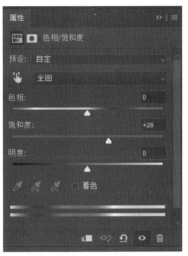
图9-69 "色相/饱和度"参数设置

随堂案例 利用渐变映射和色相/饱和度等功能制作计算机桌面壁纸。

桌面壁纸是计算机桌面所使用的背景图片，可以根据大小和分辨率来做相应调整。壁纸让用户的计算机看起来更好看，更漂亮，更有个性。下面的案例将利用渐变映射和色相/饱和度等知识制作"荒原城市"计算机桌面壁纸，效果如图9-70所示。

图9-70 桌面壁纸效果图

图9-70案例效果

案例实现

步骤1 在Photoshop CS6软件中打开素材图片，将原图层复制一层，如图9-71所示。

步骤2 单击图层面板下方的"创建新的填充或调整图层"按钮，在弹出的菜单中选择"渐变映射"命令，操作方法如图9-72所示。

图9-71 打开素材图片并复制图层

图9-72 选择"渐变映射"命令

步骤3 在弹出的渐变编辑器窗口中，单击色轴左下角的色标进入拾色器窗口，分别输入R:150，G:146，B:42三个参数的值，操作如图9-73所示。

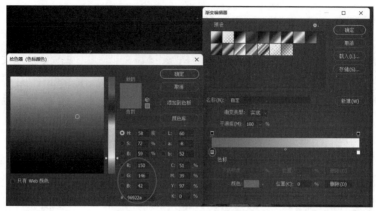

图9-73 设置左色标的参数值

步骤4 重复步骤3，设置右色标的参数值，分别输入R:255，G:255，B:255，操作如图9-74所示。

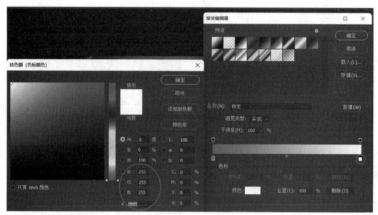

图9-74 设置右色标的参数值

步骤5 使用色相/饱和度命令，使壁纸中的老虎的整体感官更加柔和，与画面整体背景颜色接近，方法如图9-75所示。

步骤6 在属性窗口中设置相关参数，调整色相为-26，饱和度为-44，明度为0，如图9-76所示。至此，本案例制作完毕，最终效果如图9-70所示。

图9-75 选择"色相/饱和度"命令

图9-76 调整"色相/饱和度"参数

9.1.12 可选颜色

"可选颜色"是Photoshop CS6中的一条调整色彩的命令。选定要修改的颜色，有红色、绿色、蓝色、青色、洋红色、黄色、白色、中性色、黑色，共九个颜色可选择，然后通过增减青、洋红、黄和黑四色油墨改变选定的颜色，此命令只改变选定的颜色，并不会改变其他未选定的颜色。

执行"图像"→"调整"→"可选颜色"命令，弹出"可选颜色"命令对话框，如图9-77所示。

在对话框中，包括"相对"和"绝对"两种方法，默认为"相对"，其中：

① 相对。按照总量的百分比。例如，如50%洋红的像素增加10%，则结果为55%的洋红[50%×（1+10%）=55%]。

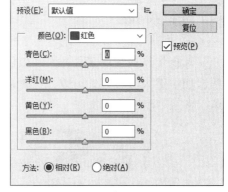

图9-77 "可选颜色"对话框

② 绝对。输入一个确定数值，"绝对"按绝对值调整颜色。例如，如50%的洋红的像素，添加10%，洋红油墨变为60%。

在"颜色"的下拉框中选择"含有该种颜色的限定范围"，之后调整在上述范围内的各单色油墨数量。

在日常的图片处理中会遇到以下情况，比如荷花和荷叶的颜色要分开处理，用户可以直观地看到各种颜色，选中某个颜色，就可以有针对性地调整了。

如图9-78所示，荷花和荷叶颜色不够艳丽，分别调整一下它们的颜色，图9-79中有四种颜色，每种颜色下方都有一个三角形滑块，滑块向哪个颜色拖动，照片就会减少哪个颜色。反之则会增加。滑块上方有百分比数值，负数就是减少，正数就是增加。

图9-78 荷花

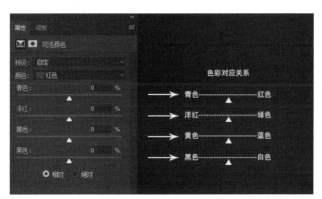

图9-79 色彩的对应关系

关于色彩对应关系，又可称作互补色。青色的对应色彩是红色，也就是说，往左拖动滑块，降低青色，照片就会偏向红色；向右拖动滑块，增加青色，照片就会偏向青色。在"可选颜色"工具面板上的"颜色"下拉菜单中找到"洋红"，针对花瓣进行调色。那么为什么要选洋红？因为用眼睛看到花瓣颜色的主要部分是洋红色，直接对"洋红"进行调整不会影响到照片中的其他颜色，如图9-80所示。

针对"洋红"颜色中的青色、洋红、黄色、黑色分别进行了调整。减少青色，是增加了花瓣的红色，使照片更加红润；增加了洋红，就使花瓣本身的洋红色更加浓重；增加了黄色，使花瓣颜色更偏暖色调一些，如果追求冷色调，可以减少黄色；微增加一点黑色，可以增加花瓣的对比度。接下来，在"颜色"菜单中选择"绿色"，选择"绿色"是因为荷叶就是绿色占比最大，因此调整绿色，如图9-81所示。

图9-80　调整荷花颜色

图9-81　调整荷叶颜色

在"绿色"中，增加了青色，降低了洋红，是为了让荷叶更绿；降低了黄色，使荷叶色调偏冷，这样与暖色的花瓣形成冷暖色调对比，增加视觉冲击；增加黑色就是加大反差。

9.1.13　曝光度

在日常的生活中会看到一些整个画面都比较暗，或整个画面都比较亮的图像，这就是一种曝光现象。对于这样的图像，可以通过Photoshop的曝光度命令来进行矫正。曝光度即用来调节整个图像的亮度。曝光度影响的是整个图像，曝光度数值越大图像就会越亮，调高曝光度，高光部分会迅速提亮直到过曝而失去细节；调低曝光度，暗调部分会迅速降低直到过暗而失去细节。

执行"图像"→"调整"→"曝光度"命令，打开图9-82所示的"曝光度"对话框。

下面分别介绍"曝光度"对话框中的参数。

① 曝光度：向右拖动滑块或在文本框内输入正值可以增加图像的曝光度，向左拖动滑块或在文本框内输入负值可以降低图像的曝光度。

② 位移：用来调节图片中灰度的数值，也就是调节图像中间调的明暗。也可以被看作是重新界定图像的"中性灰"。

③ 灰度系数校正：用来减淡或加深图片灰色部分，增强中间调的层次，也就是提高中间调区域的对比度。

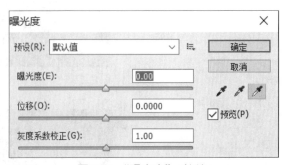
图9-82　"曝光度"对话框

④ 吸管工具：使用该工具可以调整图像的亮度值。在图像中取样以"设置黑场"表示选择图像中的一个像素，则整个图像中该像素亮度值以下所有像素的亮度值均改变为0。在图像中取样以"设置白场"表示选择图像中的一个像素，则整个图像中该像素亮度值以上所有像素的亮度值均改变为255。在图像中取样以"设置灰场"表示选择图像中的一个像素，则整个图像所有像素会以该像素的亮度值为准成比例地向128靠拢，不是直接变为128，而是亮度数值趋向于128，从而使整体亮度降低。

随堂案例

本案例背景图片中的玫瑰花颜色不但不够鲜艳，而且颜色较暗，需要调节。本案例将利用所学的"可选颜色"及"曝光度"等命令调节玫瑰花的颜色，调整后的图片效果如图9-83所示。

图9-83 玫瑰

扫一扫

图9-83案例效果

案例实现

步骤1 在Photoshop CS6软件中打开素材图片，将原图层复制一层，如图9-84所示。

图9-84 打开素材图片并复制图层

步骤2 执行"图像"→"调整"→"可选颜色"命令，操作方法如图9-85所示。

步骤3 在弹出的"可选颜色"窗口中调整相关参数数值，青色为-100%，洋红为38%，黑色为40%，操作如图9-86所示。

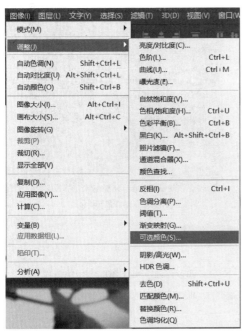

图9-85 可选颜色

图9-86 调整相关参数值

步骤4 单击图层面板下方的"创建新的填充或调整图层"按钮,在弹出的菜单中选择"曝光度"命令,操作方法如图9-87所示。

步骤5 在弹出的属性窗口中调整曝光度为+0.3,其他参数不调整,如图9-88所示。

图9-87 选择"曝光度"命令

图9-88 调整"曝光度"参数

步骤6 单击图层面板下方的"创建新的填充或调整图层"按钮,在弹出的菜单中选择"照片滤镜"命令(该命令将在9.1.14节中介绍),目的是将图片整体调整为暖色调,操作方法如图9-89所示。

步骤7 在属性窗口中选用滤镜为"加温滤镜(85)",浓度为25%,如图9-90所示。至此,本案例制作完毕,最终效果如图9-83所示。

图9-89 选择"照片滤镜"命令

图9-90 加温滤镜

9.1.14 照片滤镜

照片滤镜既可以修正偏色照片,也可以为黑白图像上色等等。照片滤镜是Photoshop内置的一个调整命令。首先,看下"照片滤镜"命令在哪里,可以通过两个位置找到照片滤镜。

第一种方法是,执行"图像"→"调整"→"照片滤镜"命令,打开"照片滤镜"对话框,如图9-91所示。

第二种方法是，单击图层面板最下面第四个按钮，选择"创建新的填充或调整图层"→"照片滤镜"命令，这样可以新建一个照片滤镜来对图像进行处理，如图9-92所示。

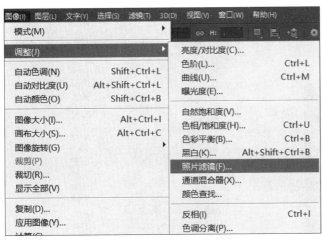

图9-91　照片滤镜

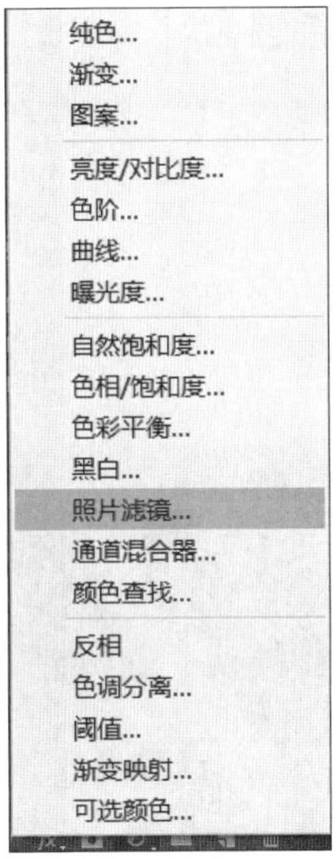

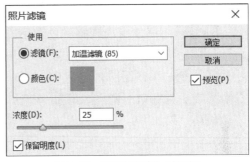

图9-92　新建照片滤镜

按照上面的两种方法新建照片滤镜后会弹出图9-93所示的对话框。

下面分别介绍照片滤镜对话框中的各参数。

滤镜：里面自带有各种颜色滤镜。分为加温、冷却滤镜等，加温滤镜为暖色调，以橙色为主，冷却滤镜为冷色调，以蓝色为主。

颜色：如果不使用上面内置的"滤镜"效果，也可以自行设置想要的颜色。

图9-93　"照片滤镜"对话框

浓度：控制需要增加颜色的浓淡。数值越大，颜色浓度越强。

是否勾选"保留明度"选项，即是否保持高光部分，勾选后有利于保持图片的层次感。

随堂案例　使用照片滤镜功能处理图片。

本案例将利用"照片滤镜"命令处理小猫的图片，迪过调整镜头传输的光的色彩平衡和色温达到光线的色温与色彩平衡效果，从而产生特定的曝光效果，案例效果如图9-94所示。

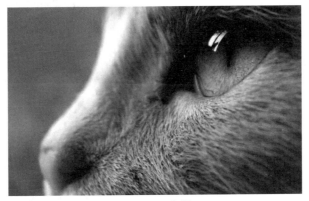

图9-94　小猫

扫一扫

图9-94案例效果

案例实现

步骤1 在Photoshop CS6软件中打开素材图片,将原图层复制一层,如图9-95所示。

步骤2 执行"图像"→"调整"→"可选颜色"命令,操作如图9-96所示。

图9-95 打开素材图片并复制图层

图9-96 可选颜色

步骤3 在弹出的调整颜色对话框中调整相关参数值,小猫的眼睛为蓝色,所以颜色选择为"蓝色",青色调整为+38%,洋红为-39%,黄色调整为+70%,黑色不调整,如图9-97所示。

步骤4 单击图层面板下方的"创建新的填充或调整图层"按钮,在弹出的菜单中选择"照片滤镜"命令,在属性窗口中调整滤镜为冷却滤镜(80),浓度为15%,操作如图9-98所示。至此,本案例制作完毕,最终效果如图9-94所示。

图9-97 "可选颜色"参数调整

图9-98 照片滤镜

9.2 特殊颜色处理

Photoshop还提供了其他的一些色彩调整命令,"去色""色调分离""阈值"等命令都可以改变颜色的亮度值,通过这些命令可以增强图像颜色与产生特殊效果。

9.2.1 去色

"去色"命令可以对图像进行去色，将彩色图像转换为灰度效果，对图9-99原图进行去色，得到图9-100所示的效果图。

图9-99　原图

> 注意：
> "去色"命令只对当前图层或图像中的选区进行转化，不改变图像的颜色模式。它会指定给RGB图像中的每个像素相等的红色、绿色和蓝色值，从而得到去色效果。此命令与"色相/饱和度"对话框中将"饱和度"设置为-100的效果相同。

在Photoshop CS6图像编辑窗口中，通过按快捷键【Shift+Ctrl+U】也可以对窗口中的图像应用去色效果，制作黑白图像，如图9-100所示。

图9-100　"去色"后的效果图

扫一扫

图9-100案例效果

随堂案例　使用去色功能制作素描效果

素描效果是一种很常用的特殊效果，在绘画、设计等场景中都会用到，如果有一张普通照片，其实可以使用Photoshop将它制作成素描效果图片。本案例将讲解利用"去色"等命令制作素描画效果。案例效果如图9-101所示。

案例实现

步骤1　在Photoshop CS6软件中打开素材图片，将原图层复制一层，如图9-102所示。

图9-101　素描效果图

步骤2 将原图层去色,可以按快捷键【Ctrl+Shift+U】,或执行"图像"→"调整"→"去色"命令,操作如图9-103所示。

图9-102　打开素材图片并复制图层

图9-103　去色

步骤3 单击图层面板下方的"创建新的填充或调整图层"按钮,在弹出的菜单中选择"阈值"命令,"阈值"命令将在本书9.2.2节讲解,这里先使用该命令,操作方法如图9-104所示。

步骤4 在弹出的属性窗口中将阈值色阶调整为193,如图9-105所示。

图9-104　选择"阈值"命令

图9-105　阈值色阶

步骤5 执行"选择"→"色彩范围"命令,进行选区复制,如图9-106所示。

步骤6 在"色彩范围"窗口的范围中单击头发进行选取,将颜色容差调成200,单击"确定"按钮,如图9-107所示。

图9-106　选择"色彩范围"命令

图9-107　调整色彩范围参数

步骤7　单击人像图层并按快捷键【Ctrl+J】复制一个图层，然后新建一个图层并将之填充为白色，将其他图层隐藏，如图9-108所示。至此，本案例制作完毕，效果如图9-101所示。

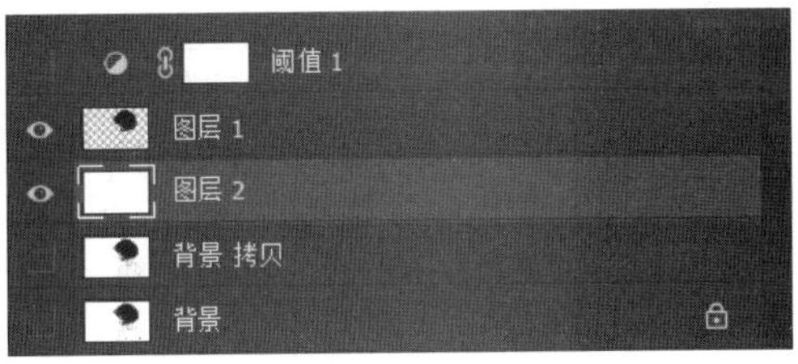

9.2.2　阈值

在Photoshop中，阈值实际上是基于图片亮度的一个黑白分界值，是一个转换临界点。利用阈值处理图片是对颜色进行特殊处理的一种方法。用户可以指定某个色阶作为阈值，所有比阈值色阶亮的像素转换为白色，所有比阈值暗的像素转换为黑色，从而得到纯黑白图像。

图9-108　显示的图层

执行"图像"→"调整"→"阈值"命令，打开"阈值"对话框。该对话框中显示了当前图像像素亮度的直方图，如图9-109所示。

图9-109　"阈值"对话框

打开一副素材图片，如图9-110所示，使用"阈值"命令后，阈值色阶设置为128，效果如图9-111所示。

阈值默认值一般是50%中性灰，即128，亮度高于128（<50%的灰）的，图像的颜色会变白，低于128（>50%的灰）的，图像的颜色则会变黑。用户可根据需要来设置阈值。"阈值色阶"越小，图像接近白色的区域就越多，反之，图像接近黑色的区域越多。

通过案例的学习，可以得到以下结论：阈值的作用是不管图片是什么颜色，最后都会使它变成一张对比度不同的黑白图片。

图9-110 打开素材图片

图9-111 使用"阈值"命令后的图片

9.2.3 色调分离

色调分离是指一幅图像原本是由紧紧相邻的渐变色阶构成,被数种突然的颜色转变所代替。这一种突然的转变,亦称作"跳阶"。按照色阶的数量把颜色近似分配。所以色阶数量的多少是比较能影响一张图片的色彩样式的;该命令可以按照指定的色阶数减少图像颜色(或灰度图像中的色调),从而简化图像内容。

执行"图像"→"调整"→"色调分离"命令,打开"色调分离"对话框,如图9-112所示。

图9-112 "色调分离"对话框

在对话框中输入2~255之间的色调色阶值,或者拖动下方的滑块改变色阶的数值,然后单击"确定"按钮。文本框中的值越大,色阶数越多,保留的图像细节越多。反之,文本框中数值越小,色阶数越小,保留的图像细节就越少。

随堂案例 使用色调分离功能制作光晕效果。

光晕是光的折射现象。日常生活中,在太阳周围且与太阳在同一圈上的冰晶,能将同一种颜色的光折射到人的眼睛里形成内红外紫的晕环;天空中有冰晶组成的卷层云时,往往在太阳周围出现一个或两个以上以太阳为中心、内红外紫的彩色光环,有时还会出现很多彩色或白色的光点和光弧。下面的案例,将利用颜色渐变和色调分离等知识,制作光晕效果,如图9-113所示。

•扫一扫

图9-113案例效果

图9-113 光晕效果图

案例实现

步骤1 新建一个600像素×600像素的画布,分辨率72像素/英寸,颜色模式为RGB颜色,画布的背景颜色改为黑色。

步骤2 新建一个图层,单击工具箱中"渐变"工具,打开渐变编辑器窗口,选择预设效果中的第二个,即从黑到透明的渐变效果,然后修改色轴左下方的色标颜色为纯白色(R:255,G:255,B:255),第二个颜色色标设置为浅蓝色(R:214,G:226,B:244),操作分别如图9-114和图9-115所示。

第9章 调整图像色彩和色调 193

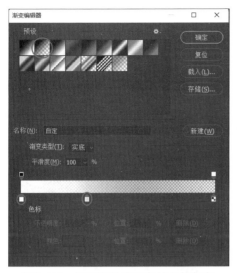

图9-114 设置色轴左下角的色标颜色

图9-115 设置第二个色标颜色

步骤3 选择渐变的类型为"径向渐变",如图9-116所示,然后从画布中间垂直向下拖动鼠标绘制光圈,效果如图9-117所示。

图9-116 径向渐变

图9-117 绘制的光圈

步骤4 为了使光晕更加倾向于现实,采用"色调分离"命令修饰一下,单击图层面板下方的"创建新的填充或调整图层"按钮,在弹出的菜单中选择"色调分离"命令,在弹出的属性窗口中调整"色阶"参数的数值,将色阶数值调整为50,操作分别如图9-118和图9-119所示。至此,本案例制作完毕,最终效果如图9-113所示。

图9-118 选择"色调分离"命令

图9-119 调整"色阶"参数

9.2.4 替换颜色

在图像处理过程中，经常会遇到这样一种情况，图片中的颜色与用户需要的颜色不相宜，因此需要对颜色进行替换，这样就会用到Photoshop提供的"替换颜色"命令。替换颜色就是选择图像中的特定颜色，然后根据需要修改它的色相、饱和度和明度。

替换颜色命令包含了"颜色选择"和"颜色调整"两种选项，颜色选择的方法和色彩范围工具的操作基本相同，颜色调整和色相/饱和度命令相似。

比如把树叶从黄色处理为粉红色，首先打开枫叶素材图片，如图9-120所示。

图9-120 打开素材图片

然后执行"图像"→"调整"→"替换颜色"命令，可以打开"替换颜色"对话框，如图9-121所示。

图9-121 "替换颜色"对话框

下面分别介绍对话框中的参数：

1．颜色选择

① 吸管工具/添加到取样/从取样中减去：用吸管工具在图像上单击，可以选取光标下的颜色；用添加

到取样工具在图像上单击,可以添加新的颜色;用从取样中减去工具在图像中单击,可以减少颜色。

② 本地化颜色簇:勾选"本地化颜色簇"复选框,则只会选择图像中相似且连续的颜色,使选择的范围更加精确。

③ 颜色容差:用来控制颜色的选择精度,数值越高,表示选择的颜色范围越广。

④ 选区/图像:选中"选区",会在预览框中显示选择的范围,白色代表选中的区域,黑色代表未选择的区域,灰色代表被部分选择的区域。

2. 替换选项

拖动色相、饱和度、明度滑块,对选择颜色的色相、饱和度、明度进行调整。

在图9-121中,首先设置"颜色容差"值为200,然后在替换选项中设置"色相"为-47,单击"确定"按钮,即可完成树叶颜色的变色操作,效果如图9-122所示。

图9-122 红叶

随堂案例 使用替换颜色功能替换雨伞颜色。

本案例将利用刚刚学习的"替换颜色"命令将小女孩在雨中打的一把小红伞更换为一把紫色的小雨伞,效果如图9-123所示。

图9-123 雨伞

扫一扫

图9-123案例效果

案例实现

步骤1 在Photoshop CS6软件中打开素材图片,将原图层复制一层,如图9-124所示。

步骤2 执行"图像"→"调整"→"替换颜色"命令,操作如图9-125所示。

步骤3 在弹出的"替换颜色"对话框中单击图9-126所示的红色圆圈处的吸管按钮,然后设置颜色容差值为200。

图9-124　打开素材图片并复制图层

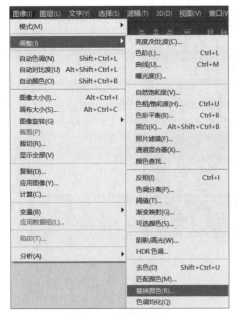

图9-125　替换颜色

图9-126　"替换颜色"对话框

步骤4　分别用第一个吸管单击画布中的背景图片的红雨伞中的部分区域，如图9-127所示的红色圆圈处。

步骤5　吸取颜色后，将"替换颜色"窗口中颜色容差改为160，色相为-89，饱和度为-57，即变红色为紫色，如图9-128所示。至此，本案例制作完毕，最终效果如图9-123所示。

图9-127　颜色吸取

图9-128　修改数值

9.2.5 通道混合器

在Photoshop中,"通道"面板的各个颜色通道(红、绿、蓝)保存着图像的色彩信息。

通道混合器是以图像中某一通道作为输出通道,通过加减源通道亮度值,并把增加或减少的亮度值借给输出通道使用,从而改变图像的颜色。

通道混合器的调整结果:图像中输出通道的亮度值发生了变化,数值改变了;但其他两个源通道的亮度值并不会发生变化,数值保持不变。

执行"图像"→"调整"→"通道混合器"命令,可以打开"通道混合器"对话框,如图9-129所示。

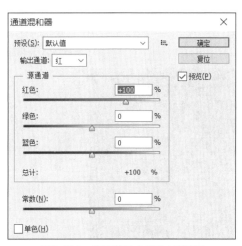

图9-129 "通道混合器"对话框

"通道混合器"对话框中各选项含义如下:

预设:在"预设"下拉列表中包含多个预设的调整设置文件,可以用来创建各种黑白效果。

输出通道:选择要修改的颜色通道。

源通道:选择以哪个通道作为源去修改输出通道,由于通道通常以灰度图像显示,当移动源通道中某一颜色下的滑块时,则是往输出通道中所选的通道里添加适当的白色,也即是适当地在源通道的所选颜色中添加输出通道里所选的颜色。

常数:正值时增加相应的颜色,负值时减少相应的颜色。

单色:勾选该复选框,图像将从彩色转换为单色图像。

(随)(堂)(案)(例) 使用通道混合器调整跑车外观颜色。

跑车的时尚设计外观吸引了无数车迷和跑车爱好者,本案例将利用本节讲解的"通道混合器"命令调出别样色调的跑车外观颜色,效果如图9-130所示。

图9-130 跑车

案例实现

步骤1 在Photoshop CS6软件中打开素材图片，将原图层复制一层，如图9-131所示。

步骤2 单击图层面板下方的"创建新的填充或调整图层"按钮，在弹出的菜单中选择"通道混合器"命令，操作如图9-132所示。

图9-131 打开素材图片并复制图层

图9-132 选择"通道混合器"命令

步骤3 在弹出的属性窗口中更改相关参数值，首先选择输出通道为"红"并更改蓝色为+100%，其他的两种颜色为0；然后选择输出通道为"绿"并更改红色为+100%，其他的两种颜色为0；最后选择输出通道为"蓝"并更改红色为+100%，其他的两种颜色为零分别如图9-133、图9-134和图9-135所示。

图9-133 更改红通道参数

图9-134 更改绿通道参数

图9-135 更改蓝通道参数

步骤4 由于使用了"通道混合器"命令以后，灭火器颜色变为了蓝色，如图9-136所示，此时，需要将灭火器颜色改回红色。单击图层下方的"添加图层蒙版"命令按钮，用黑色的画笔涂抹出灭火器如图9-137和图9-138所示。至此，本案例制作完毕，最终效果如图9-130所示。

图9-136 使用"通道混合器"命令处理后的图片

图9-137 使用蒙版处理灭火器颜色

图9-138 蒙版

随堂案例 使用通道混合器更换易拉罐及背景颜色。

本案例仍然利用"通道混合器"命令，更换易拉罐及背景图片的颜色，案例效果如图9-139所示。

图9-139 易拉罐

案例实现

步骤 1 在Photoshop CS6软件中打开素材图片，将原图层复制一层，如图9-140所示。

图9-140　打开素材图片并复制图层

步骤2　单击图层面板下方的"创建新的填充或调整图层"按钮，在弹出的菜单中选择"通道混合器"命令，在属性窗口中将输出通道"红"中的蓝色改为100%，输出通道"绿"中的红色为100%，输出通道"蓝"中的红色为100%，如图9-141～图9-143所示。至此，本案例制作完毕，最终效果如图9-139所示。

图9-141　修改红通道参数　　　图9-142　修改绿通道参数　　　图9-143　修改蓝通道参数

9.2.6　匹配颜色

"匹配颜色"命令是将一个图像（源图像）中的颜色与另一个图像（目标图像）中的颜色相匹配。当用户尝试使不同照片中的颜色保持一致，或者一个图像中的某些颜色（如肤色）必须与另一个图像中的颜色匹配时，"匹配颜色"命令非常有用。

"匹配颜色"命令可匹配多个图像之间、多个图层之间或者多个选区之间的颜色。它还允许用户通过更改亮度和色彩范围以及中和色痕来调整图像中的颜色。"匹配颜色"命令仅适用于RGB模式。

当使用"匹配颜色"命令时，指针将变成吸管工具。在调整图像时，使用吸管工具可以在"信息"面板中查看颜色的像素值。此面板会在用户使用"匹配颜色"命令时提供有关颜色值变化的反馈。

执行"图像"→"调整"→"匹配颜色"命令，可以打开"匹配颜色"对话框，如图9-144所示。

"匹配颜色"对话框各选项含义如下：

目标图像：显示被修改的图像名称和颜色模式。

图像选项：设置目标图像的色调和明度。其中，"明亮度"可以增加或减少图像的亮度，"颜色强度"可以调整色彩的饱和度，"渐隐"可以控制匹配颜色在目标中的渐隐程度，用于控制图像的调整量，该值越高，调整的强度越弱；选中"中和"复选框可以消除图像中出现的偏色。

图像统计：在该选项中可以定义原图像或目标图像的选区进行颜色的计算，以及定义源图像和具体对哪个图层进行计算。其中，"使用源选区计算颜色"表示如果在源图像中创建了选区，勾选该复选框可以使用选区中的图像匹配颜色；取消勾选该复选框则使用整幅图像进行匹配。"使用目标选区计算调整"表示如果在目标图像中创建了选区，勾选该复选框可以使用选区内的图像来计算调整；取消勾选该复选框则会使用整个图像中的颜色来计算调整。"源"用来选择与目标图像中的颜色进行匹配的源图像。"图层"用来选择需要匹配颜色的图层。如果要将"匹配颜色"命令应用于目标图层中的某一个图层，应在执行命令前选择该图层。"载入统计数据/存储统计数据"：单击"载入统计数据"按钮，可以载入已存储的设置。当使用载入的统计数据时，无须在Photoshop中打开源图像，就可以完成匹配目标图像的操作；单击"存储统计数据"按钮，可以将当前的设置保存。

图9-144 "匹配颜色"对话框

随堂案例 使用匹配颜色功能处理饮料颜色。

炎热的夏季，柠檬加冰饮料清热解暑，下面利用"匹配颜色"命令处理柠檬饮料图片。本案例制作过程中会用到9.2.5节的易拉罐案例的效果图，最终效果如图9-145所示。

图9-145 柠檬加冰水饮料

步骤1 在Photoshop CS6软件中分别打开本案例素材图片和9.2.5节的易拉罐案例效果图，将原图层进行复制，得到两个图层，分别是图层1和图层1拷贝，对图层1进行去色，使用快捷键【Ctrl+Shift+U】，去色是为了保留原图层的纹理质感，效果如图9-146所示。

步骤2 对"图层1拷贝"进行匹配颜色处理，执行"图像"→"调整"→"匹配颜色"命令，操作如图9-147所示。

步骤3 在"匹配颜色"对话框中，在图像统计选项中将"源"换成9.2.5节中的"案例2效果图.png"，然后单击"确定"按钮，如图9-148所示。

图9-146 去色

图9-147 匹配颜色

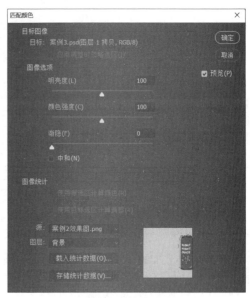

图9-148 选择"源"

步骤4 选择"图层1拷贝"图层，更改图层混合模式为"颜色"，如图9-149所示。

步骤5 单击图层面板下方的"创建新的填充或调整图层"按钮，在弹出的菜单中选择"色相/饱和度"命令，最后进行饱和度的处理，将饱和度调成-45，如图9-150所示。至此，本案例制作完毕，最终效果如图9-145所示。

图9-149 更改图层混合模式

图9-150 色相/饱和度设置

9.3 案 例 实 训

案例实训 1　为人物添加背景

在Photoshop图像处理中，背景的存在具有很重要的意义。它既可以对画面状况进行说明，也可以表现出整个作品世界观的框架。背景图片处理好了，就可以更好地提高角色的魅力，所以，在进行图片处理的时候，背景也不可忽略。下面的案例，将利用本章所学"色调分离"等知识，为人物添加背景，最终效果如图9-151所示。

案例实现

步骤1　新建一个大小为21 cm×29.7 cm的画布，背景色为白色。置入背景图片，如图9-152所示。

步骤2　对背景图片进行色调分离的操作，单击图层面板下方的"创建新的填充或调整图层"按钮，在弹出的菜单中选择"色调分离"命令操作如图9-153所示。

步骤3　将名为"图层3"的图片置入其中，调整好适当的位置后修改不透明度为90%，如图9-154所示。

步骤4　将"人物"图片置入画布中，然后复制一层，得到"人物 拷贝2"图层，并对该图层的图片按快捷键【Ctrl+Shift+U】进行去色，如图9-155所示。

图9-151　案例效果图

图9-151案例效果

图9-152　置入背景图片

图9-153　色调分离

图9-154　置入"图层3"

图9-155　复制图层

步骤5　使用移动工具将复制的图层的图片向右移动一点，效果如图9-156所示。

步骤 6　按住【Ctrl】并单击此图层，将图像载入选区，如图9-157所示，建立选区后，填充前景色（R:175，G:208，B:239）。

步骤 7　执行"滤镜"→"模糊"→"高斯模糊"命令，在弹出的"高斯模糊"窗口中设置半径为37左右即可，如图9-158所示。

图9-156　移动图片

图9-157　将图像载入选区

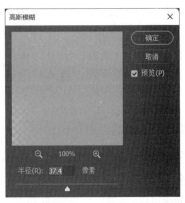
图9-158　高斯模糊

步骤 8　给第一层人物添加渐变映射，渐变色轴的左色标和右色标设置的RGB的参数值分别如图9-159和图9-160所示。

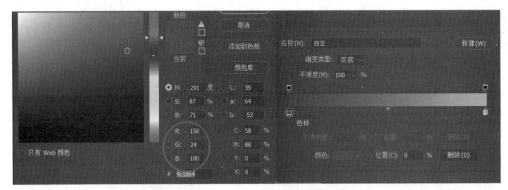
图9-159　设置左色标参数值

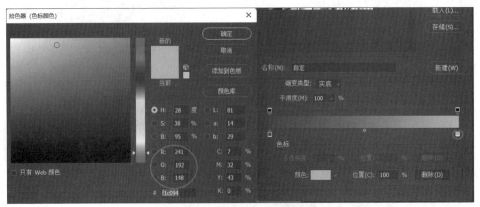
图9-160　设置右色标参数值

步骤 9　添加一个照片滤镜，"滤镜"选择"冷却滤镜（80）"，颜色浓度设置为25%，如图9-161所示。

步骤 10　使用文字工具添加一个单词beauti，调整到合适的大小，并将之进行"栅格化文字"命令操作，如图9-162所示，然后复制一层。

图9-161　照片滤镜

图9-162　选择"栅格化文字"命令

步骤11　将第一层文字图层添加一个冷却滤镜（80），如图9-163所示，将第二层文字向右移一点做出一点加粗的效果，如图9-164所示。

图9-163　照片滤镜

图9-164　文字加粗效果

步骤12　将素材文件夹中的名称为"图层4"的图片置入画布中，调整好位置即可。

步骤13　新建一个40 cm×40 cm的画布，背景为白色，分辨率调为150像素/英寸。

步骤14　画出两个圆形，粉色圆颜色数值（R:253，G:186，B:214），白色数值RGB都为255即可，白色在上，粉色在下，并调整白色圆的不透明度为60%，如图9-165和图9-166所示。

图9-165　绘制圆形

图9-166　设置图层不透明度

步骤15 选中两个图层，并使用移动工具将这两个图层拖入带有人物的psd里放在两层人物图层的中间部分，如图9-167所示。

步骤16 分别对这两个图层进行高斯模糊设置，执行"滤镜"→"模糊"→"高斯模糊"，在弹出的"高斯模糊"对话框中设置半径为12.5像素，如图9-168所示。

图9-167 更改图层的位置　　　　　　　　图9-168 高斯模糊

步骤17 给白色的圆添加蒙版，只留出圆的边缘部分即可，如图9-169所示，添加蒙版后圆的效果如图9-170所示。至此，本案例制作完毕，最终效果如图9-151所示。

图9-169 蒙版　　　　　　　　图9-170 添加蒙版后的效果图

案例实训 2　杂志封面制作

高尔基说："书籍是人类进步的阶梯"。图书设计作为平面设计的重要组成部分，以艺术的形式帮助读者理解书中的内容，增加读者的阅读兴趣。杂志是特殊的书籍，"杂"是多种多样的意思，"志"则指文字记事或记载的文字。封面是杂志的外貌，它既体现杂志的内容、性质，同时又给读者以美的享受，并且还起着保护书籍的作用。本案例利用本章所学的"色相/饱和度"等知识来设计某杂志封面，案例效果如图9-171所示。注意：案例中用到的蒙版知识将在本书第10章介绍。

图9-171 案例效果

案例实现

步骤1 新建一个21 cm × 29.7 cm的画布，背景色为R:34，G:64，B:70，背景色参数设置如图9-172所示。

图9-171 杂志封面

图9-172　新建画布的颜色设置

步骤2　将素材文件夹中名为"彩绘.jpg"的图片置入画布中，放在整个画布左面一半的部分，调整好合适的位置，如图9-173所示，然后执行"滤镜"→"模糊"→"高斯模糊"，操作如图9-174所示。

图9-173　置入"彩绘"图片

图9-174　高斯模糊

步骤3　在弹出的"高斯模糊"对话框中调整半径为18像素，如图9-175所示。

步骤4　执行"滤镜"→"滤镜库"命令，在弹出的滤镜库窗口中选择滤镜样式为"扭曲"中的"玻璃"效果，调整扭曲度为18，平滑度为4，缩放为140%，如图9-176所示。

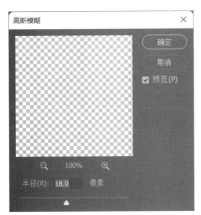

图9-175　高斯模糊

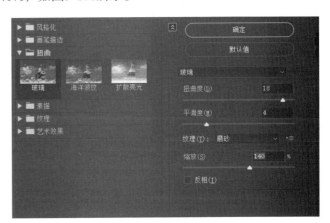

图9-176　玻璃

步骤5 单击图层面板下方的"创建新的填充或调整图层"按钮,在弹出的菜单中选择"色相/饱和度"命令,在弹出的属性窗口中勾选"着色"复选框,然后调整色相和饱和度数值,将色相调整为186,饱和度调整为35,如图9-177所示。

步骤6 将素材文件夹中的"人物.png"置入画布,然后单击色相/饱和度后的蒙版,用黑色的画笔涂抹出人物的皮肤,效果如图9-178所示。

步骤7 使用文字工具并输入fashion,调整好合适的字体,大小和位置后,进行栅格化文字,如图9-179所示。

步骤8 创建一个能够盖住fashion的矩形,并用渐变进行填充,颜色从白色到背景色,效果如图9-180所示。

步骤9 将此图层转换为智能对象,选择"转换为智能对象"命令,如图9-181所示。然后双击此图层的"智能对象缩览图"图标,对该对象进行单独编辑,会弹出如图9-182所示对话框,单击"确定"按钮,此时会进入到图层22所在的单独的画布。

图9-177 色相/饱和度参数设置

图9-178 色相/饱和度蒙版

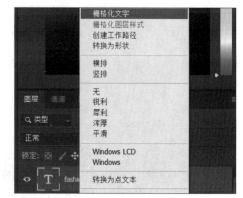

图9-179 栅格化文字

图9-180 矩形

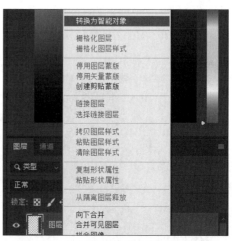

图9-181 选择"转换为智能对象"命令

图9-182　编辑提示对话框

步骤10　对矩形进行滤镜效果的修饰，执行"滤镜"→"像素化"→"铜板雕刻"命令，如图9-183所示。

步骤11　在打开的"铜板雕刻"对话框中选择类型为"粒状点"，如图9-184所示，然后单击"确定"按钮，效果如图9-185所示。

图9-183　铜板雕刻

图9-184　粒状点

图9-185　效果图

步骤12　执行"选择"→"色彩范围"命令，在打开的"色彩范围"对话框中选择"高光"选项，然后单击"确定"按钮，如图9-186所示。再按快捷键【Ctrl+S】进行保存，最后关闭此页面，回到主画布，效果如图9-187所示。

步骤13　按住【Alt】后单击两图层之间，创建剪切蒙版如图9-188所示。创建剪贴蒙版的效果如图9-189所示。

步骤14　单击图层面板下方的"添加图层样式"命令按钮，选择"颜色叠加"，在弹出的窗口中设置混合模式为正常，不透明度为100%，如图9-190所示，然后单击"确定"按钮。效果如图9-191所示。

步骤15　添加一层蒙版，将画笔的不透明度调低，硬度调低，在矩形的左面的一边轻轻涂抹一下，如图9-192所示。

图9-186　高光

图9-187　应用高光后的效果图

图9-188　剪切蒙版

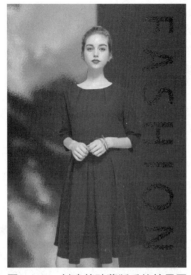

图9-189 创建剪贴蒙版后的效果图

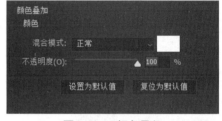

图9-190 颜色叠加

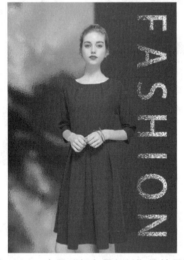

图9-191 应用"颜色叠加后"的效果图

图9-192 蒙版

步骤16 最后，利用横排文字工具添加合适大小的文字在合适的位置即可，如图9-193所示。至此，本案例制作完毕，最终效果如图9-171所示。

●更多案例

"蔷薇"制作

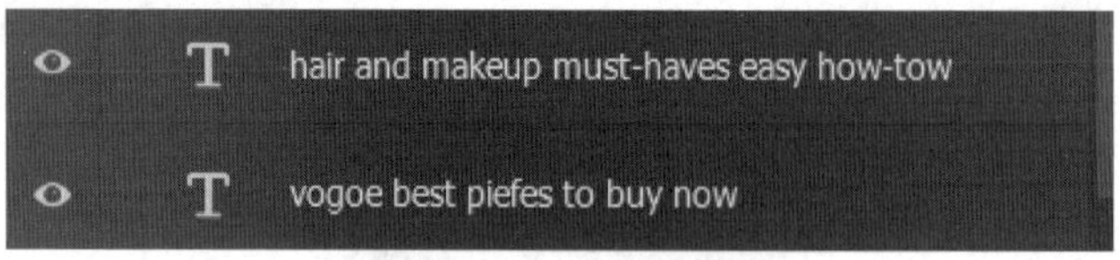

图9-193 添加文字

第10章 蒙版和通道的应用

通道和蒙版是Photoshop中的重要功能,运用它们可以合成许多具有特殊效果的图像。蒙版是以通道的形式存在的,而通道又是蒙版概念上的延伸。因为它们都是选择区域的特殊形式,所以有时可以将二者等同起来。蒙版是一种特殊的选区,它跟常规的选区不同,常规选区主要是对所选区域进行操作,而蒙版却恰恰相反,它是对所选区域进行保护,让其不被操作,而对非遮蔽的地方进行操作。当然,不在蒙版范围的区域可以继续进行操作。本章将重点介绍Photoshop中提供的两种主要类型的蒙版:图层蒙版和快速蒙版。通道是选区的载体,它将选区转换为可见的黑白图像,从而易于用户对图像进行编辑,得到各式各样的选区状态,为用户创建更多丰富多彩的图像效果提供了可能。

学习目标:

◎掌握蒙版的概念、蒙版的类型。

◎掌握创建各种蒙版的方法。

◎了解"通道"面板、通道的作用。

◎了解通道的类型。

◎掌握通道的基本操作方法。

10.1 初识蒙版

图像合成是Photoshop的重要应用领域之一,在平面设计、广告设计、修饰效果图、数码项目处理,以及视觉艺术创意中,图像合成都扮演着重要的角色。而在利用Photoshop进行图像合成时,可以使用多种手段和方法,其中最常用的莫过于本章介绍的蒙版技术。

10.1.1 蒙版的概念

蒙版可以用来将图像的某部分分离,保护该部分不被编辑。当基于一个选区创建蒙版时,没有选中的区域成为被蒙版蒙住的区域,也就是被保护的区域,可防止被编辑或修改,也可以将蒙版用于其他复杂的编辑工作,如对图像执行颜色变换或滤镜效果等。

蒙版是灰度的,是将不同灰度色值转化为不同的透明度,并作用到它所在的图层,使图层的不同部位透明度产生相应的变化。黑色为完全透明,白色为完全不透明。

10.1.2 蒙版的类型

在Photoshop CS6中,蒙版分为图层蒙版、快速蒙版、剪贴蒙版以及矢量蒙版,下面分别介绍这四种类型的蒙版。

1. 图层蒙版

图层蒙版是使用最为频繁的一类蒙版，绝大多数图像合成作品均需使用图层蒙版。图层蒙版依靠蒙版像素中像素的亮度，使图层显示出被屏蔽的效果，亮度越高，图层蒙版的屏蔽作用越小。反之，图层蒙版中像素的亮度越低，则屏蔽效果越明显。

图层蒙版可以理解为在当前图层上面覆盖一层玻璃片，这种玻璃片有透明的、半透明的、完全不透明的。然后用各种绘图工具在蒙版上涂色，涂黑色的地方蒙版变为透明，看不见当前图层的图像；涂白色则使涂色部分变为不透明，可看到当前图层上的图像；涂灰色使蒙版变为半透明，透明的程度由涂色的灰度深浅决定，是Photoshop中一项十分重要的功能。

图层蒙版跟橡皮擦工具差不多，也可以把图片擦掉，但它比橡皮擦多了一个十分实用的功能——可以把擦掉的地方还原。简单说，图层蒙版就是一个不但可以擦掉，还可把擦掉的地方还原的橡皮擦工具。

2. 快速蒙版

快速蒙版的意义在于制作选择区域，其制作方法为通过屏蔽图像的某一部分，显示另一个部分，从而达到制作精确选区的目的。快速蒙版通过不同的颜色对图像产生屏蔽作用，效果非常明显。

3. 剪贴蒙版

这是一类通过图层与图层之间的关系，控制图层中图像显示区域与显示效果的蒙版，能够实现一对一或一对多的屏蔽效果。对于剪贴蒙版来说，基层图层中的像素分布将影响剪贴蒙版的整体效果，基层中的像素不透明度越高、分布范围越大，则整个剪贴蒙版产生的效果也越不明显，反之则越明显。

相邻的两个图层创建剪贴蒙版后，位于上方的图层所显示的形状或虚实就要受下面图层的控制，下面图层的形状是什么样的，上面图层就显示什么形状，或者只有下面图层的部分形状能够显示出来，但画面内容还是上面图层的，只是形状受下面图层控制。

按住【Alt】键，鼠标放在两个图层之间，鼠标形状改变时单击。在本书的9.3节中多次用到了剪贴蒙版，剪贴蒙版是一个可以用其形状遮盖其他图像的对象，用户只能看到蒙版形状内的区域，从效果上来说，就是将图像裁剪为蒙版的形状。

4. 矢量蒙版

矢量蒙版是图层蒙版的另一种类型，但两种蒙版可以共存，用于以矢量图像的形式屏蔽图像。矢量蒙版依靠蒙版中的矢量路径的形状与位置，使图像产生被屏蔽的效果。

矢量蒙版，又称路径蒙版，是可以任意放大或缩小的蒙版，简单地说，就是不会因放大或缩小的操作影响清晰度的蒙版。矢量蒙版可以保证原图不受损，并且可以随时用钢笔工具修改形状，形状无论拉大多少，都不会失真。通过路径控制图像的显示区域，仅作用于当前图层（大多用于抠图）。

10.2 蒙版的使用

蒙版在Photoshop里的应用相当广泛，蒙版最大的特点就是可以反复修改，却不会影响到本身图层的任何构造。

10.2.1 图层蒙版

如果对蒙版调整的图像不满意，可以去掉蒙版，原图像又会重现。蒙版被认为是非常神奇的工具。10.1节中已经初步介绍了蒙版的类型，大家使用Photoshop都是为了让自己处理的图片更加美观，图层蒙版是最常用到的技术之一，本节将主要介绍图层蒙版的使用。

在"图层"面板中选择相应的图层蒙版，展开"蒙版"面板，如图10-1所示。

下面从该面板自上而下介绍"蒙版"面板中的各选项。

■表示当前选择的蒙版的类型为"图层蒙版"。

■■这两个按钮分别为"添加像素蒙版"和"添加矢量蒙版",单击"添加像素蒙版"按钮可以为当前图层添加图层蒙版;单击"添加矢量蒙版"按钮则添加矢量蒙版。

浓度:拖动滑块或修改文本框中的数值可以控制蒙版的不透明度,即蒙版的遮盖强度。

羽化:拖动滑块或修改文本框中的数值可以柔化蒙版的边缘。

蒙版边缘:可以打开"调整蒙版"对话框修改蒙版边缘,并针对不同的背景查看蒙版,这些操作与调整选区边缘基本相同。

颜色范围:可以打开"色彩范围"对话框,通过在图像中取样并调整颜色容差可修改蒙版范围。

反相:单击该按钮,可以反转蒙版的遮盖区域。

图10-1 "蒙版"面板

随堂案例 利用蒙版制作饮品效果。

玻璃高脚杯是透明的,本案例将利用图层蒙版知识根据给定的饮料素材图片和杯子图片来制作玻璃高脚杯中装入饮品的效果,案例效果如图10-2所示。

案例实现

步骤1 打开Photoshop CS6软件,将名为"背景.jpg"和"图层2.jpg"两个素材拖入画布中,并按住【Shift】键将素材调整至合适的大小和位置,效果如图10-3所示。

步骤2 调整图层2的透明度,比如不透明度为55%,如图10-4所示。

步骤3 给图层2添加蒙版,单击图层面板下方的"添加矢量蒙版"按钮,如图10-5所示。

图10-2 效果图

图10-3 添加素材

扫一扫

图10-2案例效果

图10-4 调整透明度

图10-5 添加蒙版

步骤4 选择"橡皮擦工具",选择笔刷类型为"硬笔刷",将不透明度和流量调整为100%,如图10-6所示。

图10-6 设置"橡皮擦工具"参数

步骤5 将橡皮擦的颜色转化为黑色,注意因为选择的是橡皮擦工具,所以应将背景色设置为黑色,如图10-7所示。

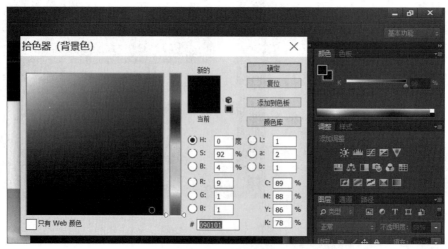

图10-7 拾色器

步骤6 将外部使用硬笔刷大致擦除,之后转换为软笔刷进行细致擦除,如图10-8所示。

图10-8 软笔刷

步骤7 利用软笔刷将图层2和背景融合，并将透明度调整为100%，如图10-9所示。

步骤8 将融合好的图层2图层混合模式设置为"正片叠底"，如图10-10所示。至此，本案例制作完毕，最终效果如图10-2所示。

图10-9 融合图

图10-10 正片叠底

随堂案例 利用蒙版合成图像。

本案例依然利用图层蒙版来合成图像。由若干元素组成后呈现眼帘的图像，应看上去就像是本来就是如此，要真实，注重虚实边缘的接合，不要过于生硬。案例最终效果如图10-11所示，呈现出一种酒瓶子里装着夕阳和晚霞的效果。

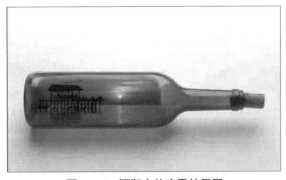

图10-11 酒瓶中的晚霞效果图

扫一扫

图10-11案例效果

案例实现

步骤1 打开Photoshop CS6软件,将名为"背景.png"和"夕阳.png"的两个素材拖入到画布中,并按住【Shift】键将素材调整至合适的大小和位置,效果如图10-12所示。

图10-12 素材导入

步骤2 调整夕阳图层的不透明度,将不透明度设置为50%左右,如图10-13所示。

步骤3 为夕阳图层添加图层蒙版。选中该图层,单击图层面板下方的"添加矢量蒙版"按钮,如图10-14所示。

图10-13 不透明度

图10-14 添加蒙版

步骤4 单击"橡皮擦工具",选择笔刷类型为"硬笔刷",其中的不透明度和流量都选择为100%,如图10-15所示。

步骤5 将硬笔刷的拾色器选择为黑色,因为使用的是橡皮擦工具,所以将背景色设为黑色,如图10-16所示。

图10-15 设置"硬笔刷"

图10-16 设置"拾色器"参数

步骤 6 利用橡皮擦工具将酒瓶之外的图片进行大致部分擦除,如图10-17所示。

步骤 7 大致擦除后,为细致擦除做准备,将硬笔刷工具转换为软笔刷工具,如图10-18所示。

图10-17 大致擦除

图10-18 设置"软笔刷"

步骤 8 对剩余部分的图片进行细致擦除,同时不透明度调整至合适位置,可以设置为80%左右,最终效果如图10-11所示。

通过前面例子的学习,读者可以总结图层蒙版的特点。即图层蒙版相当于一块能使物体变透明的布,在布上涂黑色时,物体变透明;在布上涂白色时,物体显示出来;在布上涂灰色时,会以半透明显示。它是一种特殊的选区,但它的目的并不是对选区进行操作,相反,是要保护选区的不被操作。同时,不处于蒙版范围的地方则可以进行编辑与处理。

图层蒙版中的黑色,就是蒙住当前图层的内容,露出当前图层下面的图层的内容来。

图层蒙版中的白色是显示当前层的内容。

图层蒙版中的灰色是半透明状,当前图层与它下面的图层交界处的内容则若隐若现。

10.2.2 快速蒙版

快速蒙版是指快速在图像上创建一个暂时的蒙版效果,常用于精确定义选区,实现图像选区的分离处理。进入快速蒙版编辑状态中的图像除选区外,其他区域都呈现淡红色,此时对图像进行操作,淡红色区域不被改变。

快速蒙版是一种临时蒙版,它可以在临时蒙版和选区之间快速转换,使用快速蒙版将选区转为临时蒙版后,可以使用任何绘画工具或滤镜编辑和修改它,退出快速蒙版模式时,蒙版将自动转为选区。

在快速蒙版状态下,工具箱的前景色和背景色会自动变成黑色和白色,图像上覆盖的红色将保护选区以外的区域,选中的区域则不受蒙版保护,当使用白色绘制时,可以擦除蒙版,使红色区域变小,这样可以增加选择的区域;使用黑色绘制时,可以增加蒙版的区域,使红色覆盖的区域变大,这样可以减少选择的区域。快速蒙版的功能和作用就是创建选区。

随堂案例 利用快速蒙版制作图片撕裂效果。

快速蒙版经常用于抠图和制作一些具有特殊效果的图片,本案例将利用快速蒙版实现图片撕裂的效果,案例效果如图10-19所示。

案例实现

步骤 1 打开Photoshop CS6软件,将名为"素材.png"的图片置入画布中。

步骤 2 选择背景图层,按快捷键【Ctrl+J】进行复制,并选择"多边形套索工具"在图片上绘制选区,如图10-20所示。

图10-19 效果图

步骤3 单击工具栏上的"以快速蒙版模式编辑"按钮或按快捷键【Q】,如图10-21所示。

图10-20 绘制选区

图10-21 快速蒙版模式编辑

步骤4 执行"滤镜"→"像素化"→"晶格化",设置单元格大小为25,然后单击"确定"按钮,效果如图10-22所示。

步骤5 退出快速蒙版模式,随后执行"图层"→"新建"→"通过剪切的图层"命令,同时新建图层填充为白色,如图10-23所示。

图10-22 晶格化效果

图10-23 图层处理

步骤6 选择图层1,按快捷键【Ctrl+T】执行自由变化命令,适当放大图片,并移动其位置,形成图10-20所示的效果。至此,本案例制作完毕。

10.3 通道操作

通道是Photoshop的高级功能,它与图像的内容、色彩和选区有着密切的联系,通过通道可以创建复杂的选区、进行高级的图像合成、调整图像颜色等。

10.3.1 通道的功能

通道是存储不同类型信息的灰度图像。通道的功能如下:

① 通道可以代表图像中某一种颜色的信息。例如:在RGB模式中,G通道代表图像的绿色信息。

② 图像的颜色模式决定了所创建的颜色通道的数目。例如,RGB图像的每种颜色(红色、绿色和蓝色)都有一个通道,并且还有一个用于编辑图像的复合通道。

③ 通道可以表示色彩的对比度。虽然每个原色通道都以灰度显示,但各通道的对比度是不同的,这一功能可用于抠图和创建选区等重要操作。

通道与前面章节讲解过的图层的区别是：

图层表示的是不同图层元素的信息，显示一幅图像中的各种合成成分。

通道表示的是不同通道中的颜色信息或选区。

10.3.2 通道的分类

通道的类别如图10-24所示。

1. 复合通道

复合通道实际上只是同时预览并编辑所有颜色通道的一个快捷方式，所以它不包含任何信息。复合通道通常用来在单独编辑完一个或多个通道后使"通道"面板返回到它的默认面板。

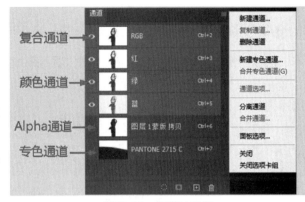

图10-24　通道的类别

2. 颜色通道

在Photoshop中打开图像时，"通道"面板中会自动创建该图像的颜色信息通道。

颜色通道记录了图像的内容和颜色信息，图像的颜色模式决定了所创建的颜色通道的数目。

RGB图像包含红、绿、蓝三个颜色通道和一个用于编辑图像的复合通道。CMYK图像包含青、品红、黄、黑四个颜色通道和一个复合通道。Lab图像包含明度、a、b和一个复合通道。位图、灰度等其他模式图像都只有一个通道。

3. Alpha通道

Alpha通道与颜色通道的不同点在于，它不会直接影响图像的颜色。

Alpha通道的三个功能：

（1）保护选区（蒙版）

使用Alpha通道将选区存储为灰度图像后，可以使用绘画工具、编辑工具和滤镜等对其进行编辑，从而修改选区内容。

蒙版就存储在Alpha通道中。蒙版和通道都是灰度图像，因此可以使用绘画工具、编辑工具和滤镜，像编辑任何其他图像一样对它们进行编辑。在蒙版上用黑色绘制的区域将会受到保护，而蒙版上用白色绘制的区域是可编辑区域。

（2）将选区存储为灰度图像

Alpha通道将选区存储为"通道"面板中的可编辑灰度蒙版。将选区存储为Alpha通道后，可以随时重新加载此选区，甚至可以将此选区加载到其他图像。

在Alpha通道中，白色代表了被选择的区域；黑色代表了未被选择的区域；灰色代表了被部分选择的区域，即羽化区域。因此，用白色涂抹会扩大选区范围；用黑色涂抹会缩小选区范围；用灰色涂抹会增加羽化的范围。

（3）从Alpha通道中载入选区

通过将选区载入图像重新使用以前存储的选区。

Alpha通道具有以下特点：

① 所有通道都是8位灰度图像，能够显示256级灰阶。

② Alpha通道可以任意添加或删除。

③ 可设置每个通道的名称、颜色和蒙版选项的不透明度。

④ 所有新通道具有与原图像相同的尺寸和像素数目。

⑤ 可以使用绘图工具在Alpha通道中编辑蒙版。

⑥ 将选区存储在Alpha通道中，可以在同一图像或不同图像中重复使用。

4．专色通道

专色是用于替代或补充印刷色（CMYK）的特殊预混油墨，如金属质感油墨、荧光油墨等。如果要印刷带有专色的图像，则需要使用专色通道来存储专色。

10.3.3 "通道"面板

执行"窗口"→"通道"命令打开"通道"面板，可用来创建、保存和管理通道。

"通道"面板与"图层"面板类似，分为不同的通道层，左侧为通道缩览图，右侧为通道名称和快捷选择键。

"通道"面板下方有"创建新通道""删除当前通道"等命令，这些命令也可以通过面板菜单或者右击通道层来实现。"通道"面板如图10-25所示。

通道面板选项：用于设置面板中每个通道的显示状态。选择该选项，打开"通道面板选项"对话框，在对话框中可以设置通道缩览图的大小，如图10-26所示。

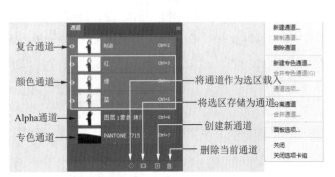
图10-25 "通道"面板

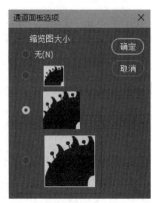
图10-26 "通道面板选项"对话框

下面介绍如何选择并查看通道内容，在"通道"面板中单击即可选择通道，同时文档窗口中会显示所选通道的灰度图像。按住【Shift】键单击可以选择（或取消选择）多个不同的通道，文档窗口中会显示所选颜色通道的复合信息。如果想在选中某通道的情况下，同时看到其他通道中的图像，可单击其他通道前的可见性图标。在"通道"面板中，每个通道的右侧都显示了快捷键，按快捷键【Ctrl+数字】或【Ctrl+/】可快速选择对应通道。

"通道"面板中的颜色通道默认显示为灰色，执行"编辑"→"首选项"→"界面"命令或按快捷键【Ctrl+K】，勾选"用彩色显示通道"选项，则可以使用原色显示各通道，如图10-27所示。

图10-27 用彩色显示通道

接下来讲解如何创建Alpha通道，有如下三种方法：

1．在"通道"面板中新建

这种创建方法与"图层"面板创建新图层的方法一样，单击"通道"面板下方的"创建新通道"按钮，即可创建一个Alpha通道。

按住【Alt】键单击"创建新通道"按钮或使用面板菜单"新建通道"选项，打开"新建通道"对话框，设置新通道的名称、色彩指示及蒙版颜色，创建Alpha通道，如图10-28所示。

2．使用选区创建（将选区存储为通道）

如果已经创建选区，单击"通道"面板下方的"将选区存储为通道"按钮，即可创建Alpha通道。

创建选区后，还可以执行"选择→存储选区"命令，或者在选区上右击选择"存储选区"命令，打开"存储选区"对话框，设置通道名称，创建Alpha通道，如图10-29所示。

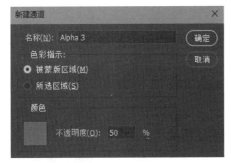
图10-28 "新建通道"对话框

图10-29 "存储选区"对话框

创建选区后，若按住【Alt】键单击"将选区存储为通道"按钮，则打开"新建通道"对话框，设置新通道的名称、色彩指示及蒙版颜色，即可创建Alpha通道。

"存储选区"功能相当于使用"将选区存储为通道"按钮创建一个Alpha通道，两种方法都是将不容易控制的选区存储为通道，便于调用选区和对选区进行操作。

3．使用"贴入"命令创建

"贴入"命令可以将两张图像合并为一张图像，并自动创建通道。使用快捷键【Ctrl+C】和执行"编辑"→"选择性粘贴"→"贴入"命令，将一张图像复制粘贴到另一张图像中的选区中，粘贴的图像会在"图层"面板中自动创建图层蒙版，同时在"通道"面板中自动创建蒙版通道。

10.3.4 通道的复制、删除与重命名

通道的复制、删除和重命名操作与"图层"面板上的操作类似，可对比学习。

1．复制

通道的复制指拷贝通道并在当前图像或另一个图像中使用该通道。例如，使用"复制通道"功能创建通道蒙版；或者在编辑通道之前备份通道的副本。如果要在图像之间复制 Alpha 通道，则通道必须具有相同的像素尺寸；不能将通道复制到位图模式的图像中。

（1）复制通道

将通道拖动到"创建新通道"按钮上，可在当前图像中复制通道。在通道上右击或面板菜单中选择"复制通道"，打开"复制通道"对话框，如图10-30所示。进行命名复制，也可以选择复制到的目标文档。

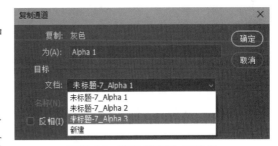
图10-30 "复制通道"对话框

选取"新建"将通道复制到新图像中，这样将创建一个包含单个通道的多通道图像。要反转复制的通道中蒙版的区域，请勾选"反相"复选框。

（2）将通道中的图像粘贴到图层

这种方法常用于图像的后期处理，将某一通道中的图像与原图像进行混合。

在"通道"面板中选择通道，按快捷键【Ctrl+A】全选，再按快捷键【Ctrl+C】复制通道，单击选择复合通道，然后按快捷键【Ctrl+V】即可将复制的通道粘贴到新建的图层中。

也可以将通道中的图像粘贴到另一个图像文档中，且目标图像不必与所复制的通道具有相同的像素尺寸。

（3）将图层中的图像粘贴到通道

同"将通道复制到图层"一样。在"图层"面板中选择图层，按快捷键【Ctrl+A】全选，再按快捷键【Ctrl+C】复制图像，在"通道"面板中新建一个Alpha通道，然后按快捷键【Ctrl+V】即可将复制的图像粘贴到通道中。

2. 删除

直接删除：将通道拖动到面板下方"删除当前通道"按钮上；按住【Alt】键的同时单击"删除当前通道"按钮；在通道上右击或面板菜单中选择"删除通道"。

间接删除：选中通道，单击"删除当前通道"按钮，然后选择"是"，删除通道。

复合通道不能被复制，也不能被删除。删除颜色通道后，图像会自动转换为多通道模式。

3. 重命名和排序通道

双击需要重命名的通道名称，输入新名称即可。使用鼠标直接拖动通道层即可对通道进行排序。复合通道和颜色通道不能进行重命名和排序操作。

图10-31 人脸磨皮效果图

随堂案例 使用通道制作磨皮效果。

下面的案例将利用通道的相关知识来进行人脸皮肤磨皮效果制作。有的人脸上有斑点，但希望拍出来的照片是没有斑点的。用户可以通过使用Photoshop软件，对人像照片进行磨皮，保留肌肤质感。效果如图10-31所示。

案例实现

步骤1 打开Photoshop CS6软件，将其素材图片"人物背景.png"拖入到画布中，如图10-32所示。

图10-32 导入素材图片

步骤2 打开通道面板，并单独选择蓝色通道，如图10-33所示。

步骤3 在选中的通道上右击，选择复制通道，如图10-34所示。

图10-33 蓝色通道

图10-34 复制蓝色通道

步骤4 执行"滤镜"→"其它"→"高反差保留"命令，在打开的"高反差保留"对话框中，设置其半径为10像素，如图10-35所示。

步骤5 执行"图像"→"计算"命令，弹出"计算"对话框，并将混合选项中的正常模式改为叠加模式，如图10-36所示。

步骤6 按快捷键【Ctrl+I】并单击通道面板底部的"载入选区"按钮，如图10-37所示。

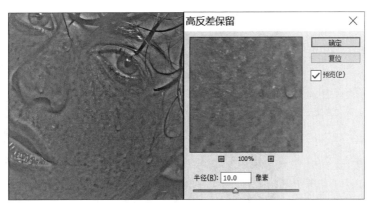

图10-35 "高反差保留"对话框

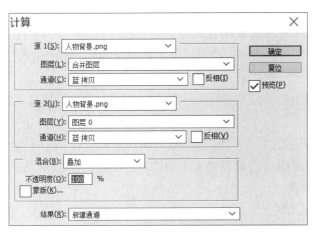

图10-36 设置"计算"参数

图10-37 载入选区

步骤7 隐藏Alpha3通道，显示RGB通道，如图10-38所示，并返回图层面板，显示图层0，如图10-39所示。

图10-38 RGB通道

图10-39 图层面板

步骤8 选中图层0，为该图层添加曲线，单击图层面板下方的"创建新的填充或调整图层"按钮，如图10-40所示，在弹出的菜单中选择"曲线"命令，如图10-41所示。

步骤9 将曲线调整至合适位置，如图10-42所示。

步骤10 选择工具箱中的"画笔工具"，将头发等多余部分进行擦除，直到达到满意的效果。至此，本案例制作完毕，最终效果如图10-31所示。

图10-40 创建新的填充或调整图层

图10-41 曲线

图10-42 曲线调整

本案例里步骤5中的"计算"命令，是将两个（来自一个或多个）源图像的单个通道进行混合，然后将结果应用到新的通道、新的图像，或现有图像的选区中，参数解释如下：

源1：用于选择第一个源图像、图层和通道。下拉列表中可以选择已打开的与"源2"图像像素尺寸相同的图像文件。

源2：用于选择与"源1"混合的第二个源图像、图层和通道。同样，该图层必须是打开的，且与"源1"图像像素尺寸相同。

结果：用于选择一种结果的生成方式，包括"新建通道"、"新建文档"和"选区"三个选项。

① 新建通道：将结果应用到当前图像的新的通道中，参与混合的两个通道不受影响。

② 新建文档：选择该选项将得到一个新的灰度图像。

③ 选区：选择该选项将在当前图像中得到一个新选区。

通道抠图比较适用于图形边缘过于复杂或背景与主体区分不明显的情况，例如人像发丝、婚纱、烟雾、流水、玻璃等等，如果主体和背景区分很明显，完全可以使用前面章节讲解过的快速选择工具、魔棒、色彩范围等等，当然使用通道也是可以的。

随堂案例 利用通道抠图制作某洗面奶宣传海报。

本案例将利用通道相关知识抠取水花素材，合成洗面奶宣传海报，效果如图10-43所示。

图10-43 案例效果图

案例实现

步骤1 打开"水花.jpg"素材文件，选择通道面板，分别选择"红""绿""蓝"三个通道查看水花并对比其显示效果，选择其中明暗对比最明显的红通道，如图10-44所示。

图10-44 选择红通道

步骤2 将红通道向下拖动至"创建新通道"按钮上，复制一个通道，然后按快捷键【Ctrl+L】打开"色阶"对话框，在"输入色阶"栏第一个文本框中输入参数值为"88"，增强明暗的对比，效果如图10-45所示。

图10-45 输入色阶值，增强明暗对比

步骤3 选择复制的红通道，单击"将通道载入选区"按钮载入选区，由于载入的是除水花以外的选区，按快捷键【Ctrl+Shift+I】反向选取选区，得到水花的选区。随后单击"RGB"通道，再单击"图层"面板，按快捷键【Ctrl+J】将水花选区中内容复制到新的图层1中，选中背景图层按快捷键【Ctrl+Shift+Alt+N】创建新的图层2，按快捷键【Alt+Delete】填充前景色黑色，如图10-46所示。

图10-46 选取水花的效果

步骤4 按快捷键【Ctrl+N】新建一个大小为600像素×800像素、分辨率为72像素/英寸、颜色模式为RGB，名称为洗面奶宣传海报的画布。

步骤5 选择工具箱中的渐变工具，在工具属性栏中设置渐变色的色值为"#fec6df"～"#76d8f4"，单击"线性渐变"按钮，在"背景"层中创建图10-47所示的粉红色至蓝色的渐变效果。

步骤6 打开"洗面奶.png"素材文件，用移动工具将素材移动到洗面奶宣传海报画布中并调整素材的大小位置。将从水花文件中扣取的水花拖到"洗面奶宣传海报"中，文件命名为水花，并调整水花的位置与大小，如图10-48所示。

图10-47 渐变效果　　　　　　　　图10-48 导入洗面奶素材图片

步骤7 选择水花图层，单击图层面板下方的图层蒙版按钮，设置前景色为黑色，选择工具箱中的画笔工具，在工具属性栏中设置画笔不透明度为35%，并在蒙版图层中涂抹，目的是减淡水花中间部分的色彩，如图10-49所示。

步骤8 选择工具箱中的横排文字工具，输入图10-50所示的文字，设置字体为"微软雅黑"，文字颜色为"白色"，适当调整文字大小和位置，然后保存文件，最终效果如图10-43所示。至此，本案例制作完毕。

图10-49 减淡水花效果

图10-50 输入文字后的效果

10.4 案 例 实 训

案例实训1 乡间小路案例制作

党的二十大报告指出：全面推进乡村振兴。全面建设社会主义现代化国家，最艰巨最繁重的任务仍然在农村。坚持农业农村优先发展，坚持城乡融合发展，畅通城乡要素流动。还指出，统筹乡村基础设施和公共服务布局，建设宜居宜业和美乡村。本案例利用图层蒙版制作乡间小路图片，效果如图10-51所示。

图10-51案例效果

图10-51 案例效果图

案例实现

步骤1 打开Photoshop CS6软件，将"小路.png""天空.png"素材图片拖入画布中，如图10-52所示。

步骤2 双击背景图层中的锁定图层按钮，使其变为普通图层。将图层更名为小路，并将天空图层拖动至小路图层下方，为小路图层添加图层蒙版，并使用工具箱中的画笔工具，将其涂抹出天空部分，效果如图10-53所示。

第10章 蒙版和通道的应用

图10-52 导入素材图片

图10-53 添加蒙版后的效果

步骤3 选中"小路"图层缩览图，按快捷键【Ctrl+J】复制图层，选择复制出的图层蒙版缩览图后右击，删除图层蒙版，调整图层不透明度为60%，按快捷键【Ctrl+T】将其移动至天空部分重合，如图10-54所示。

步骤4 再次修改图层不透明度为100%，选择工具箱中的画笔工具对其蒙版部分进行擦拭，留下天空部分，将不透明度更改为70%，如图10-55所示。

图10-54 图层处理

图10-55 天空擦拭

步骤5 单击图层面板右下角的"创建新的填充或调整图层"按钮，在弹出的快捷菜单中选择"色彩平衡"命令，如图10-56所示。

步骤6 单击剪切蒙版按钮，将色彩平衡剪切到天空图层，并调整色调为中间调，设置参数为-10、0、-18，如图10-57所示。

图10-56 选择"色彩平衡"命令

图10-57 "中间调"属性

步骤7 选择色调为阴影，设置参数分别为-8、0、-23，再选择色调为高光，设置参数分别为-13、0、-18，效果如图10-58所示。

步骤8 导入"小丘.png"素材图片，适当调整图片位置及大小，并为其图层添加蒙版，如图10-59所示。

图10-58　色彩平衡处理

图10-59　导入素材图片

步骤9 使用工具箱中的画笔工具对图层蒙版进行擦拭处理，效果如图10-60所示。

图10-60　山丘图片处理

步骤10 添加色彩平衡效果，并为"小丘"图层添加剪贴蒙版，设置中间调参数分别为-100、0、-18，阴影参数分别为-16、0、-34，高光参数分别为12、0、8，形成最终效果如图10-51所示。至此，本案例制作完毕。

案例实训2　节约用水海报制作

党的二十大报告指出：中国式现代化是人与自然和谐共生的现代化。人与自然是生命共同体，无止境地向自然索取甚至破坏自然必然会遭到大自然的报复。我们坚持可持续发展，坚持节约优先、保护优先、自然恢复为主的方针，像保护眼睛一样保护自然和生态环境，坚定不移走生产发展、生活富裕、生态良好的文明发展道路，实现中华民族永续发展。本案例利用快速蒙版抠取蝴蝶和已有素材拼合成一个节约用水的海报，效果如图10-61所示。

图10-61案例效果

图10-61 效果图

案例实现

步骤1 打开Photoshop软件，执行"文件"→"打开"命令，打开蝴蝶素材.psd文件，如图10-62所示。

步骤2 单击工具栏选择"以快速蒙版模式编辑"或按【Q】键，如图10-63所示。

图10-62 打开素材图片

图10-63 快速蒙版工具

步骤3 选择工具箱中的"画笔工具"，调整画笔笔刷到合适的大小并对蝴蝶进行涂抹选区，如图10-64所示。

步骤4 再次单击"以快速蒙版模式编辑"按钮退出，形成选区，按快捷键【Ctrl+Shift+I】进行反选，如图10-65所示。

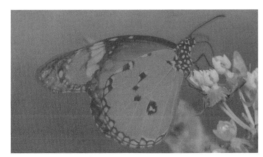

图10-64 涂抹选区

图10-65 蝴蝶选区

步骤5 单击"快速选择工具"，单击选项栏上的"选择并遮住"按钮，在右侧的属性面板中设置视图模式为"叠加"，如图10-66所示。

步骤6 单击右侧属性面板中的边缘检测选项，并设置半径参数为2像素，选择调整边缘画笔工具对空白区域涂抹，如图10-67所示。

图10-66　图层模式

图10-67　调整边缘

步骤7　勾选右侧属性面板中"输出设置"选项中的"净化颜色"复选项，可以清除抠图后图像边缘存在的背景色痕迹，净化颜色的程度大小可以通过数量参数控制，如图10-68所示。

步骤8　将输出到选项设置为"输出到新建带有图层蒙版的图层"，单击"确定"按钮，效果如图10-69所示。

图10-68　净化颜色参数设置

图10-69　输出到新图层

步骤9　在Photoshop软件中打开"水瓶.png"素材图片，并将刚处理好的蝴蝶素材拖动至瓶口上方，使用快捷键【Ctrl+T】适当调整蝴蝶的大小和位置，将图层不透明度更改为70%，效果如图10-70所示。

步骤10　使用工具箱中的"横排文字工具"，设置字体为方正大标宋简体，36号字，浑厚，黑色，输入文字"节约用水　从我做起"，将文字移动到合适的位置如图10-61所示。至此，本案例制作完毕。

图10-70　合成图片效果图

●更多案例

冰镇柠檬水
效果制作

●更多案例

汽车广告
制作

●更多案例

人像高光
制作

第11章 使用路径和形状

本章主要讲解Photoshop中的矢量绘图工具，包括形状工具和钢笔工具。对于规则的几何图形，往往采用形状工具进行绘制；而不规则的图形绘制则采用钢笔工具，当然钢笔工具通常还被用于抠图。不论是图像的绘制还是抠图，设计者大多采用钢笔工具组或形状工具组等矢量工具，矢量工具主要通过调整矢量的路径和锚点进行操作，通过路径和形状不仅可以更加准确地绘制图形，而且可以将路径和形状转换为选区，实现更为精准的操作。钢笔和形状两个工具组，在后续学习网页页面元素制作、VI设计、UI设计都会经常用到。

学习目标：

◎掌握矩形工具、圆角矩形工具、椭圆工具的使用方法。

◎掌握钢笔工具的使用方法。

◎掌握创建、删除路径的方法。

◎掌握路径填充、路径描边的方法。

11.1 绘制图形

本节主要讲解绘制图形，Photoshop中的形状工具一共有六种：矩形工具、圆角矩形工具、椭圆工具、多边形工具、直线工具、自定义形状工具。使用这些工具可以绘制各种矢量图。这些工具的使用，通过具体图标的案例讲解。

不同的人对图标的定义是不同的，司机眼中的图标可能是交通指示牌上的指示图形；机械操作员眼中的图标可能是操作面板中按钮上的图案；计算机开发人员眼中的图标可能是电脑中的桌面图标、文件图标。而对于使用移动设备的用户来看，图标就是手机中的应用程序。

图标是标志、符号、艺术、照片的结合体，是图形信息的结晶。而在平面设计或UI设计中，图标则是在人们生活中接触越来越多的手机应用图标。

这些应用图标大致可以分为以下四类：

① 图像类图标。利用实体物品说明用途，如图11-1所示。例如：iReading童话故事、乐顺备忘录、中国全史、Camera Genius、Virtuoso Piano。

图11-1　图像类图标

这类图标中多为书籍、现实生活中常见的物品，这种表现方法能够直观地展现应用的使用方式和操作方式，让用户能直接清楚的了解这些实体。

② 内容类图标。这类图标主要将应用或游戏的操作方式以具有代表性的图形展现出来，如图11-2所示。例如：水果忍者、Cutthe Rope、FIFA game、Asphalt5。

图11-2　内容类图标

使用展示内容的多为游戏应用，这类应用更需要给用户展示尽可能多的游戏玩法和内容。例如水果忍者和Cutthe Rope这两款游戏，很好地表现了游戏玩法。

③ 比喻类图标。这类图标用其他物体让人们产生对应用的联想，如图11-3所示。例如：k歌之王、计算器、Live Sketch、todo、MSN、影片播放器等。

图11-3　比喻类图标

这类图标往往会应用在效率类、聊天类、健康类的应用程序图标中，因为这些类型的图标往往都比较抽象，所以设计者需要利用更多人们熟知的形象和物品来为应用内容做隐喻，让用户能够联想到其里面的内容，而不是去看App的简介。

④ 标志类图标。利用本身已有产品或已经深入人心的标识来展现，如图11-4所示。例如：虚拟人生3、凯立德移动导航、列车时刻表查询、UNIQLO、掌中新浪等图标。

图11-4　标志类图标

严格意义上讲，这种类型并不属于图标的范畴，但由于人们对其已经印象深刻，所以在应用图标中可以借助这种"印象"来阐述应用内容。对于一些已经有一定用户基础的公司或是应用，使用这种方式更加合适。

随堂案例　绘制播放器图标。

相信各式各样的播放器对读者来说并不陌生，利用Photoshop软件可以绘制出音乐播放器图标，本案例将利用图形绘制工具绘制一款播放器图标，效果如图11-5所示。

案例实现

步骤1　打开Photoshop CS6软件，按快捷键【Ctrl+N】，在"新建"对话框中设置"名称"为播放器图标、"宽度"为1 000像素、"高度"为1 000像素、"分辨率"为72像素/英寸、"颜色模式"为RGB颜色、"背景内容"为白色。单击"确定"按钮，完成画布的新建，如图11-6所示。

图11-5　案例效果图

第11章 使用路径和形状

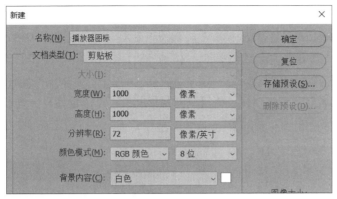

图11-6 新建画布

步骤2 对案例进行分析可知，案例由圆形、矩形和三角形构成。单击工具箱中的椭圆工具，如图11-7所示。单击画布任意位置，新建一个1 000像素×1 000像素的椭圆，如图11-8所示。

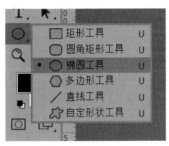

图11-7 椭圆工具

图11-8 新建椭圆

步骤3 按快捷键【Ctrl+A】进行全选，单击工具箱中的"移动工具"，再单击工具选项栏中的垂直居中和水平居中如图11-9所示。按快捷键【Ctrl+D】取消选区。在属性栏中单击"填充类型"，单击"拾色器"如图11-10所示，吸取案例中的颜色，单击"确定"按钮，进行填充，效果如图11-11所示。

图11-9 垂直居中和水平居中

图11-10 颜色填充

图11-11 颜色填充效果图

步骤4 按快捷键【Ctrl+J】进行图层复制，【Ctrl+T】进行图形自由变换，选中工具选项栏中的"锁定宽高比"，设置为90%，如图11-12所示。然后填充颜色，效果如图11-13所示。

图11-12 设置尺寸

图11-13 填充颜色效果图

步骤5 使用工具箱中的矩形工具，创建一个500像素×500像素的矩形如图11-14所示。在当前矩形基础上，在同图层、同位置发生运算，减去一个为其90%的矩形。使用工具箱中的路径选择工具如图11-15所示，单击新建的矩形，按快捷键【Ctrl+C】复制，【Ctrl+V】粘贴，【Ctrl+T】自由变换，锁定宽高比，设置为原矩形的90%，单击"确定"按钮。

步骤6 按快捷键【Ctrl+T】自由变换，将复制的矩形的参考点位置移至上方中间的位置如图11-16所示。

图11-14 创建矩形

图11-15 路径选择工具

图11-16 移动参考点

步骤7 将高度设置为50%。单击工具选项栏中路径操作选项，单击减去顶层形状如图11-17所示，得到所需图形，效果如图11-18所示。

步骤8 使用工具箱中的椭圆工具，单击画布任意位置，新建一个380像素×380像素的椭圆，使用路径选择工具单击新建的椭圆，在上方选项栏中找到路径对齐方式，使其水平居中、垂直居中，如图11-19所示。再为其补一个同位置的大小是其90%的椭圆，按快捷键【Ctrl+C】复制，【Ctrl+V】粘贴，【Ctrl+T】自由变换，锁定纵横比，设置为原图形90%，单击"确定"按钮，将其运算模式更改为合并形状，如图11-20所示，效果如图11-21所示。

步骤9 按快捷键【Ctrl+R】开启参考线，拖动两根参考线到画布中心，如图11-22所示。

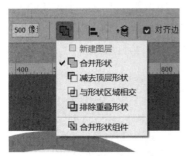
图11-17 减去顶层形状

图11-18 效果图

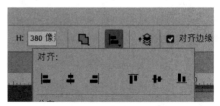
图11-19 水平垂直居中

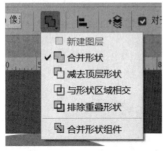
图11-20 更改运算模式

图11-21 效果图

图11-22 标注参考线

步骤10 单击工具箱中的"多边形工具"，如图11-23所示，在工具选项栏中设置边数为3，如图11-24所示。在画布中心按住【Alt】键进行拖动宽度在190像素左右的三角形，然后按快捷键【Ctrl+H】隐藏参考线。至此，本案例制作完毕，效果如图11-25所示。

第 11 章　使用路径和形状　235

图 11-23　多边形工具

图 11-24　设置边数

图 11-25　案例最终效果图

随堂案例　绘制"设置命令"图标。

智能手机中可以安装多款 App，而每一个 App 几乎都有设置选项，本案例通过 Photoshop 绘制一个"设置命令"图标，拟物的图标的绘制主要先通过元素拆解，再用 Photoshop 的工具一步一步地来完成，本案例主要用到 Photoshop 中的形状工具和图层样式来完成，案例效果如图 11-26 所示。

案例实现

步骤 1　观察案例效果图，图标由椭圆和矩形构成，打开 Photoshop CS6 软件，按快捷键【Ctrl+N】，在"新建"对话框中设置"名称"为设置图标、"宽度"为 1 000 像素、"高度"为 1 000 像素、"分辨率"为 72 像素/英寸、"颜色模式"为 RGB 颜色、"背景内容"为白色。单击"确定"按钮，完成画布的新建，如图 11-27 所示。

图 11-26　案例效果图

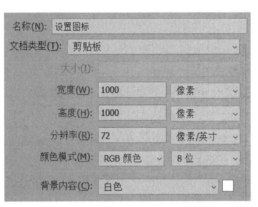

图 11-27　新建画布

扫一扫

图 11-26 案例效果

步骤 2　将案例效果图拖入到 Photoshop 软件中，执行"窗口"→"排列"→"双联垂直"命令。使用工具箱中的椭圆工具，单击画布的任意位置，新建一个 1 000 像素 × 1 000 像素的椭圆，在属性栏中单击"填充类型"，单击"拾色器"，如图 11-28 所示，吸管吸取案例效果中的颜色，单击"确定"按钮，进行填充，效果如图 11-29 所示。

图 11-28　填充类型

图 11-29　填充颜色

步骤3 使用工具箱中的矩形选框工具绘制矩形，鼠标单击画布任意位置新建一个100像素×700像素的矩形，如图11-30所示。按快捷键【Ctrl+A】进行全选，使用移动工具，单击工具选项栏中的"垂直居中"和"水平居中"命令，如图11-31所示。绘制效果如图11-32所示。

图11-30 新建矩形

图11-31 垂直居中和水平居中命令按钮

图11-32 绘制效果图

步骤4 鼠标选中矩形图层，按快捷键【Ctrl+Alt+T】进行复制自由变换，调整选项栏中的旋转角度为45º，如图11-33所示。单击对勾命令进行确定，同时按快捷键【Ctrl+Shift+Alt+T】两次进行重复自由变换操作，得到所需要绘制的图形。同时选中拷贝的图形，按快捷键【Ctrl+E】对矩形进行合并，效果如图11-34所示。

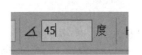
图11-33 设置旋转角度

图11-34 重复自由变换后的效果图

步骤5 使用工具箱中的椭圆工具依次画出三个椭圆，大小分别为500像素×500像素、350像素×350像素、140像素×140像素，并填充相应的颜色，效果如图11-35所示。

步骤6 选中椭圆1图层，单击图层面板右下角"添加图层样式"命令为图层添加样式，在弹出的快捷菜单中选择"内阴影"命令。设置混合模式为叠加，颜色为黑色，并设置其他选项，具体参数设置如图11-36所示。至此，本案例制作完毕，案例最终效果如图11-26所示。

图11-35 绘制三个圆形并填充颜色

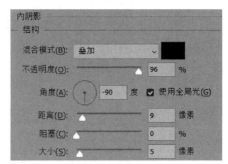
图11-36 设置内阴影

11.2 绘制和选取路径

11.2.1 认识路径

路径是可以转换为选区或使用颜色填充和描边的轮廓，它主要包括以下三种：

① 有起点和终点的开放式路径，如图11-37所示。
② 没有起点和终点的闭合式路径，如图11-38所示。
③ 由多个相互独立的路径组成的路径，如图11-39所示。

图11-37 开放式路径　　　　　图11-38 闭合式路径　　　　　图11-39 多个相互独立的路径组成的路径

11.2.2 钢笔工具

工具箱中的钢笔工具属于矢量绘图工具，使用该工具可以直接绘制出直线路径和曲线路径。在"钢笔工具"属性栏中单击"路径"按钮，在下拉列表中可选择绘图模式，包含形状、路径和像素三种。选择的绘图模式不同，"钢笔工具"属性栏中的命令也会发生改变。钢笔工具属性栏如图11-40所示。

图11-40 钢笔工具属性栏

钢笔工具三种绘图模式说明：
① 形状：可在单独形状图层中创建随意形状。
② 路径：创建工作路径，还可以添加填充、描边。
③ 像素：不能创建矢量图形，可以绘制栅格化的图形。

钢笔工具绘制的路径需要理解一些名词。钢笔工具绘制路径如图11-41所示，两个锚点之间是路径，当路径是曲线时锚点有控制柄，路径是直线时是无控制柄。

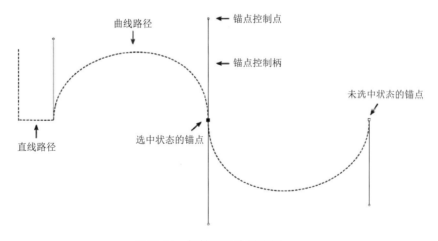

图11-41 钢笔工具绘制路径

在Photoshop中，路径用于建立选区并定义图像的区域。可以绘制出各种形状，形状的轮廓就是路径。路径由一个或多个直线段或曲线段组成。每一段都有多个锚点标记，通过编辑路径的锚点，可以很方便地改变路径的形状。路径是使用钢笔工具、自由钢笔工具绘制的任何线条或形状。一旦建立了路径，就可以将它作为选区载入，当然也可以将一个选区存储为路径，以供以后使用。路径和选区可以相互转换。按快捷键【Ctrl+Enter】可以将路径转换为选区，路径一般包括下面的构成要素。

① 线。图像中代表路径位置和形状的直线或曲线。

② 锚点。这是路径上线的端点。它决定了路径上线的长度，是两个线间的连接点，它分为直线锚点和曲线锚点两种。直线锚点是没有控制柄的锚点。曲线锚点分为圆滑点和尖角点两种，圆滑点是连接平滑曲线的锚点，两侧的曲线是平滑过渡的；尖角点是用于连接尖角曲线的锚点，两侧的曲线或直线在锚点处产生一个尖锐的角。

③ 控制柄。用于控制曲线的方向和形状。

④ 控制点（方向点）。位于控制柄的末端，实现对控制柄的方向和长度的控制。

使用钢笔工具时是有一定的技巧的，简单介绍如下：

在使用钢笔工具时，鼠标指针在路径和锚点上的不同位置会呈现不同的显示状态。

✎*：当鼠标指针显示为该形状时，单击可创建一个角点，长按鼠标左键并拖动可创建一个平滑点。

✎+：在工具属性栏中单击选中"自动添加/删除"复选框后，当鼠标指针在路径上显示为该形状时，单击可在该处添加锚点。

✎-：单击选中"自动添加/删除"复选框后，当鼠标指针在锚点上显示为该形状时，单击可删除该锚点。

✎。：在绘制路径的过程中，将鼠标指针移至路径起始的锚点处，此时指针变为该形状，单击可闭合路径。

✎。：选择一个开放式路径，将鼠标指针移至该路径的一个端点上，当鼠标指针显示为该形状时单击，然后即可继续绘制该路径。

11.2.3 路径面板

执行"窗口"→"路径"命令，即可打开"路径"面板。"路径"面板默认情况下与"图层"面板在同一面板组中，由于路径不是图层，因此路径创建后不会显示在"图层"面板中，而是显示在"路径"面板中。"路径"面板主要用来储存和编辑路径。路径面板如图11-42所示。

图11-42　路径面板

如果说画布是钢笔工具的舞台，那么路径调板就是钢笔工具的后台了。绘制好的路径曲线都在路径调板中，在路径调板中用户可以看到每条路径曲线的名称及其缩略图，当前所在路径在路径调板中为反白显示状态。

在路径调板的弹出式菜单中包含了诸如"新建路径""复制路径""存储路径"等命令，为了方便起见，用户也可以单击调板下方的按钮来完成相应的操作，图11-42中的路径管理工具按钮组中的七个按钮从左到右依次是：用前景色填充路径（缩略图中的白色部分为路径的填充区域）、用画笔描边路径、将路径作为选区载入、从选区生成工作路径、添加矢量蒙版、创建新路径、删除当前路径。

11.2.4 路径选择

路径选择工具：在路径的操作过程中，经常会用到如图11-43所示的两个选择工具。

图11-43　路径选择工具

1.路径选择工具

路径选择工具 ，常被称为"小黑",可以对路径进行选择和移动。使用路径选择工具可以选择和移动完整的子路径。单击工具箱中的"路径选择工具",将鼠标指针移动到需选择路径上单击,即可选择完整的子路径。按住鼠标左键不放并进行拖动,即可移动路径,移动路径时若按住【Alt】键不放再拖动鼠标,则可以复制路径。

2.直接选择工具

直接选择工具 ，常被称为"小白",主要作用是选中锚点,然后对其进行编辑。使用直接选择工具可以选取或移动某个路径中的部分路径,将路径变形。选择工具箱中的"直接选择工具",在图像中拖动鼠标框选所要选择的路径及锚点,即可选择包括锚点在内的路径段,被选中的部分锚点为实心方块,未被选中的路径锚点为空心方块。单击一个锚点也可选中该锚点,单击一个路径段时,可选中该路径段。

随堂案例 使用钢笔工具绘制文创图标。

随着文化产业的不断发展,文创设计作为其重要组成部分,越来越受到人们的关注和重视。文创设计是指将文化元素与创意设计融合,创造出具有文化内涵和创意价值的产品和服务。其意义不仅在于推动文化产业的发展,更体现了人们对于文化传承和创新的追求。本案例将利用本节所学的钢笔工具绘制虎年文创图标,案例效果如图11-44所示。

图11-44 案例效果图

图11-44案例效果

案例实现

步骤1 打开Photoshop CS6软件,按快捷键【Ctrl+N】,新建一个大小为210毫米×297毫米的画布。

步骤2 使用工具箱中的钢笔工具勾勒出一个基本图形,操作如图11-45所示。

步骤3 选择工具箱中的"删除锚点工具",如图11-46所示。

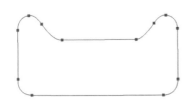

图11-45 钢笔工具绘制基础图形

图11-46 选择删除锚点工具

步骤4 删除锚点,按图11-47所示的顺序来删除锚点。

图11-47 删除锚点

步骤5 然后单击工具箱中的添加锚点工具,按照图11-48所示的情况添加锚点。

图11-48 添加锚点

步骤6 利用转换点工具做出图11-49所示的两个缺口。

步骤7 按快捷键【Ctrl+Enter】将路径转换为选区后填充颜色,并将"老虎.png"素材图片置入图中,然后调整好合适的位置。至此,本案例制作完毕,最终效果如图11-44所示。可以在下方的图形出添加文字"虎年大吉""虎虎生威"等文字。

图11-49　绘制两个缺口

随堂案例 使用钢笔工具绘制晾衣架。

生活中用到的很多工具都可以用钢笔工具来绘制,例如:洗完衣服需要晾晒,需要用到晾衣架,本案例讲解如何利用钢笔工具绘制晾衣架,案例效果如图11-50所示。

图11-50　案例效果图

案例实现

步骤1 打开Photoshop CS6软件,按快捷键【Ctrl+N】,新建一个大小为20厘米×20厘米的画布。

步骤2 用工具箱中的钢笔工具勾勒出一个衣架的框架,效果如图11-51所示。

步骤3 在右下角路径面板中双击工作路径,修改名称为"衣架",单击"确定"按钮,如图11-52所示。

图11-51　钢笔工具绘制路径

步骤4 调出画笔的面板,设置相关参数,将画笔大小调整为10像素,硬度调整为90,笔刷的类型选用柔边圆,如图11-53所示。

图11-52　修改路径名称

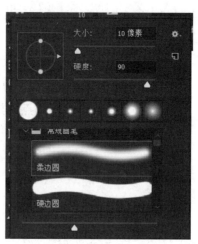

图11-53　设置画笔相关参数

步骤5 选中路径面板中的"衣架",右击后,在弹出的快捷菜单中选择"描边路径"命令,如图11-54所示。

步骤6 在打开的"描边路径"对话框中选择工具为画笔,单击"确定"按钮,如图11-55所示。

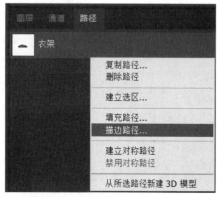

图11-54　选择"描边路径"命令

图11-55　选择工具为"画笔"

步骤 7　此时衣架的框架绘制完毕，再利用工具箱中的钢笔工具勾勒出衣架上面的挂钩，效果如图11-56所示。

步骤 8　点开画笔控制面板，设置画笔相关参数，将画笔大小调整为5像素，硬度调整为90%，画笔类型选择为柔边圆，如图11-57所示。

步骤 9　选中路径面板中的"衣架"，右击后，在弹出的快捷菜单中选择"描边子路径"命令，如图11-58所示。在打开的对话框中选择工具为画笔，单击"确定"按钮，这样一个晾衣架就绘制完成了。本案例到此制作完毕。

图11-56　绘制挂钩

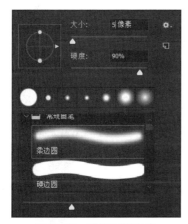

图11-57　设置画笔参数

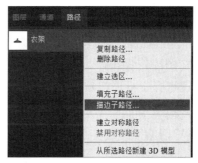

图11-58　选择"描边子路径"命令

随堂案例　使用钢笔工具绘制备忘录图标。

备忘录图标是一个类似于信笺纸形状的标志，代表着记录、记忆、提醒的意思。它可以帮助用户记录重要的信息，提醒自己完成任务，以及记录重要的日期和事件。本案例将利用本节介绍的钢笔工具绘制备忘录图标，案例效果如图11-59所示。

扫一扫

图11-59案例效果

案例实现

步骤 1　打开Photoshop CS6软件，按快捷键【Ctrl+N】，新建一个大小为15厘米×15厘米的画布。

图11-59　案例效果图

步骤 2　选用工具箱中椭圆工具，并画出如效果图11-59所示的圆，操作如图11-60所示。

步骤 3　选用工具箱中的矩形工具，并画出如效果图11 59所示大小的矩形即可，操作如图11-61所示。

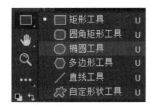

图11-60　椭圆工具

图11-61　矩形工具

步骤 4　利用工具箱中钢笔工具组中的添加锚点工具在矩形的右上角的添加两个锚点，如图11-62所示。

步骤 5　为了对锚点进行操作，选择工具箱中的直接选择工具，如图11-63所示。

步骤 6　利用直接选择工具单击矩形右上角的锚点，按【Delete】键进行删除操作，如图11-64所示。至此，信笺纸页面绘制完毕。

图11-62　添加锚点

图11-63　直接选择工具

图11-64　删除锚点

步骤7　最后利用工具箱中的直线工具做出信笺纸页面中间的部分即可，绘制直线时使其长短不一，案例效果如图11-59所示。至此，本案例制作完毕。

用钢笔工具进行抠图是Photoshop软件里面比较常见的一种操作，使用钢笔工具能够让图片抠得更细，使抠出来的图片更完整。对于抠图操作，钢笔工具较快速选择工具在图片轮廓勾画上有非常大的优势，设计者更容易控制图片选取的范围，不像快速选择工具那样是根据系统识别的，Photoshop的钢笔工具抠图是把整个抠图的轮廓画出几个关键点，然后依次连接，确定出抠图范围。

那么Photoshop的钢笔工具抠图的详细操作步骤是什么？请结合下面的随堂案例学习。

扫一扫

图11-65案例效果

随堂案例　使用钢笔工具抠图。

下面通过机器人图片处理的案例来介绍钢笔工具抠图，案例效果如图11-65所示。

图11-65　案例效果图

案例实现

步骤1　打开Photoshop CS6软件，将素材图片"机器人原图.jpg"导入画布中，按快捷键【Ctrl+J】复制图层。

步骤2　用工具箱中的钢笔工具将机器人的最外围勾勒出来（路径），操作如图11-66所示。

步骤3　按快捷键【Ctrl+Enter】将路径转换为选区，然后按快捷键【Ctrl+J】将选区复制一层，如图11-67所示。

图11-66　钢笔抠图

图11-67　抠图后的机器人图片

步骤4　将"地球.jpg"素材图片导入画布中，使用工具箱中的移动工具将图11-67所示的图片移动至地球页面所在画布中，形成如图11-65所示的效果图。至此，本案例制作完毕。

11.3 案例实训

案例实训 1　放大镜App图标制作

App图标是用户在手机上看到的第一个印象,因此设计一个吸引人的图标至关重要。首先,图标应该简洁明了,避免过于复杂和混乱的设计。其次,图标的比例和尺寸要符合特定的平台和设备要求,以确保在各种环境下都能显示清晰,另外,图标颜色要设计合理。一般说到搜索都会想到放大镜图形,该怎么绘制放大镜呢?下面的案例将介绍利用Photoshop的绘图工具制作放大镜图标的方法,案例效果如图11-68所示。

图11-68　案例效果图

扫一扫

图11-68案例效果

案例实现

步骤1　打开Photoshop CS6软件,按快捷键【Ctrl+N】新建画布,在"新建"对话框中设置"名称"为放大镜,"宽度"为600像素,"高度"为600像素,"分辨率"为72像素/英寸,"颜色模式"为RGB颜色,"背景内容"为白色。单击"确定"按钮,完成画布的新建,如图11-69所示。

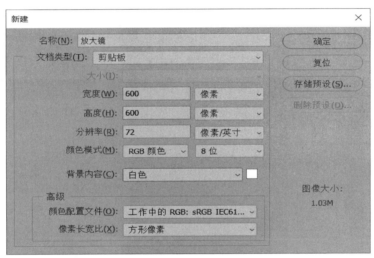

图11-69　新建画布

步骤2　使用图11-70所示工具栏中的椭圆工具,制作出500像素×500像素的圆形,双击前景色,如图11-71所示,弹出拾色器,把鼠标放置效果图上需要选择的颜色,单击鼠标吸至前景色,按快捷键【Alt+Delete】进行前景色填充。按住快捷键【Ctrl+A】全选,单击工具箱中"移动工具"并选择"水平居中""垂直居中"。

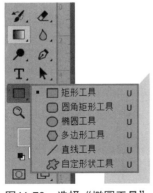

图11-70　选择"椭圆工具"

图11-71　前景色填充

步骤3 继续选择工具箱中的"椭圆工具",分别制作一个300像素×300像素的正圆和250像素×250像素的正圆,双击前景色,按快捷键【Alt+Delete】填充上相应的颜色。按快捷键【Ctrl+A】全选,使用工具箱中的移动工具,再用鼠标单击"水平居中""垂直居中"命令按钮如图11-72所示。效果如图11-73所示。

图11-72 垂直居中和水平居中

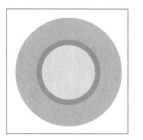

图11-73 绘制效果图

步骤4 使用图11-74所示工具箱中的矩形工具,在画布任意位置单击鼠标,打开"创建矩形"对话框,制作宽为4厘米,高度为1厘米的矩形如图11-75所示。

图11-74 矩形工具

图11-75 矩形创建

步骤5 按快捷键【Ctrl+J】复制矩形,按快捷键【Ctrl+T】进行自由变换,在上方状态栏中修改角度为90度,如图11-76所示。绘制后的效果如图11-77所示。

图11-76 调整旋转角度

图11-77 绘制效果图

步骤6 使用工具箱中的圆角矩形工具,如图11-78所示,在画布任意位置单击鼠标创建一个170像素×60像素的圆角矩形,在属性栏中选择合适的填充颜色并调整圆角半径为30。按快捷键【Ctrl+T】自由变换,调整旋转角度为45度,在图层面板中将圆角矩形图层拖动至椭圆2图层下方,如图11-79所示,调整圆角矩形位置,适当即可。绘制效果如图11-80所示。

图11-78 圆角矩形工具

图11-79 调整图层位置

图11-80 绘制效果图

步骤7 选中椭圆1图层，单击图层面板右下角"添加图层样式"命令按钮，在弹出的菜单中选择"内阴影"命令，如图11-81所示。继续设置内阴影选项相关参数，设置混合模式为叠加，角度设置为-90度，其他调整适中即可，具体参数设置如图11-82所示。至此，本案例制作完毕，最终效果如图11-68所示。

图11-81 选择"内阴影"命令

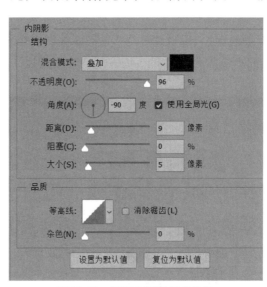

图11-82 设置内阴影相关参数

案例实训 2 抖音图标制作

抖音作为全球领先的短视频平台，拥有庞大的用户群体和广阔的市场覆盖。这使得抖音成为一个巨大的商业机会，也为产业带服务商提供了更多的商机和潜在客户。

随着新媒体快速发展，各类短视频平台对大学生的学习和生活产生巨大影响。新媒体环境下的思想政治教育创新，可以帮助学生更好地理解和应用新媒体技术，提升学生的新媒体素养和信息素养，激发学生的创新精神和实践能力，提高学生的综合素质和竞争力，培养学生正确的价值观和社会道德观念，为其未来的学习和职业发展奠定基础。

抖音的logo将"抖音"拼音首字母"d"与五线谱中的音符元素融为一体，通过采用故障艺术（Glitch Art）中的错位艺术（故障艺术还有燥波、失真、毛刺等其他风格）手法，体现出了"抖动"的动感姿态，失真和受干扰的形态使得logo设计呈现更加真实的现场感。绘制图形除了可以利用本章学习的绘图工具和钢笔工具外，还可以利用前面章节介绍的选框工具进行制作，下面的案例将介绍如何利用绘图工具（矢量工具）和选框工具绘制抖音图标，案例效果如图11-83所示。

图11-83 案例效果图

图11-83案例效果

案例实现

1. 背景制作

步骤1 打开Photoshop CS6软件，按快捷键【Ctrl+N】新建画布，在"新建"对话框中设置"名称"为抖音图标，"宽度"为600像素，"高度"为600像素，"分辨率"为72像素/英寸，"颜色模式"为RGB颜色、"背景内容"为白色。单击"确定"按钮，完成画布的新建。

步骤2 选择工具箱中的"圆角矩形工具"，直接在画布上的任意位置单击鼠标，在打开的"创建圆角矩形"对话框中设置宽度为600像素，高度为600像素，圆角半径四个值都设置为100像素，单击"确定"按钮，如图11-84所示。

步骤3 创建好的矩形要对齐到画布的正中间，选择"圆角矩形工具"选项栏中的"对齐命令" 按钮，选择对齐到画布，然后设置水平居中、垂直居中。

步骤4 将圆角矩形的填充色设置为渐变填充，从浅紫色到深紫色的渐变，对于矢量图形可以直接在该工具的属性栏中找到填充按钮 ，选择渐变填充，然后选择渐变的类型为"径向渐变"，如图11-85所示。双击色轴左下方的色标弹出拾色器，选择一个浅紫色，然后双击色轴右下方的色标选择一个暗紫色，单击"确定"按钮，效果如图11-86所示。此时，案例背景图制作完成，接下来将要制作音符造型。

图11-84 "创建圆角矩形"对话框

图11-85 渐变填充

图11-86 背景效果图

2．音符造型制作

步骤1 新建图层，使用工具箱中的"椭圆选框工具"，绘制固定大小的圆形，在该工具的选项栏中设置矩形的宽度：280像素，高度：280像素，在画布任意位置上单击鼠标，颜色为偏红色，饱和度为90%，亮度为100%，按快捷键【Alt+Delete】进行前景色填充。

步骤2 得到圆形选区之后，右击鼠标在弹出的快捷菜单中选择"变换选区"命令，在属性栏中，勾选锁定纵横比，将宽高设为50%，按【Delete】删除，按快捷键【Ctrl+D】取消选区。

步骤3 按快捷键【Ctrl+T】自由变换，按快捷键【Ctrl+R】显示标尺，用标尺拖出两个标尺线，效果如图11-87所示。

步骤4 新建图层，选择工具箱中的"矩形选框工具"，绘制一个固定大小的矩形，宽度：70像素，高度：300像素，将其对齐到圆环的右部，按快捷键【Alt+Delete】填充前景色，按快捷键【Ctrl+D】取消选区，效果如图11-88所示。

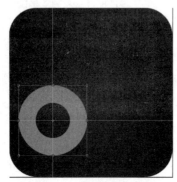

图11-87 绘制圆形效果图

图11-88 绘制矩形后的效果图

步骤5 删除矩形左边的部分圆环区域，选择工具箱中的"矩形选框工具"，绘制任意大小的矩形选区，移动选区至合适位置，选择圆环图层按【Delete】键删除选区，效果如图11-89所示。

步骤6 新建图层，选择工具箱中的"椭圆选框工具"，绘制固定大小的正圆，在工具的选项栏中设置宽度：350像素，高度：350像素，在画布任意位置上单击鼠标，绘制完正圆后，按快捷键【Alt+Delete】填充前景色。得到圆选区之后，右击后在弹出的快捷菜单中选择"变换选区"命令，在属性栏中，勾选锁定纵横比，将宽高设为60%，按【Delete】键完成中间部分删除，按快捷键【Ctrl+D】取消选区，再次得到一个圆环，效果如图11-90所示。

图11-89 删除矩形左侧的部分圆环区域

图11-90 再次绘制圆环

步骤7 使用工具箱中的移动工具将圆环移动到合适的位置，然后选择工具箱中的"矩形选框工具"，大小设置为正常大小，绘制任意大小的矩形选区，框选图标多余部分并按【Delete】删除，先删除一半圆形，再删除1/4圆形，最后剩下1/4个圆，使用移动工具将其移动到合适位置，效果如图11-91所示。

步骤8 选中三个音符图层按快捷键【Ctrl+Alt+Shift+E】盖印所有可见图层，然后隐藏这三个图层，按快捷键【Ctrl+J】复制盖印好的图层，使用工具箱中的移动工具将图标向左上方移动，单击图层面板中锁定像素按钮，设置前景色为青色，按快捷键【Alt+Delete】为图形填充青色，然后解除锁定，效果如图11-92所示。

图11-91 剩余1/4圆环的效果图

图11-92 为图标填充青色

步骤9 单击青色音符图层，将图层混合模式设置为变亮组中的滤色 。按快捷键【Ctrl+G】将两个音符图层编组，对齐到整个图层正中间。选中该组再选中矩形图层，使用工具箱中的移动工具，在工具的属性栏单击"水平居中""垂直居中"命令按钮。至此，本案例制作完毕，最终效果如图11-83所示。

宜家广告制作

第12章 滤镜的应用

本章主要讲解Photoshop中的滤镜工具,通过使用滤镜,可以修饰照片,能够为用户的图像提供素描或印象派绘画外观的特殊艺术效果,还可以使用扭曲和光照效果创建独特的变换。Adobe提供的滤镜显示在"滤镜"菜单中。第三方开发商提供的某些滤镜可以作为增效工具使用,安装后,这些增效工具滤镜出现在"滤镜"菜单的底部。

在Photoshop中有很多常用的滤镜,如"风格化"滤镜、"模糊"滤镜、"杂色"滤镜等,可以为图像添加各种不同的效果。本章主要介绍滤镜的应用基础、滤镜库、智能滤镜以及特殊滤镜的基础知识。

学习目标:

◎ 了解什么是滤镜,有哪些滤镜,它们的使用方法及其效果。

◎ 掌握各种滤镜的特点并熟练应用。

◎ 掌握滤镜功能并对图像进行修饰,增强图像的艺术效果。

◎ 掌握多种滤镜的综合使用技巧。

12.1 滤镜菜单

滤镜是Photoshop CS6中使用频率最高的功能之一,为当前可见图层或图像选区中的图像添加滤镜,可以制作各种特效。通过滤镜,用户可以制作出富有艺术性的专业图像效果。

在Photoshop中滤镜被划分为特殊滤镜和内置滤镜两类。

1. 特殊滤镜

此类滤镜由于功能强大、使用频繁,加之在"滤镜"菜单中位置特殊,因此被称为特殊滤镜,其中包括"液化"、"镜头校正"、"消失点"和"滤镜库"四个命令。

2. 内置滤镜

此类滤镜是自Photoshop 4.0发布以来直至CS版本始终存在的一类滤镜,其数量有上百个之多,被广泛应用于纹理制作、图像效果的修整、文字效果制作、图像处理等各个方面。

Photoshop CS6的"滤镜"菜单提供了多个特殊的滤镜、滤镜组和安装的外挂滤镜,如图12-1所示。

在滤镜组中还包含了多种不同的滤镜效果。各种滤镜的使用方法基本相似,只需打开并选择需要处理的图像窗口,再选择"滤镜"菜单下相应的滤镜菜单命令,在打开的参数设置对话框中,将各个选项设置为适当的参数后,单击"确定"按钮。

Photoshop CS6中的滤镜库整合了"扭曲"、"画笔描边"、"素描"、"纹理"、"艺术效果"和"风格化"六种滤镜功能,通过使用滤镜库,可对图像应用这六种滤镜功能的效果。例如在Photoshop CS6

中打开任意一张图片，执行"滤镜"→"滤镜库"命令，即可打开图12-2所示的"滤镜库"对话框窗口。

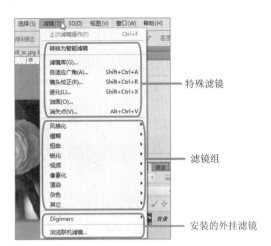

图12-1　"滤镜"菜单

图12-2　"滤镜库"窗口

在展开的滤镜效果中，选择其中一个效果选项，可在左边的预览框中查看应用该滤镜后的效果。单击对话框右下角的"新建效果图层"按钮，可新建一个效果图层；单击"删除效果图层"按钮，可删除效果图层。如果对应用的滤镜效果满意，单击"确定"按钮即可，否则单击"取消"按钮。

随堂案例　利用滤镜处理照片。

本案例利用滤镜处理小女孩图片，效果如图12-3所示。

案例实现

步骤1　打开Photoshop CS6软件，将名为"小女孩.jpg"的素材图片拖入画布中，如图12-4所示。

步骤2　选择背景图层，然后按快捷键【Ctrl+J】复制出图层1，如图12-5所示。

步骤3　用鼠标选择图层1后，执行"滤镜"→"滤镜库"命令，如图12-6所示。

图12-3　效果图

扫一扫

图12-3案例效果

图12-4 导入素材图片

图12-5 复制图层

图12-6 选择"滤镜库"命令

步骤4 在滤镜库的效果选项中选择"纹理"→"颗粒"命令,左侧的预览窗口中显示如图12-7所示的效果,然后单击"确定"按钮。

图12-7 "颗粒"效果

步骤5 滤镜的效果可以叠加,再次选择滤镜库选项中的"画笔描边"→"成角的线条"命令,左侧的预览窗口中显示如图12-8所示的效果,然后单击"确定"按钮。

图12-8 "成交的线条"效果

步骤 6 对图层1添加蒙版,选择工具箱中的"画笔工具",调整至合适的笔刷大小,将人物面部的眉毛、眼睛、鼻子、嘴巴等部位擦拭出来,如图12-9所示。

图12-9 添加蒙版后的效果

步骤 7 选择背景图层将其复制两次形成背景 拷贝、背景 拷贝2,按住【Shift】键选择复制出的两个图层拖动至图层列表最顶端,如图12-10所示。

步骤 8 隐藏显示背景拷贝图层,并选择背景拷贝2图层,执行"滤镜"→"风格化"→"查找边缘"命令,如图12-11所示。

图12-10 调整复制后图层的位置

图12-11 查找边缘

步骤9 将图层混合模式更改为"叠加","填充"更改为80%,如图12-12所示。

图12-12 更改图层混合模式

步骤10 设置前景色为黑色,背景色为白色,打开背景拷贝图层并选择其图层,执行"滤镜"→"滤镜库"→"素描"→"影印"命令,设置右侧的参数面板中的细节值为14,暗度值为1,如图12-13所示。单击"确定"按钮。

图12-13 影印效果

步骤11 设置图层混合模式为强光,将填充值调整为60%,形成本案例最终效果图,如图12-3所示。

12.2 滤镜的效果介绍

在图像处理中,滤镜功能是一种非常重要的工具,它可以帮助使用者实现各种特效和修饰效果。在使用滤镜时,需要根据实际情况进行参数设置,并通过效果预览功能来预览滤镜效果。本节将通过一些具体的案例帮助读者学习利用滤镜处理图片,实现一些效果。

随堂案例 使用消失点滤镜制作"酒后禁止驾车"提示语。

当用户使用Photoshop进行设计时,经常需要去除图片中不需要的元素。如果要处理的图片达到"透视"效果,可以使用滤镜菜单中的消失点命令进行处理。接下来讲解如何使用Photoshop中的消失点滤镜制作道路中显示"酒后禁止驾车"提示语信息图像案例。案例制作最终效果如图12-14所示。

《中华人民共和国道路交通安全法》第九十一条明确规定,饮酒后驾驶机动车的,处暂扣六个月机动车驾驶证,并处一千元以上二千元以下罚款。因饮酒后驾驶机动车被处

图12-14案例效果

图12-14 效果图

罚，再次饮酒后驾驶机动车的，处十日以下拘留，并处一千元以上二千元以下罚款，吊销机动车驾驶证。

案例实现

步骤 1　打开Photoshop CS6软件，将名为"道路.jpg"的素材图片拖入画布中，如图12-15所示。

图12-15　导入素材图片

步骤 2　添加文本图层，选择工具箱中的"横排文字工具"，并输入"酒后禁止驾车"，字体选择为：方正姚体，字号为36，字体颜色为白色，效果如图12-16所示。

图12-16　输入文字

步骤 3　按【Ctrl】键单击文字图层中的图层缩览图，形成文字选区，并按快捷键【Ctrl+C】进行复制，如图12-17所示。

图12-17　形成选区

步骤4 隐藏显示文字图层,并按快捷键【Ctrl+D】取消选区,添加空白图层,选择空白图层,执行"滤镜"→"消失点"命令,如图12-18所示。

步骤5 单击创建平面工具,在素材图片的马路中央单击形成选区,如图12-19所示。

图12-18 隐藏文字图层

图12-19 形成选区

步骤6 单击选框工具双击选区,随后按快捷键【Ctrl+V】粘贴文字,并移动至选区内,调整文字大小,单击"确定"命令按钮,如图12-20所示。

图12-20 粘贴文字

步骤7 选择图层1,设置图层混合模式为叠加,调整不透明度为70%,形成效果如图12-21所示,至此,本案例制作完毕。

图12-21 案例效果图

随堂案例 使用滤镜制作朦胧效果。

江南美，江南的水乡更美，美在水乡的荷塘月色，美在湖面的多姿多彩，美在村庄的小桥流水人家。本案例利用滤镜效果添加水雾，可以营造出江南水乡特有的云烟氤氲的意境。如烟如雾，若隐若现，体现了一种朦朦胧胧的美，案例效果如图12-22所示。

图12-22 案例效果图

扫一扫

图12-22案例效果

案例实现

步骤1 打开Photoshop CS6软件，将"江南水乡.jpg"素材图片导入到画布中，如图12-23所示。

步骤2 调整图片亮度和对比度，选中背景图层按快捷键【Ctrl+J】复制图层，然后选择图层1，执行"图像"→"调整"→"亮度/对比度"命令，设置参数值，亮度：-105，对比度：55，单击"确定"按钮，如图12-24所示。

图12-23 导入素材图片

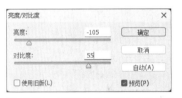

图12-24 调整图片亮度和对比度

步骤3 新建图层，并选中新建图层执行"滤镜"→"渲染"→"云彩"命令，反复单击云彩滤镜形成如图12-25效果。

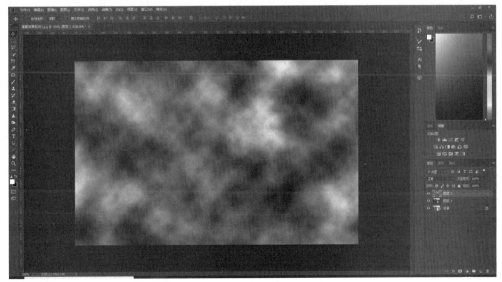

图12-25 云彩效果

步骤4 设置图层混合模式为滤色，设置图层不透明度为85%，填充为85%，如图12-26所示，至此，本案例制作完毕，一副朦胧美感的江南水乡图片呈现出来了。

图12-26　设置图层混合模式

图12-27案例效果

图12-27　案例效果图

随堂案例　使用滤镜制作气泡效果。

用户在设计图片的时候可能经常需要用到一些气泡效果作为装饰，如何利用Photoshop制作梦幻气泡效果呢？下面的案例将介绍制作海洋气泡的过程，案例效果如图12-27所示。

案例实现

步骤1　打开Photoshop CS6软件，将"海底气泡制作.png"素材图片导入到画布中，如图12-28所示。

图12-28　导入素材图片

步骤2　按快捷键【Ctrl+N】新建项目为900像素×900像素的黑色背景的画布，然后执行"滤镜"→"渲染"→"镜头光晕"命令，形成如图12-29所示的效果图片。

步骤3　执行"滤镜"→"扭曲"→"极坐标"命令，然后选择"极坐标到平面坐标"选项，单击

"确定"按钮，形成如图12-30效果。

图12-29　镜头光晕

图12-30　极坐标到平面坐标效果

步骤4　双击背景图层使其变为普通图层，然后按快捷键【Ctrl+T】选择垂直翻转命令，效果如图12-31所示。

步骤5　执行"滤镜"→"扭曲"→"极坐标"命令，选择"平面坐标到极坐标"选项，然后单击"确定"按钮，形成如图12-32效果。

步骤6　执行"选择"→"色彩范围"命令，吸取背景图颜色，执行"选择"→"反选"命令，形成如图12-33效果。

图12-31　垂直翻转

图12-32　平面坐标到极坐标效果

图12-33　形成气泡选区

步骤7　执行"选择"→"修改"→"收缩"命令，设置为3像素，按快捷键【Ctrl+J】复制图层并将气泡拖动至海底背景图，按快捷键【Ctrl+T】自由变换命令，调整气泡到合适的大小，如图12-34所示。

图12-34　拖动气泡至主画布中

步骤8　设置图层的混合模式为滤色，按住【Alt】键拖动圆球进行复制，得到多个气泡，如图12-35所示。

图12-35 设置图层混合模式并复制多个气泡

步骤9 执行"图像"→"调整"→"色相/饱和度"命令,勾选"着色"复选框,设置相关参数,色相:220,饱和度:95,单击"确定"按钮,如图12-36所示。

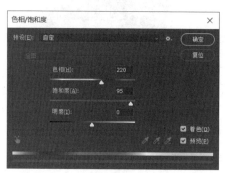

图12-36 "色相/饱和度"参数设置

步骤10 选择其他图层,单击添加图层样式选择"内发光",设置所喜爱的颜色,不透明度为45%,同样对其他图层可选择内阴影、颜色叠加、渐变叠加、图案叠加等形成不同效果,调整大小形成效果如图12-37所示。至此,本案例制作完毕。

图12-37 设置图层样式

随堂案例　使用滤镜制作霓虹灯效果。

Photoshop的滤镜功能还能够实现霓虹灯效果，下面的案例讲解制作霓虹灯效果的过程，霓虹灯是夜的眼睛，凝望着晨曦未露的天空。霓虹灯勾勒出高楼大厦雄伟的轮廓，就像给高楼大厦穿上了一件新衣。效果如图12-38所示。

扫一扫

图12-38案例效果

案例实现

步骤1　打开Photoshop CS6软件，将"高楼.jpg"素材图片导入到画布中，如图12-39所示。

步骤2　执行"滤镜"→"模糊"→"高斯模糊"命令，半径设置为1像素，单击"确定"按钮，如图12-40所示。

图12-39　导入素材图片

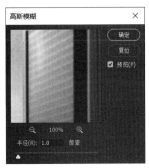

图12-40　高斯模糊

步骤3　执行"滤镜"→"滤镜库"→"风格化"→"照亮边缘"，设置参数边缘宽度1，边缘亮度20，平滑度5，如图12-41所示。

步骤4　执行"滤镜"→"其它"→"最大值"命令，半径为1像素，单击"确定"按钮，如图12-42所示。

图12-41　"照亮边缘"参数设置

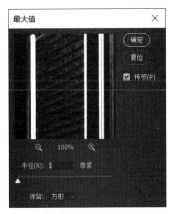

图12-42　"最大值"参数设置

步骤5　按快捷键【Ctrl+J】复制背景图层，并将复制出的图层混合模式更改为"正片叠底"，如图12-43所示。

步骤6　对复制出的图层，重复步骤2添加高斯模糊，半径为1像素，然后双击该图层设置图层样式，添加渐变叠加，参数如图12-44所示，最后单击"确定"按钮。至此本案例制作完毕，形成如图12-38所示的效果图。

图12-43 正片叠底

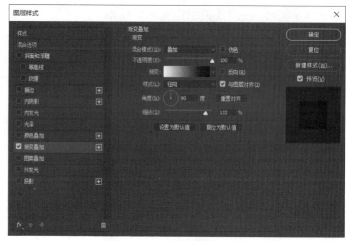

图12-44 添加渐变叠加样式

随堂案例 使用滤镜制作旧照片效果。

利用Photoshop能够给图片进行各种加工，使图片变得更加完美，可以对旧照片进行翻新，也可以将照片制作成旧照片的效果。光阴悄无声息，记忆却留下了或深或浅的痕迹，故事也许很薄很短，回忆却无止境。下面的案例介绍利用Photoshop软件处理图片达到老照片的怀旧效果，案例效果如图12-45所示。

●扫一扫

图12-45案例效果

案例实现

步骤1 打开Photoshop CS6软件，将"滤镜制作老照片.jpg"素材图片导入到画布中。

步骤2 选中图层1，按快捷键【Ctrl+Shift+U】进行去色处理，效果如图12-46所示。

图12-45 案例效果图

步骤3 单击图层面板右下角"创建新的填充或调整图层"按钮，选择"渐变映射"命令，如图12-47所示。

图12-46 去色

图12-47 选择"渐变映射"命令

步骤4 调出"渐变编辑器"窗口设置相关参数，如图12-48所示，具体色标值参数如图12-49所示。

图12-48 渐变编辑器

图12-49 色标颜色色值设置

步骤5 新建图层，选中图层执行"滤镜"→"渲染"→"云彩"命令，再次执行"滤镜"→"渲染"→"纤维"命令，设置参数，差异：9，强度：22，将图层混合模式改为叠加，形成效果如图12-50所示。

步骤6 在图层2上创建蒙版，使用工具箱中的画笔工具，调整合适的笔刷大小，对人物进行擦拭，效果如图12-51所示，至此，本案例制作完毕。

图12-50 滤镜效果图

图12-51 创建蒙版并擦拭人脸

12.3 运用智能滤镜

12.3.1 智能滤镜

智能滤镜是Photoshop的主要功能之一，在使用Photoshop时，如果需要对智能对象中的图像应用滤镜，就必须先将该智能对象图层栅格化，然后才可以应用智能滤镜，但如果用户要修改智能对象中的内容，则需要重新应用滤镜，这样就在无形中增加了操作的复杂性，智能滤镜功能就是为了解决这一难题而产生的。同时，使用智能滤镜，还可以对添加的滤镜进行反复修改。

(随堂案例) 使用智能滤镜制作飞镖。

下面的案例将讲解利用智能滤镜制作飞镖，效果如图12-52所示。将所选择的图层转换为智能对象，才能应用智能滤镜，"图层"面板中的智能对象可以直接将滤镜添加到图像中，且不破坏图像本身的像素。

(案例实现)

步骤1 打开Photoshop CS6软件，按快捷键【Ctrl+O】打开素材图片"飞镖.jpg"，如图12-53所示。按快捷键【Ctrl+J】，复制背景图层，得到"图层1"图层。

步骤2 选择图层1，右击后，在弹出的快捷菜单中选择"转换为智能对象"命令，将图像转换为智能对象。

步骤3 执行"滤镜"→"扭曲"→"水波"命令，打开"水波"对话框，设置相关选项参数，然后单击"确定"按钮，如图12-54所示。

图12-52 案例效果图

图12-53 打开素材图片

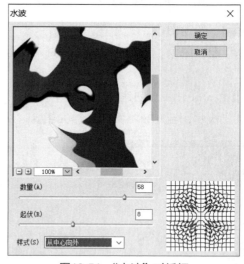

图12-54 "水波"对话框

步骤4 执行上一步后会生成一个对应的智能滤镜图层，如图12-55所示。

步骤5 此时，图层编辑窗口中的效果如图12-52所示，至此，本案例制作完毕。

本案例步骤3的图12-54中，相关参数解释如下：

水波滤镜能模拟水池中的波纹，产生类似于向湖水中投入石子后水面的变化状态。

数量：用来设置波纹的大小，范围为-100～100。负值产生下凹的波纹，正值产生上凸的波纹。输入数值或拖动滑块均可，可以调整水波的缩放数值。

起伏：用来设置波纹数量，范围为1～20，该值越高，波纹越多。

样式：用来设置波纹形成的方式。可设置围绕中心、从中心向外和水池波纹三种样式。

图12-55 生成智能滤镜图层

12.3.2 滤镜使用的方法和技巧

Photoshop CS6中的滤镜种类多样，功能和应用各不相同。因此，所产生的效果也不尽相同。

1. 使用滤镜的方法

在应用滤镜的过程中，使用快捷键十分方便。下面分别介绍快捷键的使用方法。

按快捷键【Esc】，可以取消当前正在操作的滤镜。

按快捷键【Ctrl+Z】，可以还原滤镜操作执行前的图像。

按快捷键【Ctrl+F】，可以再次应用滤镜。

按快捷键【Ctrl+Alt+F】，可以打开上一次应用的滤镜对话框。

2．使用滤镜的基本原则

在Photoshop中，所有的滤镜都有相同之处，掌握好相关的操作要领，才能更加准确、有效地使用各种滤镜特效。

① 滤镜可以应用于当前选择范围、当前图层或通道，若需要将滤镜应用于整个图层，则不要选择任何图像区域或图层。

② 部分滤镜只对RGB颜色模式图像起作用，而不能将该滤镜应用于位图模式和索引模式图像，也有部分滤镜不能应用于CMYK颜色模式图像。

③ 部分滤镜是在内存中进行处理的，因此，在处理分辨率或尺寸较大的图像时非常消耗内存，甚至会出现内存不足的信息提示。

3．使用滤镜的技巧

滤镜的功能非常强大，掌握以下使用技巧可以提高工作效率。

① 在图像的部分区域应用滤镜时，可创建选区，并对选区设置羽化值，再使用滤镜，以使选区图像与源图像较好地融合。

② 可以对单独某一图层中的图像使用滤镜，通过色彩混合合成图像。

③ 可以对单一色彩通道或Alpha通道使用滤镜，然后合成图像，或者将Alpha通道中的滤镜效果应用到主图像中。

④ 可以将多个滤镜组合使用，从而制作出漂亮的效果。

⑤ 一般在工具箱中设置前景色和背景色，不会对滤镜命令的使用产生作用，不过在滤镜组中有些滤镜是例外的，它们创建的效果是通过使用前景色或背景色来设置的。所以在应用这些滤镜前，需要先设置好当前的前景色和背景色的色彩。

12.4 案 例 实 训

案例实训 1 烟花效果制作

烟花，一般是人们在喜庆的日子放的炮仗，在天空中形成像花一样的烟雾。在Photoshop软件中，可以制作出烟花的效果。绚丽的烟花总是给人一种非常美好的感觉，下面利用本章所学的滤镜知识介绍制作简单的"烟花效果"的方法。

烟花制作重点是要做出一些小点，可以用滤镜，也可以用画笔点；然后用极坐标和风滤镜给点加上尾巴，后期调成自己喜欢的颜色即可，案例制作效果如图12-56所示。

图12-56 案例效果图

扫一扫

图12-56案例效果

案例实现

步骤1 打开Photoshop CS6软件，将"色彩背景图.png"素材图片拖入画布中。

步骤2 执行"图像"→"画布大小"命令，设置为宽、高均为500像素，效果如图12-57所示。

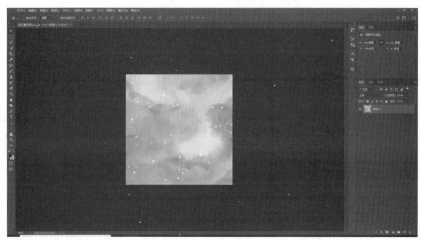

图12-57 调整画布大小

步骤3 执行"滤镜"→"像素化"→"马赛克"命令,设置参数单元格大小为30方形,效果如图12-58所示。

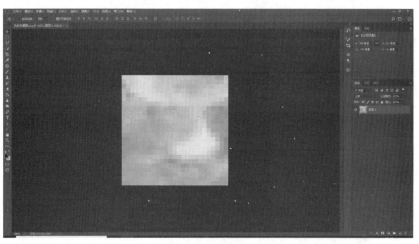

图12-58 马赛克

步骤4 执行"滤镜"→"滤镜库"→"风格化"→"照亮边缘"命令,设置参数边缘宽度:8,边缘亮度:20,平滑度:1,效果如图12-59所示。

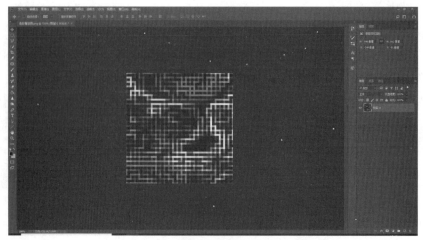

图12-59 照亮边缘效果

步骤5 按快捷键【Ctrl+J】复制图层,并顺时针旋转90°,将图层混合模式更改为变暗,鼠标单击线条进行拖动，可实现亮点分布至合适位置，然后将两个图层合并，效果如图12-60所示。

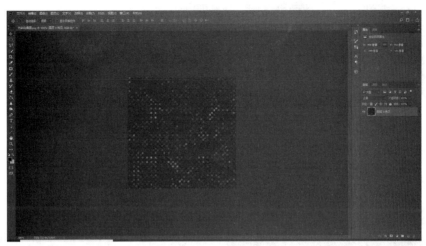

图12-60　合并图层

步骤6　新建图层，并使用工具箱中的椭圆工具绘制出适当大小的椭圆，填充上颜色，将圆形移动至画布的居中位置，效果如图12-61所示。

图12-61　绘制椭圆

步骤7　隐藏显示图层1，选择图层0，执行"滤镜"→"扭曲"→"球面化"命令，选择反向，按【delete】键进行删除，效果如图12-62所示。

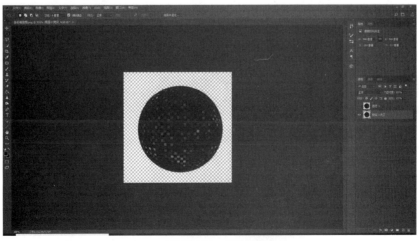

图12-62　球面化

步骤8 执行"滤镜库"→"艺术效果"→"干画笔"命令，设置参数画笔大小：0，画笔细节：10，纹理：1，实现亮点变圆，效果如图12-63所示。

步骤9 新建图层，填充自己喜欢的颜色，将亮点图层的图层混合模式更改为滤色，执行"滤镜"→"扭曲"→"极坐标"命令，选择极坐标到平面坐标，单击"确定"按钮，将图层顺时针旋转90°，随后执行"滤镜"→"风格化"→"风"命令，方向为小圆点向大圆点，单击"确定"按钮，并多次重复"风"滤镜，效果如图12-64所示。

图12-63 亮点变圆

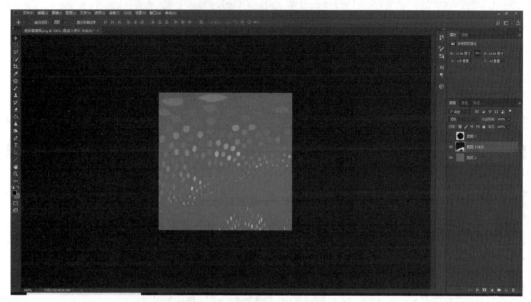

图12-64 反复执行"风"的效果

步骤10 将其逆时针90°旋转回初始位置，继续执行"滤镜"→"扭曲"→"极坐标"命令，选择"平面坐标到极坐标"，单击"确定"按钮，形成效果，如图12-65所示。

步骤11 对亮点图层进行多次复制，并将其合并图层，并更改图层混合模式为滤色，形成图12-56所示的烟花效果。至此，本案例制作完毕。

案例实训2 漫画效果照片制作

图12-65 极坐标效果

有些漫画以其色彩鲜艳、线条强烈的特点吸引了很多读者，下面的案例就带领读者一起来学习一下如何利用Photoshop将普通照片变为漫画风格图片，仍然要利用本章所学习的滤镜相关知识，案例效果如图12-66所示。

●扫一扫

图12-66案例效果

图12-66 案例效果图

案例实现

步骤1 打开Photoshop CS6软件，执行"文件"→"打开"命令，导入素材图片"玩雪的小孩.jpg"，点击"打开"命令按钮。

步骤2 选择背景图层，按快捷键【Ctrl+J】复制图层，得到图层1，执行"图像"→"调整"→"亮度/对比度"命令，调整图片的亮度、对比度等参数，使图片更加鲜明、明亮。参数和效果如图12-67所示。

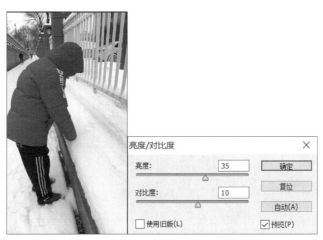

图12-67 调整图像亮度和对比度

步骤3 右击图层1，在弹出的快捷菜单中选择"转换为智能对象"命令，以便后续操作可以随时修改。

步骤4 执行"滤镜"→"锐化"→"智能锐化"命令，在弹出的"智能锐化"对话框中设置数量和半径等参数，如图12-68所示，并单击"确定"按钮。

步骤5 执行"滤镜"→"风格化"→"扩散"命令，将模式更改为"各向异性"，单击"确定"按钮，预览效果如图12-69所示。

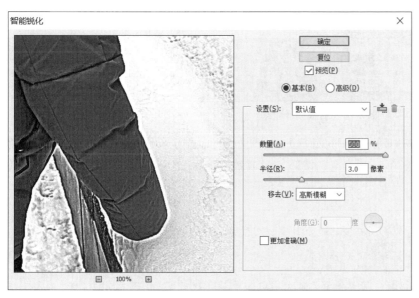
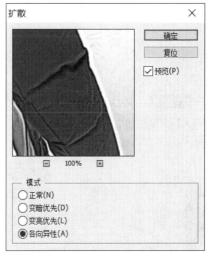

图12-68 智能锐化参数设置　　　　　　　　图12-69 扩散

步骤6 执行"滤镜"→"滤镜库"→"艺术效果"→"木刻"命令，参数设置如图12-70所示。

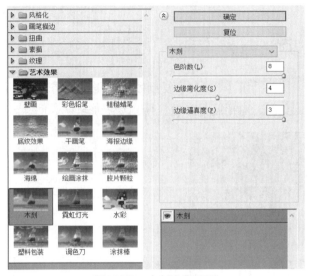

图12-70 木刻参数设置

步骤7 继续执行"滤镜"→"滤镜库"→"艺术效果"→"海报边缘"命令,设置参数如图12-71所示,单击"确定"按钮。

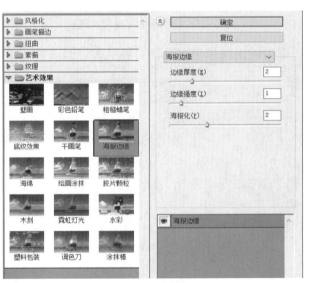

图12-71 海报边缘效果

步骤8 按快捷键【Ctrl+Alt+Shift+E】盖印可见图层,得到图层2,按快捷键【Ctrl+U】,调节图像的色相和饱和度,参数如图12-72所示。单击"确定"按钮,形成效果如图12-66所示。至此,本案例制作完毕。

更多案例

砖墙效果制作

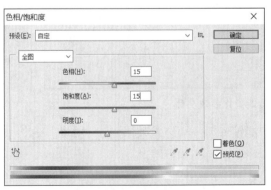

图12-72 色相饱和度调整

第13章

主题海报制作

通过前面内容的学习，相信广大读者已经掌握了Photoshop软件的专业知识，本章将带领读者将前面章节所学的各种知识应用到实际操作中，制作各种精美的主题海报。

海报是平面设计的重要组成部分，是以宣传某一物体或事件为目的设计活动，重点是通过视觉元素向受众准确地表达诉求点。在海报编排方面，海报招贴设计版面通常采用简洁夸张的手法，突出主题，以达到强烈的视觉效果，从而吸引人们的注意，因此，海报招贴作为一种视觉传达艺术，最能体现平面设计的形式特征。

海报在色彩上常以大块面积色彩进行版面编排，以客观直白的色彩引人注目。在版面上应尽量使用最简洁、大面积的图形以及较大的字体，且有明确的分区，具有强烈的对比与视觉冲击力，突出主题，给人留下深刻印象。

本章设计制作的主题海报紧密围绕党的二十大主题，希望读者在提高美学素养的同时，还能够增强文化自信，紧跟时代发展的主旋律。

学习目标：

◎掌握主题海报的版面设计要素。

◎熟悉主题海报的制作过程。

综合案例1　低碳主题海报制作

党的二十大报告指出：加快发展方式绿色转型。推动经济社会发展绿色化、低碳化是实现高质量发展的关键环节。加快推动产业结构、能源结构、交通运输结构等调整优化。实施全面节约战略，推进各类资源节约集约利用，加快构建废弃物循环利用体系。完善支持绿色发展的财税、金融、投资、价格政策和标准体系，发展绿色低碳产业，健全资源环境要素市场化配置体系，加快节能降碳先进技术研发和推广应用，倡导绿色消费，推动形成绿色低碳的生产方式和生活方式。

为此，本案例利用前面章节讲解过的相关知识设计并制作绿色、低碳主题海报，海报的背景色选取绿色。左上角英文含义为绿色，突出绿色环保主题。右下角文字倡导人民乘公共汽车、火车、私家车等上下班往返，海报中的四个醒目大字更加突出绿色低碳的生活和生产方式。案例效果如图13-1所示。

图13-1　案例效果图

案例实现

步骤1 打开Photoshop软件，按快捷键【Ctrl+N】，新建一个宽度为"70 cm"，高度为"50 cm"，分辨率为"72像素/英寸"，颜色模式为"RGB颜色"，背景内容为"白色"的画布。

步骤2 按快捷键【Ctrl+R】，调出标尺，然后将鼠标指针依次移动到水平和垂直标尺中，按住鼠标左键并向画面中拖动，在画面中心位置分别添加水平参考线和垂直参考线，如图13-2所示。

图13-2 创建参考线

步骤3 单击工具箱中的设置前景色按钮，调出拾色器窗口，修改拾色器中RGB参数值为"R:93，G:137，B:51"，也可将"#5d8933"直接输入在下方文本框中，单击"确定"按钮，修改前景色，如图13-3所示。

图13-3 设置前景色

步骤4 单击确认以后，前景色调整完毕，然后按快捷键【Alt+Delete】给海报的背景色赋色，效果如图13-4所示。

步骤5 将前景色改为奶白色，如图13-5所示。然后单击工具箱左侧的"椭圆工具"，按住【Shift】键，将鼠标指针放在画布上拖动出一个正圆，并放置在画布中心。

步骤6 双击刚刚绘制的椭圆1图层，打开"图层样式"对话框，勾选投影选项，形成投影效果。设置如下参数:"混合模式"为正片叠底,"不透明度"为100%,"角度"为90度,勾选"使用全局光","距离"改为5像素,"扩展"改为0%,"大小"改为250像素,单击"确定"按钮,如图13-6所示。

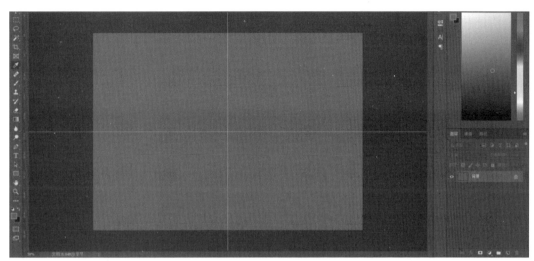

图13-4 海报背景色填充

图13-5 更改前景色

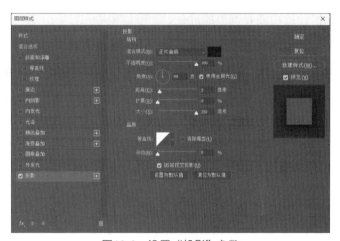

图13-6 设置"投影"参数

步骤 7 继续选择"图层样式"窗口中的"斜面和浮雕"选项,形成立体效果。将参数"深度"改为63%,"大小"改为15像素,"软化"是0像素,其他默认值即可,单击"确定"按钮,如图13-7所示。

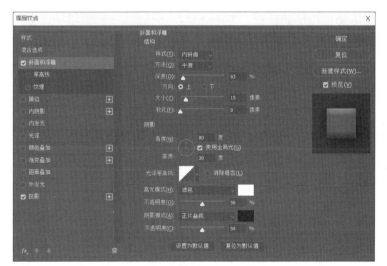

图13-7 设置"斜面与浮雕"参数

步骤 8 继续选择"图层样式"窗口中的"内发光"选项,形成内发光效果。设置如下参数,"不透明度"改为70%,"杂色"改为13%,"阻塞"改为21%,"大小"改为29像素,然后单击"确定"按钮,如图13-8所示。

图13-8　内发光

步骤 9 新建工作组,双击组名重命名,修改为云朵,并将云朵素材拖入画布中,使用移动工具将鼠标指针放在需要调整的云朵上,按住鼠标左键拖动至合适的位置,如图13-9所示。

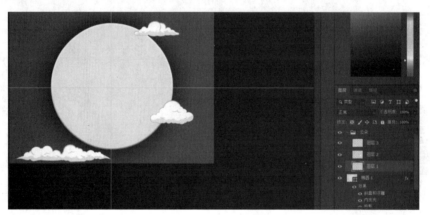

图13-9　导入云朵素材

步骤 10 选中所有云朵图层,并按快捷键【Ctrl+J】复制一层,然后随即按下快捷键【Ctrl+E】进行图层合并,将此图层放置在原图层下面,然后将图层前景色调整成黑色,然后按住【Ctrl】并将鼠标指针放在图层上面单击一下,选中文字,按住快捷键【Alt+Delete】进行赋色,随即按住【Ctrl+D】取消选区,并按一下【V】移动快捷键,单击方向键【↓】一下和【→】一下,目的是制作阴影,如图13-10所示。

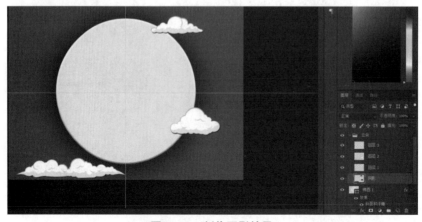

图13-10　制作阴影效果

步骤11　将素材图片"手捧地球.png"导入画布中,并调整素材图片位置,如图13-11所示。

步骤12　为刚导入的素材图片添加图层蒙版,按住【Alt】键并按鼠标右键上下调整硬度为20%,左右调整大小为300像素,擦除手臂底部生硬的部分,如图13-12所示。

图13-11　导入素材图片　　　　　　　　　　　图13-12　添加图层蒙版

步骤13　在素材图片的方框中添加"低碳环保"的文字,颜色采用背景色即可,如图13-13所示。

步骤14　在圆的上方添加大小为150点的英文,选择合适的字体,输入文字"LOW CARBON",将两个英文分行,且居中对齐,如图13-14所示。

图13-13　添加文字　　　　　　　　　　　　图13-14　输入英文

步骤15　使用工具箱中的竖排文字工具,拖出一个从顶到底部的矩形框,输入大小为550点的汉字"节能",并将此图层放在圆形的下方,如图13-15所示。

步骤16　选用工具箱中的"竖排文字工具",拖出一个从顶到底部的矩形框,输入大小为550点的"低碳",并将此图层放在圆形的下方,如图13-16所示。至此,本案例制作完毕。

图13-15　输入"节能"　　　　　　　　　　　图13-16　输入"低碳"

综合案例2　乡村振兴主题海报制作

党的二十大报告指出：全面推进乡村振兴。全面建设社会主义现代化国家，最艰巨最繁重的任务仍然在农村。坚持农业农村优先发展，坚持城乡融合发展，畅通城乡要素流动。加快建设农业强国，扎实推动乡村产业、人才、文化、生态、组织振兴。

为此，本案例利用前面章节讲解的内容，制作乡村振兴主题海报，案例效果如图13-17所示。

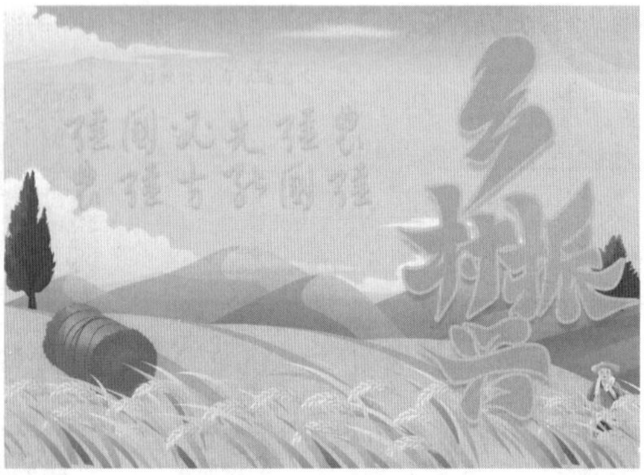

图13-17　案例效果图

案例实现

步骤1　打开Photoshop软件，按快捷键【Ctrl+N】，新建一个宽度为70厘米，高度为50厘米，分辨率为72像素/英寸，颜色模式为RGB颜色，背景内容为白色的画布。

步骤2　按快捷键【Ctrl+R】，调出标尺，然后将鼠标指针移动到垂直标尺中，按住鼠标左键并向画面中拖动，在画布45厘米和50厘米处中间添加垂直参考线，如图13-18所示。

图13-18　创建参考线

步骤3　将"背景.png""太阳.png""麦田.png"三个素材图片拖入画布，将天空图层上方对准画布上方即可，将麦田图层放在天空上方，然后将太阳同样放在天空图层上方，并放在画布右上角露出四分之一部分，单击右下角创建新组并命名为背景，单击素材，并按住鼠标左键拖入其中，如图13-19所示。

图13-19　导入素材图片

步骤4 将"山.png"和"绿色麦田.png"背景素材拖入画布中,将山的图层放在绿色麦田的下方,将绿色麦田放在麦田的下方,如图13-20所示。

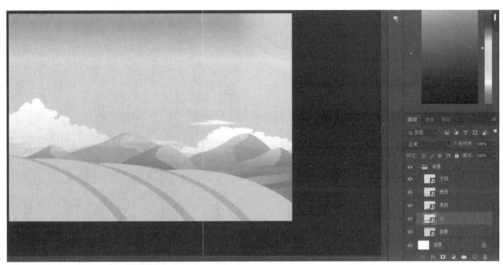

图13-20 导入素材图片并调整图层位置

步骤5 将"麦子.png"素材图片导入画布中,并将该图层放在所有图层最上方,然后按快捷键【Ctrl+J】复制图层,按如图13-21所示位置摆放。

图13-21 麦子

步骤6 将"麦堆.png"素材图片拖入画布,将该图层放在麦子图层下方,并在麦田图层上方,然后为"麦堆"图层添加图层样式为"投影",详细参数设置如图13-22所示。

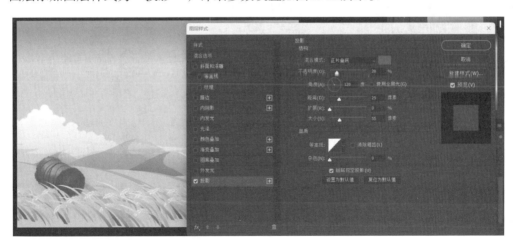

图13-22 添加图层样式为"投影"

步骤7 最后将"树木"和"云朵"素材图片拖入画布,按图13-23所示位置摆放。

步骤8 在所有背景图层的上方添加一个色彩平衡,将红色改为26,黄色改为-56,如图13-24所示。至此,海报的背景图层制作完毕。

图13-23　导入树木和云朵

图13-24　色彩平衡

步骤9　将"乡村振兴.png"素材图片导入画布，并放在海报的右侧部分，如图13-25所示。

步骤10　先选中此图层，按快捷键【Ctrl+T】，先拖动定界框四个角的其中一个，使其与参考线周围的界限对齐，然后按住【Shift】键的同时用鼠标左键拖动下方中间的点，使其纵向拉长，如图13-26所示。

图13-25　导入"乡村振兴"素材图片

图13-26　调整图片文字大小

步骤11　设置前景色，为填充文字颜色做准备。将前景色调整为"R:101，G:209，B:169"，如图13-27所示。

步骤12　新建图层，利用工具箱中的矩形选框工具绘制出一个能够覆盖"乡村振兴"文字的矩形选区，然后按快捷键【Alt+Delete】进行赋色，如图13-28所示。

步骤13　将鼠标指针放在图层中间，并按住【Alt】和鼠标左键创建剪贴蒙版，如图13-29所示。

图13-27　设置前景色

图13-28　绘制矩形选区并填充颜色

图13-29　创建剪贴蒙版

步骤14　为图片文字图层添加图层样式。勾选"描边"选项，详细参数设置如图13-30所示，然后双击颜色打开拾色器，将RGB改为"R:230，G:212，B:78"，如图13-31所示。

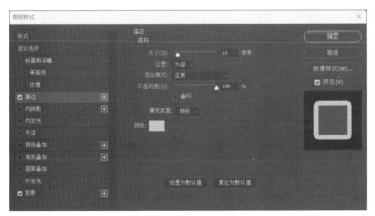

图13-30　添加描边样式

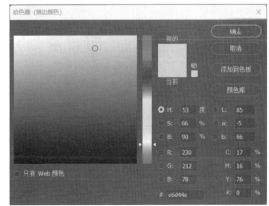

图13-31　描边颜色设置为黄色

步骤15　勾选"投影"选项，设置相关参数，单击颜色修改"R:54，G:185，B:131"如图13-32所示。

278 平面设计——Photoshop图像处理案例教程

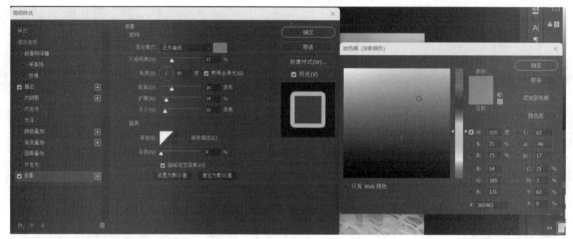

图13-32 添加"投影"样式

步骤16 将另一个图片文字素材"强国必先强农,农强方能国强.png"图片拖入画布中如图13-33所示。

步骤17 双击该图层,为图层添加图层样式为"投影",具体参数设置如图13-34所示。

图13-33 导入文字素材图片

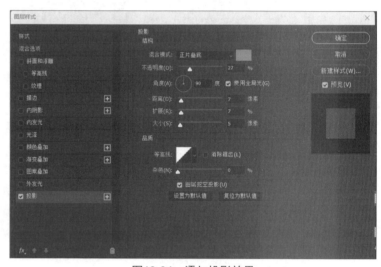

图13-34 添加投影效果

步骤18 将最后的文字素材图片拖入画布中,并将这两个图层调整至合适的位置。至此,本案例制作完毕,案例效果如图13-17所示。

综合案例3 交通强国主题海报制作

党的二十大报告指出:建设现代化产业体系。坚持把发展经济的着力点放在实体经济上,推进新型工业化,加快建设制造强国、质量强国、航天强国、交通强国、网络强国、数字中国。

交通运输是国民经济中具有基础性、先导性、战略性产业和重要服务性行业,交通现代化是中国式现代化的重要标志,在构建新发展格局中具有重要地位和作用。我国幅员辽阔、人口众多,资源、产业分布不均衡,特殊国情决定必须建设一个强有力的交通运输体系。从党的十九大提出建设交通强国,到党的二十大强调加快建设交通强国,充分体现了以习近平同志为核心的党中央对交通运输工作的高度重视和殷切期望。本案例主要利用文字工具、添加图层蒙版、添加图层样式等相关知识制作交通强国主题海报,案例效果如图13-35所示。

第13章 主题海报制作 279

图13-35案例效果

图13-35 案例效果图

案例实现

步骤1 打开Photoshop软件，执行"文件"→"新建"命令（或按快捷键【Ctrl+N】），新建一个大小为70厘米×50厘米，分辨率300像素/英寸，颜色模式为RGB颜色的白色画布，并在名称框中输入"交通强国"，然后单击"确定"按钮。

步骤2 分别将"水.png"和"水波纹.png"素材图片拖入画布中，并使用移动工具调整好位置，如图13-36所示。

步骤3 紧接着将"蓝色天空.png"素材图片放在水的上方，如图13-37所示。

图13-36 导入素材图片

图13-37 导入蓝天素材图片

步骤4 最后将"轮船.png"图片导入画布中，并将轮船图层放在其他图层之上，然后选中这四个图层按快捷键【Ctrl+G】创建一个组，命名为"组1"，如图13-38所示。

步骤5 将"飞机.png"素材图片导入画布的左上角位置，并调整至合适的大小，效果如图13-39所示。

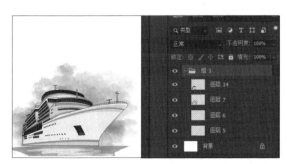

图13-38 导入轮船素材图片

图13-39 导入飞机素材图片

步骤 6 接下来导入有关高铁的背景图片,并将此三个图层依次导入,然后重叠放置在一起并按快捷键【Ctrl+G】创建新组,组名命名为"高铁",效果如图13-40所示。

步骤 7 将"高铁.png"素材图片导入画布中,将素材右侧对准画布边框,调整位置如图13-41所示。

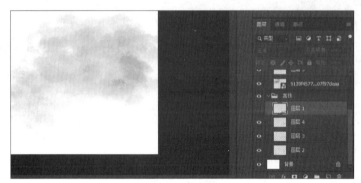
图13-40　高铁背景

图13-41　导入高铁素材图片

步骤 8 使用工具箱中的竖排文字编辑工具,选择字体为"方正粗黑宋简体",字号设置为480点,然后输入文字"交通",如图13-42所示。

步骤 9 选中"交通"二字,单击工具选项栏中的"设置文本颜色"按钮,打开"拾色器"对话框,调整颜色的色值,如图13-43所示。

图13-42　输入文字"交通"

图13-43　设置字体颜色

步骤 10 选中交通图层,并双击该图层,为其添加图层样式,勾选"内发光"选项,参数设置如图13-44所示。

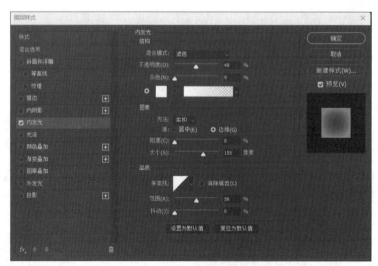
图13-44　设置"内发光"参数

步骤11 使用横排文字编辑工具输入文字，字体设置为"潮字社凌渡鲲鹏体简"，字号设置为220点，颜色设置为黑色，输入"强国"两个字，然后设置字体为黑体，输入图13-45所示的一段文字内容，并将"交通大国向交通强国"这几个字更改为"潮字社凌渡鲲鹏体简"字体。

步骤12 将文字"交通"图层放在背景图层之上，其他所有图层之下，将上一步制作好的文本图层调整到"交通"图层之上，如图13-46所示。

图13-45　输入其他文字

图13-46　图层位置调整

步骤13 然后导入"山脉.png"图片，选中山脉图层，为其添加图层蒙版，设置前景色为黑色，使用工具箱中的画笔工具，笔刷类型选择为柔边圆，调整至合适的笔刷大小，然后涂抹山底，如图13-47所示。

图13-47　添加图层蒙版

步骤14 将山脉图层放在所有文字图层的上方，飞机素材图层下方，然后将该图层不透明度调整为80%，创建新组，将此图层放入组中。

步骤15 按快捷键【Ctrl+J】复制一层山脉图层，然后按快捷键【Ctrl+T】弹出定界框，右击后选择"垂直翻转"命令，并将新复制的图层不透明度改为20%，如图13-48所示。

步骤16 将上一步复制的图层向上移动至两者稍微重合即可。至此，本案例制作完毕，最终效果如图13-35所示。

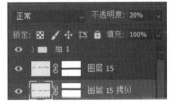

图13-48　复制图层

综合案例4　绿水青山主题海报制作

党的二十大报告指出：我们坚持绿水青山就是金山银山的理念，坚持山水林田湖草沙一体化保护和系统治理，全方位、全地域、全过程加强生态环境保护，生态文明制度体系更加健全，污染防治攻坚向纵深推进，绿色、循环、低碳发展迈出坚实步伐，生态环境保护发生历史性、转折性、全局性变化，我们的祖国天更蓝、山更绿、水更清。

为此，本案例利用前面章节讲解的内容，制作绿水青山主题海报。案例效果如图13-49所示。

图13-49　案例效果图

案例实现

步骤1　打开Photoshop软件，按快捷键【Ctrl+N】，新建一个宽度为70厘米，高度为50厘米，分辨率为72像素/英寸，颜色模式为RGB颜色，背景内容为白色的画布。

步骤2　按快捷键【Ctrl+R】，调出标尺，然后将鼠标指针依次移动到水平和垂直标尺中，按住鼠标左键并向画面中拖动，在画面中心位置分别添加水平参考线和垂直参考线，如图13-50所示。

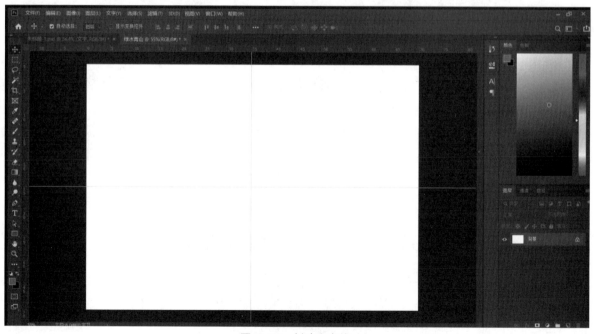

图13-50　创建参考线

步骤3　将文字素材图片拖动至画布中，并选中所有图层，按住【Ctrl】键并移动鼠标调整文字至画布中心位置，如图13-51所示。

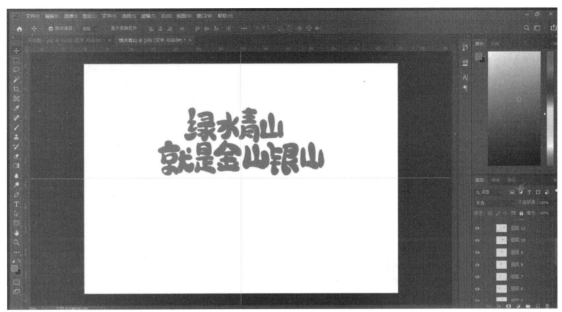

图13-51　导入文字素材并调整位置

步骤4　选中所有文字图层并按快捷键【Ctrl+J】复制一层，然后随即按快捷键【Ctrl+E】进行图层合并，将此图层放置在原图层下面，然后将图层前景色调整成黑色，然后按住【Ctrl】并将鼠标指针放在图层上面单击一下，选中文字，按快捷键【Alt+Delete】进行赋色，然后按快捷键【Ctrl+D】取消选区，并按一下【V】移动快捷键，单击方向键【↓】一下和【→】一下，目的是制作阴影，效果如图13-52所示。

图13-52　制作阴影

步骤5　将"青山.png"素材拖入其中，并将素材放在画布下半区域的中心，如图13-53所示。

图13-53　导入素材图片

步骤6　选中此素材的图层，按快捷键【Ctrl+T】调整此素材大小，将鼠标指针放在调整边框的任意位置，拖动至左、右、下与边界重合，如图13-54所示。

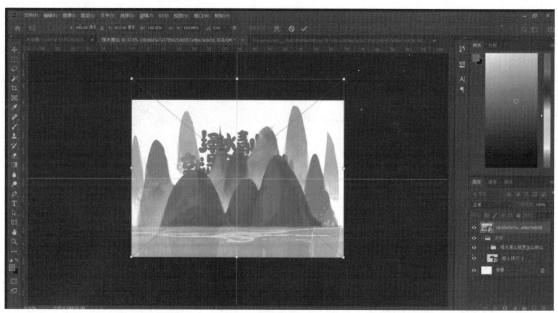

图13-54 调整素材图片大小

步骤7 调整好素材图片位置后，单击确认按钮，按下【M】键选择"矩形选框工具"，绘制从画布左上角到画布中心的矩形选区，按【Delete】进行删除，如图13-55所示。

步骤8 选中所有文字图层，单击图层面板右下角"创建新组"按钮，选中此新组，单击"添加图层样式"按钮，选择"渐变叠加"选项，分别将指针放在左右两端颜色色标上，并双击打开拾色器，分别选取"R:57，G:131，B:120"和"R:62，G:155，B:119"的颜色，然后单击"确定"按钮。

步骤9 同样选中此新组，创建"图层样式"，勾选"斜面和浮雕"选项，具体参数设置如下："样式"改为内斜面，"方法"改为平滑，"深度"改为20%，"方向"设置为上，"大小"改为15像素，"角度""高度"分别为90度、30度，"高光模式"改为滤色，白色，"不透明度"改为50%，"阴影模式"改为正片叠底，"不透明度"改为15%，如图13-56所示，单击"确定"按钮。

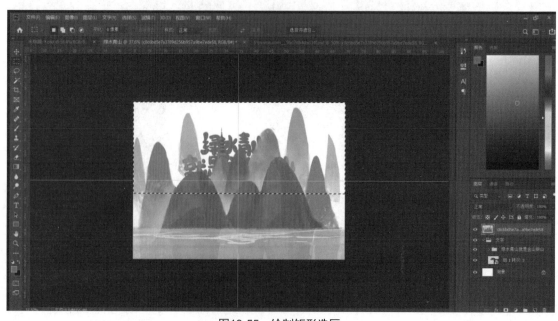

图13-55 绘制矩形选区

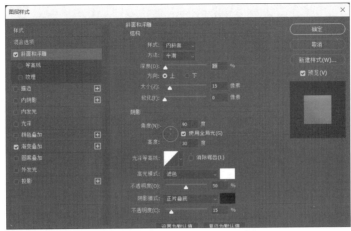

图13-56 设置"斜面和浮雕"参数

步骤10 创建新组,并将"绿叶.png"的素材拖入画布中,并调整好素材图片位置,如图13-57所示。

图13-57 导入素材图片

步骤11 按照步骤9对绿叶素材图片进行图层样式效果设置,效果如图13-58所示。

图13-58 添加图层样式

步骤12 将鼠标指针依次移动到水平和垂直标尺中,按住鼠标左键并向画面中拖动,在画面上半部分的中心位置分别添加水平参考线和垂直参考线,如图13-59所示。

图13-59　创建参考线

步骤13　单击文字组以及素材组,同时按住【Ctrl+Shift】键并使用移动工具向上移动至画布上端,如图13-60所示。

图13-60　调整文字及绿叶位置

步骤14　将"大雁.png"素材图片拖入画布中,并选中此图层,将之移动至画布的右上角,如图13-61所示。

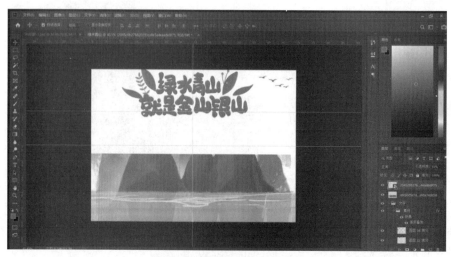

图13-61　导入大雁素材图片

第13章 主题海报制作 287

步骤15 选择工具箱中的"直排文字工具",随即用鼠标在画面中拖动一个直立的矩形文本框,将文字大小调整为54,并输入"二〇〇五年",其次使用工具箱中的"矩形工具"画出一个竖线,并将之放在文字的下面。

步骤16 继续使用工具箱中的"直排文字工具",随即用鼠标在画面中拖动一个直立的矩形,将文字大小调整为54,并输入"八月十五日",再使用工具箱中"矩形工具"画出一个竖线,如图13-62所示。

图13-62 输入文字并绘制竖线

步骤17 使用工具箱中的"横排文字工具",在绿水青山就是金山银山下面拉出一个矩形框,调整文字大小为60,输入"Lucid waters and lush mountains are invaluable assets",工具选项栏中选择"居中对齐文本",然后单击"文字工具",在其下方同样拉出一个矩形框,调整大小为30,输入文字"'绿水青山就是金山银山'牢固树立和践行绿水青山就是金山银山的理念,坚定不移走生态优先、绿色发展之路",调整位置到中心,如图13-49所示。至此,本案例制作完毕。

综合案例5 青花瓷主题海报制作

党的二十大报告指出:推进文化自信自强,铸就社会主义文化新辉煌。我们要坚持马克思主义在意识形态领域指导地位的根本制度,坚持为人民服务、为社会主义服务,坚持百花齐放、百家争鸣,坚持创造性转化、创新性发展,以社会主义核心价值观为引领,发展社会主义先进文化,弘扬革命文化,传承中华优秀传统文化,满足人民日益增长的精神文化需求,巩固全党全国各族人民团结奋斗的共同思想基础,不断提升国家文化软实力和中华文化影响力。

青花瓷是中国传统陶瓷的代表之一,具有悠久的历史和独特的艺术魅力。它不仅仅是一种艺术品,更是中国文化的重要组成部分。青花瓷对中国文化的影响深远,从陶瓷技术的传承到文化交流的推动,都起到了重要的作用。为此本案例利用前面章节讲解的内容,制作青花瓷主题海报,案例效果如图13-63所示。

图13-63 案例效果图

扫一扫

图13-63案例效果

案例实现

步骤1 打开Photoshop软件,按快捷键【Ctrl+N】,新建一个宽度为50厘米,高度为70厘米,分辨率为72像素/英寸,颜色模式为RGB颜色,背景内容为白色的画布。

步骤2 按快捷键【Ctrl+R】,调出标尺,然后将鼠标指针依次移动到水平和垂直标尺中,按住鼠标左键并向画面中拖动,在画面中心位置分别添加水平参考线和垂直参考线,如图13-64所示。

图13-64 创建参考线

步骤3 将素材拖入画布中,并拉动边框的一角拖动至合适的大小,然后按快捷键【Ctrl+J】复制三层并平均分布在画布中,然后按住【Ctrl】键分别单击三个图层,然后按住【Ctrl+E】合并图层,如图13-65所示。

图13-65 制作背景层

步骤4 将"花瓶.png"素材图片拖入画布中,拖动一角放大至与画布高度一致,放置在画布的左侧位置,使瓶身露出一半,如图13-66所示。

步骤5 选中背景图层按快捷键【Ctrl+J】复制图层，单击此图层，为其添加图层蒙版，利用矩形选框工具，画出右半部分的矩形，确认前景色是黑色，然后按快捷键【Alt+Delete】填充颜色，选中两个图层，按快捷键【Ctrl+E】合并图层，如图13-67所示。

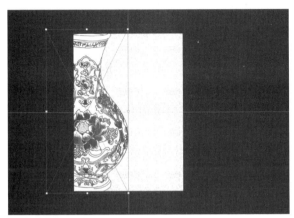

图13-66 导入花瓶素材图片

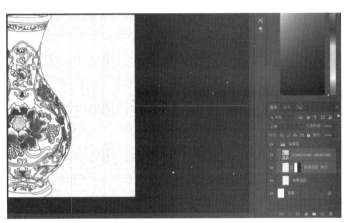

图13-67 添加图层蒙版

步骤6 合并图层以后原图层会变为栅格化图层，将鼠标指针放在此图层，右击后，在弹出的快捷菜单中选择"转换为智能对象"命令，如图13-68所示。

步骤7 执行"滤镜"→"模糊"→"高斯模糊"命令，设置半径为4像素，单击"确定"按钮，如图13-69所示。

步骤8 接着执行"滤镜"→"杂色"→"添加杂色"命令，将数量改为6%，分布为"平均分布"，然后单击"确定"按钮，如图13-70所示。

图13-68 选择"转换为智能对象"命令

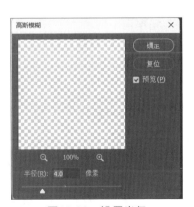

图13-69 设置半径

图13-70 设置"添加杂色"参数

步骤9 执行"滤镜"→"滤镜库"命令，在滤镜库中找到扭曲选项组的"玻璃"效果，将扭曲度改为9，平滑度改为3，缩放改为136%，如图13-71所示。

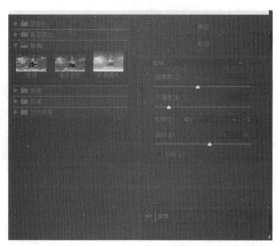

图13-71　玻璃效果

步骤⑩　使用工具箱中的"竖排文字工具",拖出一个竖排矩形文本框,输入"青花瓷"文字,大小为520左右即可,颜色为蓝色(R:60,G:90,B:139),选中文字图层将其移动至花瓶图层的下方,如图13-72所示。

步骤⑪　将画布中的文字"青花瓷"移动到合适的位置,如图13-73所示。

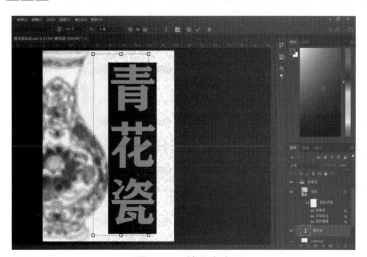

图13-72　输入文字　　　　　　　　　　　　图13-73　移动文字位置

步骤⑫　使用工具箱中的"竖排文字工具",拖出一个竖排矩形文本框,输入"青花瓷"的英文,高度跟汉字"青花瓷"一样即可,选中该文字图层,将其拖动至花瓶图层上方,效果如图13-74所示。

图13-74　输入英文

步骤13 将前景色改为白色，选中此英文图层，按快捷键【Ctrl+J】复制图层，将文字颜色修改为白色，然后将此图层移动至原图层的下方，效果如图13-75所示。

图13-75　改变文字颜色

步骤14 选中英文原图层，为其创建蒙版，将前景色调整为黑色，利用工具箱中的画笔工具，调整合适的笔刷大小，将文字在花瓶上覆盖的部分涂抹出，如图13-76所示。

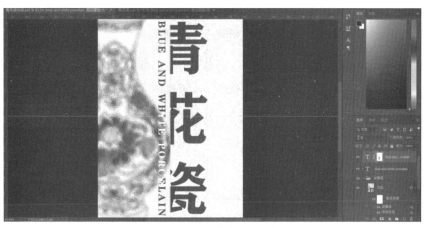

图13-76　添加图层蒙版

步骤15 将"梅花.png"素材拖入画布中，并按快捷键【Ctrl+J】复制图层，然后按快捷键【Ctrl+T】实现自由变换，右击后，在弹出的快捷菜单中选择"垂直翻转"命令，分别将调整好的素材图片拖动到画布的右上角和右下角，然后为其添加图层样式，选择"颜色叠加"选项，将颜色改为蓝色（R:18，G:62，B:135）。

步骤16 选择工具箱中的竖排文字工具，拉出一个较小的矩形文本框，然后输入"自元代以来创造青花釉里红艺术瓷以来，历经明、清，以至现代，古今中外，青花瓷早已成为中国不可或缺的传统文化之一"，最终效果如图13-63所示，至此本案例制作完毕。

参 考 文 献

[1] 杨艳,孙敏. Photoshop CC平面设计核心技能一本通:移动学习版[M]. 北京:人民邮电出版社,2022.

[2] 薛果,谢芳. Photoshop CS6平面设计核心技能一本通:移动学习版[M]. 北京:人民邮电出版社,2022.

[3] 唯美映像. Photoshop CS6自学视频教程[M]. 北京:清华大学出版社,2015.

[4] 尚峰,尼春雨. Photoshop CS6商业应用案例实战[M]. 北京:清华大学出版社,2015.

[5] 风尚设计. 中文版Photoshop CS6从入门到精通[M]. 北京:机械工业出版社,2013.

[6] 周建国. Photoshop CC 2019实例教程:微课版[M]. 6版. 北京:人民邮电出版社,2020.

[7] 庄涛文,劳小芙,李娇. Photoshop新媒体美工设计:视频指导版[M]. 北京:人民邮电出版社,2020.

[8] 黎珂位,肖康. Photoshop CC平面设计教程:微课版[M]. 北京:人民邮电出版社,2018.

[9] 黑马程序员. Photoshop图像处理案例教程[M]. 北京:中国铁道出版社有限公司,2020.

[10] 黑马程序员. Photoshop CS6 图像设计案例教程[M]. 2版. 北京:中国铁道出版社有限公司,2020.

[11] 互联网+数字艺术教育研究院. Photoshop CS6完全自学案例教程:微课版[M]. 北京:人民邮电出版社,2017.

[12] 石坤泉. Photoshop CC 2019图像处理基础教程:微课版[M]. 6版. 北京:人民邮电出版社,2020.

[13] 张妙,朱海燕. Photoshop CS6图像制作案例教程:微课版[M]. 北京:人民邮电出版社,2017.

[14] 黑马程序员. Photoshop 2021任务驱动教程[M]. 北京:高等教育出版社,2022.

[15] 张剑清,刘杰,刘秀翠. Photoshop CS6实用教程:微课版[M]. 3版. 北京:人民邮电出版社,2020.